青海省柴周缘晶质石墨矿成矿地质特征及可利用性评价

QINGHAI SHENG CHAI ZHOUYUAN JINGZHI SHIMOKUANG CHENGKUANG DIZHI TEZHENG JI KELIYONGXING PINGJIA

主　编　杨晓鸿　邵　继　王永刚
副主编　辛军强　张如国　刘长财　雷爱全
　　　　石　毅　申大利　龙　庆　关全成
　　　　黄　军　孙红庆　李　潜

图书在版编目(CIP)数据

青海省柴周缘晶质石墨矿成矿地质特征及可利用性评价/杨晓鸿,邵继,王永刚主编. —武汉:中国地质大学出版社,2024.10. —ISBN 978-7-5625-6012-8

Ⅰ. P619.25

中国国家版本馆 CIP 数据核字第 2024G3U337 号

青海省柴周缘晶质石墨矿成矿地质特征及可利用性评价		杨晓鸿 邵继 王永刚	主 编
	辛军强 张如国 刘长财 雷爱全	副主编
	石毅 申大利 龙庆 关全成	
	黄军 孙红庆 李潜	

责任编辑:杨 念	选题策划:江广长 毕克成 段勇 王凤林	责任校对:张咏梅

出版发行:中国地质大学出版社(武汉市洪山区鲁磨路 388 号)　　　　邮编:430074

电　　话:(027)67883511　　　传　　真:(027)67883580　　E-mail:cbb@cug.edu.cn

经　　销:全国新华书店　　　　　　　　　　　　　　　　　　　　http://cugp.cug.edu.cn

开本:787mm×1092mm　1/16　　　　　　　　字数:378 千字　　印张:15.5

版次:2024 年 10 月第 1 版　　　　　　　　　　印次:2024 年 10 月第 1 次印刷

印刷:武汉精一佳印刷有限公司

ISBN 978-7-5625-6012-8　　　　　　　　　　　　　　　　　　　定价:158.00 元

如有印装质量问题请与印刷厂联系调换

《青海省柴周缘晶质石墨矿成矿地质特征及可利用性评价》编委会

主　　任：李为民

副 主 任：段建华　刘维鹏　郭岐山　李彦强
　　　　　杨晓鸿　王克强　范志平　石国成

成　　员：戴佳文　邵　继　费发源　路耀祖
　　　　　郁东良　刘江峰

主　　编：杨晓鸿　邵　继　王永刚

副 主 编：辛军强　张如国　刘长财　雷爱全
　　　　　石　毅　申大利　龙　庆　关全成
　　　　　黄　军　孙红庆　李　潜

序

石墨用途很广,随着现代科学技术和工业的发展,石墨的应用领域还在不断拓宽,已成为高科技领域中新型复合材料的重要原料,在国民经济中具有重要的作用。

青海省是我国矿产资源大省,截至目前已发现各类矿种137种,石墨是近年来青海省重点进行勘查的矿种之一。

青海省目前已发现以石墨为主矿种的矿产地共有45处,查明晶质石墨矿物资源储量$231.81×10^4$ t。2022年青海省自然资源厅组织相关单位对青海省内石墨资源开展矿产资源潜力评价,圈定石墨矿预测区37个,预测矿产资源潜在资源量$2\,056.41×10^4$ t,显示出青海省石墨矿进一步找矿潜力巨大。作者通过对柴达木盆地南北缘石墨矿资料的系统收集、成矿特征的不断梳理、开发利用的进一步研究,以论著呈现给读者,内容主要体现为:

(1)野外工作扎实,资料丰富。对柴达木盆地南北石墨矿工作程度进行了系统收集,针对口口尔图石墨矿、红水河东石墨矿、大通沟南山石墨矿等矿床,通过勘查工作,结合测试分析成果综合研究后,总结了它们的成矿特征,探讨了它们的成矿作用,并建立了找矿标志。

(2)找矿预测成果及时转化。通过成矿预测,优选圈定了找矿靶区6处,以构建的石墨地质-遥感-地球物理找矿模型指导野外地勘工作,取得了可喜的成果,有力推动了柴达木盆地南北石墨矿成果的扩大。

(3)选矿试验证实,矿石可选可用。选矿是根据市场需求生产出不同规格和质量的矿产品,满足不同行业的需求。作者针对大通沟南山石墨矿、黄矿山石墨矿等进行选矿闭路试验,严格控制各项工艺参数,确保石墨矿的高效、高质量处理,最终精矿达到鳞片石墨产品分类中碳石墨的质量要求,为工业化利用提供了技术支撑。

《青海省柴周缘晶质石墨矿成矿地质特征及可利用性评价》出版,是对近年来柴达木盆地南北缘石墨矿找矿成果进行的一次系统总结,既有扎实的野外工作基础,又有对柴达木盆地南北缘石墨矿特征的总结和找矿前景的分析,对其可利用性进行系统研究,为今后青海省石墨找矿与开发利用奠定了基础。

借此专著出版之际,我向作者们祝贺,并对长期在青海找矿事业中不断探索的青海省核工业地质局地质工作者表示诚挚的敬意!

李四光野外奖获得者
俄罗斯自然科学院外籍院士
青海省科学技术重大贡献奖获得者
2024年10月1日

前 言

新材料的发现与应用对于推动高新技术产业的发展至关重要。晶质石墨以其独特的物理化学特性,正逐渐成为新能源和高科技领域的战略性原材料。随着科技的不断发展和石墨资源需求的日益增长,晶质石墨矿作为一种新兴战略性非金属矿产,不仅是锂电池理想的负极材料,而且在许多高科技领域都有着不可替代的作用,特别是在当前全球新能源汽车和储能产业迅速崛起的背景下,晶质石墨矿的战略地位更加凸显,是国际公认的21世纪支撑高新技术发展的战略资源。

青海省作为我国重要的有色金属和非金属矿产基地,其柴周缘地区晶质石墨矿资源的勘探与开发对于促进地方经济的转型升级、建设现代产业体系具有重要意义。深入了解青海省晶质石墨矿成矿地质特征,不仅有助于我们更清晰地认识地球内部的地质演化过程,还能为寻找更多潜在的石墨矿资源提供理论依据。作者系统收集了青海省晶质石墨矿资料及多年来所取得的研究成果,同时对其成矿规律进行了深入研究,是对青海省晶质石墨矿的全面总结,具有较高的科研、经济和社会价值。而对该地区晶质石墨矿可利用性的评价,则直接关系到资源的开发与合理利用。在当今强调可持续发展和资源高效利用的时代背景下,准确评估其可利用性,能够为矿业企业的开采规划、环境保护措施的制订以及地方经济的发展规划等提供关键的参考信息。

本书旨在系统地阐述青海省柴周缘晶质石墨矿的成矿地质特征,并对其可利用性进行全面、科学的评价。通过整合大量的地质勘查数据、实验分析结果以及先进的地质理论研究成果,形成对青海省晶质石墨矿勘查和研究工作的一次重要总结。同时也提出了一系列针对性的找矿靶区和勘查区,以进一步推动对青海省柴周缘晶质石墨矿资源的深入研究与合理开发利用,在促进区域经济发展和保障国家资源战略安全等方面发挥积极作用,为青海省打造"千亿锂电产业基地"提供坚实的科学依据和实践指导。

本书共八章,37.8万字。全书由第一主编杨晓鸿统稿,并主要负责第四章的编写,共计15万字;第二主编邵继负责第五章的编写,共计5.6万字;第三主编王永刚负责第二章、第三章的编写,共计5.4万字;第一副主编辛军强、第二副主编张如国主要负责第六章的编写,各完成2万余字;刘长财、雷爱全、石毅、申大利主要负责第一章、第七章、第八章的编写,各完成1万余字;龙庆、关全成、黄军、孙红庆、李潜参加了部分工作。

本书的完成是众多力量汇聚的结果，在此对本书出版予以支持的领导及同仁表示感谢！向书中参考引用的文献资料的作者表示感谢！

囿于时间有限，书中难免会有不妥之处，敬请读者斧正。

杨晓鸿
2024 年 10 月 20 日

目 录

第一章 概　况 …………………………………………………………………………… (1)
第一节　工作区范围和地理条件 …………………………………………………… (1)
第二节　完成的实物工作量 ………………………………………………………… (2)
第三节　取得的主要成果 …………………………………………………………… (3)

第二章　以往地质工作简述 ……………………………………………………………… (5)
第一节　基础地质工作 ……………………………………………………………… (5)
第二节　矿产地质工作 ……………………………………………………………… (5)
第三节　地质科研工作 ……………………………………………………………… (8)
第四节　以往工作评述 ……………………………………………………………… (9)

第三章　柴周缘石墨矿成矿地质背景 ………………………………………………… (11)
第一节　区域地质 …………………………………………………………………… (11)
第二节　区域遥感地质 ……………………………………………………………… (28)
第三节　区域石墨矿产 ……………………………………………………………… (30)

第四章　柴周缘典型晶质石墨矿床地质特征及矿床成因 …………………………… (42)
第一节　柴南缘典型晶质石墨矿床 ………………………………………………… (42)
第二节　柴北缘典型晶质石墨矿床 ………………………………………………… (77)
第三节　柴周缘典型晶质石墨矿床成因研究 ……………………………………… (97)
第四节　小　结 ……………………………………………………………………… (146)

第五章　柴周缘典型晶质石墨矿床可利性评价选矿实验样品 ……………………… (148)
第一节　矿石性质研究 ……………………………………………………………… (148)
第二节　选矿实验过程 ……………………………………………………………… (157)
第三节　固定碳测试方法对比试验 ………………………………………………… (179)
第四节　典型晶质石墨矿床可利用性评价 ………………………………………… (180)
第五节　小　结 ……………………………………………………………………… (185)

第六章　控矿因素分析及找矿标志总结 ……………………………………………… (186)
第一节　控矿因素分析 ……………………………………………………………… (186)

第二节　综合找矿信息 …………………………………………………（199）
　　第三节　成矿规律总结 …………………………………………………（208）
　　第四节　综合找矿模型构建 ……………………………………………（210）
　　第五节　小　　结 ………………………………………………………（214）
第七章　找矿靶区圈定及地勘项目优选 ………………………………………（216）
　　第一节　基本原理和方法 ………………………………………………（216）
　　第二节　找矿靶区圈定 …………………………………………………（218）
　　第三节　地勘项目优选 …………………………………………………（228）
　　第四节　小　　结 ………………………………………………………（231）
第八章　结　　论 ………………………………………………………………（233）
主要参考文献 ……………………………………………………………………（235）

第一章　概　况

第一节　工作区范围和地理条件

一、工作区范围

工作区位于青海省柴达木盆地周缘地区,西起青、新交界,东至兴海县;北起甘青交界丁字口-天峻,南至昆仑山口-花石峡。地理坐标为东经 $90°10′—99°00′$、北纬 $36°00′—39°00′$,东西长约 800km,南北宽 230~370km,面积约 130 000km²。

二、工作区地理条件

柴达木盆地以北为阿尔金山中段,阿尔金山山脉高耸,屹立在塔里木盆地和柴达木盆地之间,构成了塔里木盆地和柴达木盆地的天然分水岭,整个地势中间高、南北低,属柴达木盆地北缘部分;柴达木盆地南缘为东昆仑山系的博卡雷克塔格山、祁漫塔格山、沙松乌拉山、布尔汗布达山、鄂拉山与祁连山系的茶卡北山所贯通。地势由南北向盆地中心逐渐降低,从缓倾斜的山前洪冲积扇群向南、北过渡到规模巨大开阔的波状沙丘——柴达木盆地,地势平坦,海拔 1800~2600m。

柴达木盆地为青藏高原北缘,属典型的大陆性气候,昼夜温差大,日照长,无霜期短。有水地区盐丘遍布,无水地区沙丘连绵;气温变化大,海拔 3500m 以上的山区年平均气温均在 0℃以下,年极端最低气温可达 $-30℃$,阴坡有常年冻土分布。

盆地内水系属内陆水系,降水量小于蒸发量,普遍干旱少雨,大部分为间歇性河流,常年流水的有马海河、那陵郭勒河、开木棋河、格尔木河、大水沟、诺木洪河、柴达木河、香日德河、察汗乌苏河、沙柳河等,河水主要来源为高山融化冰雪及泉水。这些常年河流分别灌溉盆地周边内农业区、多个农场及绿洲,其他大部分季节性水系流程很短。

研究区除柴达木盆地边缘分布有 1 条铁路干线(青藏铁路)、1 条高速公路(京藏高速)和 9 条公路主干线外,盆地边缘到山前大部分为简易公路,仅通行越野车;山前至高山腹地,高山耸立,切割强烈,沟谷纵横,车辆基本上无法通行,仅能依靠畜力运输,总体交通状况一般。

环绕柴达木盆地四周,由北向南行政区划隶属青海省海西蒙古族藏族自治州(简称海西州)茫崖市、大柴旦行政委员会、德令哈市、格尔木市、乌兰县及都兰县管辖。居民点主要在市、县及乡、镇较集中聚集,分布在盆地边缘,河谷沟口为多民族聚集地,民族有汉、回、藏、蒙古和哈萨克等,居民多从事农、牧业生产。

第二节 完成的实物工作量

两年来,项目组完成的设计批复主要实物工作量及完成率见表1-1。

表1-1 两年内完成主要工作量一览表

工作项名称	单位	设计工作量		完成工作量		完成率/%	备注
		2015年	2016年	2015年	2016年		
资料收集分析	份	47	30	49	30	104	—
多元信息集成编图	幅	—	5	—	7	140	变质岩、构造、岩浆岩和石墨矿等
综合地质路线调查	km	280	—	282.4	—	101	—
1:10 000自然电位测量	km	100		100.9		100.9	
1:5万构造-地层综合地质路线调查	km		50		257	514	柴北缘滩间山-锡铁山-乌兰重点找矿区
1:2000地质实测剖面	km	—	5		5.3	106	
钻孔岩芯编录	m	1000		1000		100	
探槽观察编录	m	1000		1000		100	
选矿实验样	件	1	—	1	1	200	样品重300kg
固定碳测试方法试验样	件	100	50	117	53	113	
典型矿床调研	个	3	2	5	3	160	
岩矿石标本采集	件	120	100	264	136	182	
单矿物选样碎样及制样	件	—	15		15	100	
野外典型现象照片	张	200		578		289	
薄片制作与鉴定	件	50	15	50	15	100	
光片制作与鉴定	件	10	15	15	15	100	
流体包裹体制片	件	10		10		100	
石墨Re-Os同位素测年	件	12	—	12		100	12件黄铁矿Rb-Sr样品替代
锆石U-Pb测年	件	4	—	6		150	
石墨C同位素测定	件	30		30		100	
方解石C-H-O同位素测定	件	30		30		100	
岩石主量元素分析	件	50	10	50	12	103	
岩石微量、稀土元素分析	件	50	10	50	12	103	

续表1-1

工作项名称	单位	设计工作量 2015年	设计工作量 2016年	完成工作量 2015年	完成工作量 2016年	完成率/%	备注
Sr-Nd同位素测试	件	12	—	12	—	100	—
Lu-Hf同位素测量	点	—	30	—	30	100	—
锆石LA-ICP MS测年	件	—	2	—	2	100	—
拣块样（工艺矿物学）	件	6		6		100	
固定碳不同分析方法测试样	件	12		12		100	
1∶20万系列图件编制	幅	6		6		100	
矿区外围地段找矿靶区	处	3～5	—	4		100	
柴周缘成矿带范围优选地勘项目	处	2～3		3		100	努可图郭勒、斑红山、石墨专项填图

第三节　取得的主要成果

项目工作按照总体设计书、设计审批意见认定书、各年度工作方案的要求，认真组织实施，较好地完成了各项任务。通过地质、物探、遥感等系列图件编制，项目检查指导与跟踪管理，结合前人的研究成果和勘查资料，以及重点矿床（点）野外考察和获得的数据，主要取得了如下成果和认识。

（1）全面完成下达的工作量，编制了13张重点区地质、遥感等1∶50万～1∶5万系列图件，收集了79份有关资料，调研了5处重要矿床（点）。主管单位组织检查验收质量良好。

（2）通过系列编图及典型矿床研究，确定柴周缘石墨矿床具有区域变质＋构造-岩浆改造的特征，总体属区域变质型石墨矿床，其形成主要受变质岩地层控制，同时也受到后期构造-岩浆活动的叠加改造。

（3）通过柴周缘典型石墨矿床地质特征研究及地球化学同位素测试，确定了其成矿构造背景、成矿时代、成矿物化条件、碳质来源等，并建立了典型矿床成矿模式。

（4）对石墨中固定碳分析方法进行了对比研究，提出了较为可靠、合理的分析方法，即红外碳硫分析仪分析法。对石墨矿的可利用性进行了初步评价，通过大通沟南山和黄矿山2个石墨矿床矿石选矿实验，获得质量符合要求的精矿产品，回收率分别达到78.90%和95.81%。石墨矿石属鳞片状晶质石墨矿石，矿石品位高，石墨片径大，可用于生产石墨烯等工业原料，具较好的工业价值。

（5）通过遥感地质解译工作，发现遥感（ETM）数据比值法和光谱角法提取的石墨矿信息与已知的石墨矿床、矿点对应较好。其中，光谱角法（SAM）对石墨矿信息提取效果较好，可作为石墨矿找矿的重要方法手段。

（6）通过柴周缘石墨矿成矿条件研究及实地调研，大致查明柴周缘石墨矿床的产出特点，总结了其控矿因素、找矿标志和成矿规律。在综合分析成矿地质条件、控矿因素及找矿信息的基础上,构建了地质-遥感-地球物理综合找矿模型。结合路线调查、自电剖面测量、成矿规律等信息,圈定了13处找矿靶区,并进一步优选了6处具有较大找矿潜力的勘查区,建议新立地勘项目6处,实际开展实施2处,分别为青海省基金立项"努可图郭勒东晶质石墨矿预查"和"海西州基金斑红山晶质石墨矿预查"。

第二章　以往地质工作简述

第一节　基础地质工作

1:100万区域地质调查工作始于20世纪50年代末,60年代中期完成了青海省1:100万区域地质调查工作,但研究程度相对较低。

1:20万区域地质调查工作陆续完成于20世纪60年代初至90年代初,完成率为100%,为柴达木周边地区地层、构造、岩浆岩、变质岩研究工作提供了大量基础资料。

1:25万区域地质调查工作始于1996年,截至目前,柴达木盆地南部东昆仑地区除诺木洪、茶卡两幅未开展工作外,其他区域已全部完成。柴北缘地区工作开展相对较晚,除正在开展的芒崖幅外,其他地区尚未开展工作。总体覆盖率为42%。

1:5万区域地质调查工作始于20世纪80年代,目前柴达木周缘南部东昆仑地区完成94幅,正在开展的有18幅,覆盖率接近100%。柴北缘及其西段完成了58幅,正在开展的有26幅,覆盖率约为45%。

上述开展的区域地质调查工作为研究区地质矿产研究及成矿规律分析提供了重要的基础资料。

第二节　矿产地质工作

青海省自20世纪60年代以来,以青海省地质矿产勘查开发局(简称青海地矿局)为主体,有色、核工业、煤炭、建材等部门开展了贵金属、有色金属、黑色金属等金属矿产的调查或勘查工作,可划分为以下几个阶段。

(1)20世纪60年代初至70年代末,在东昆仑北部,对野马泉、尕林格等10余处的矽卡岩型或热液脉型铁矿进行了普查和详查;同时青海地矿局第八地质队在东部的都兰地区展开了以黑色金属为主的找矿工作,重点勘查了小卧龙、大海滩、沙柳河矿区,同时发现了4处铜矿化点;在柴北缘地区,对锡铁山铅锌矿进行了普查、详查和勘探。

(2)20世纪70年代末至90年代初,区域内矿产勘查已由以铁为主转向以多金属为主,在区域东部都兰一带重点进行了沙柳河南区等地的多金属成矿前景评价,同时还评价了一批非金属矿产。1978—1994年青海地矿局第一地质队、第三地质队、第八地质队分别完成了本区以铁、铜、金和多金属矿产为主的第一轮区划工作。1994年青海地矿局区调综合地质大队按照地矿部直管局《固体矿产第二轮成矿远景区划技术要求》完成了青海省东昆仑中东段金、铜成矿远景区划,该次成矿远景区划以全国区划为基础,将东昆仑中东段划分为Ⅳ级成矿带7个,成矿远景区25个。

1994年青海地矿局完成的东昆仑中东段金、铜成矿远景区划范围涉及全国区划中的秦祁昆和特提斯两个Ⅰ级成矿域,涉及3个Ⅱ级成矿带,分别为昆仑-柴达木金铁铅锌银铜(铁玉石)成矿带、秦岭-大别金银铅锌铜锑锰成矿带和松潘-甘孜金铜铅锌(稀有)成矿带。

1997年青海省地球化学勘查技术研究院完成了青海省东昆仑地区地球化学编图(1∶100万),结合地质矿产、地球物理和遥感等成果资料编制了找矿区划图,划分找矿远景区18处,认定综合化探异常99处。通过工作,发现了大场、五龙沟、开荒北、东大滩、滩间山等一批金、锑金和钴金矿床(点)。

(3)2000年至今,金、铁铜多金属矿的勘查与评价变成了工作重点,随着国家大调查及青藏专项项目的实施,进行了多项矿产资源远景调查评价与1∶5万矿调及勘查工作,矿产勘查评价工作迈入跨越式发展阶段。通过以上工作,提高了上述地区的矿产勘查评价程度,同时找矿取得了较大突破,发现并评价了一批大中型以上矿产地。

(4)2000年以来,青海省陆续开展了多个石墨矿项目预普查工作,具体情况如下。

①2004年10月—2006年8月,中国建筑材料工业地质勘查中心青海总队对巴勒木特尔、双雪包两个矿区进行了普查工作,大致查明了区内石墨矿的成矿地质背景、赋矿层位,以及巴勒木特尔和双雪包两个矿区的矿体特征。

②2007年中国建筑材料工业地质勘查中心青海总队在都兰县泽立坑—看特尔北部一带进行了石墨矿预查工作,完成1∶1万地质草测21.95km^2,1∶5000地质物探剖面11.16km,探槽施工300m^3,各类样品342件,大致查明了区内的地层层序、岩石、构造特征,大致了解了区内石墨矿的成矿地质背景、赋矿层位,石墨矿化的分布、规模。

③2008—2010年,中国建筑材料工业地质勘查中心青海总队对巴勒木特尔石墨矿进行了详查工作,完成主要工作量为1∶2000地形地质草测1.1km^2,槽探施工1000m^3,钻孔410.19m,平硐施工195m。

④2012—2013年,中国建筑材料工业地质勘查中心青海总队对青海省都兰县金水口一带进行了石墨找矿工作,完成1∶25 000地质测量85km^2,1∶2000地质测量1.09km^2,1∶5000地质剖面测量6.29km,探槽施工3500m^3。圈出金水口石墨矿化点1处、小干沟石墨矿化带1条。

⑤2013—2015年,中国建筑材料工业地质勘查中心青海总队在都兰县哈图—清水泉一带进行了石墨找矿工作,完成1∶25 000路线地质调查315km^2,1∶10 000地质草测约52km^2,槽探施工11 000m^3,钻探919.54m,大致了解了区内的岩石、构造特征,区内石墨矿的成矿地质背景、赋矿层位,石墨矿化的分布范围、矿化规模、矿化质量等。

⑥2014—2015年,中国建筑材料工业地质勘查中心青海总队开展了"青海省天峻县肯德隆东沟石墨矿预查"工作,发现9条石墨矿(化)体及矿化线索,1个磁铁矿矿点。

⑦2014—2016年,青海省核工业地质局开展了"青海省冷湖行委黄矿山北地区石墨及铀矿预查"工作,完成1∶10 000地质草测27km^2,1∶2000地质剖面5.4km,1∶5000激电(中梯)剖面测量15.3km,1∶2000自电剖面测量7.02km,槽探施工6 898.8m^3,钻探2 010.9m。通过对3条石墨矿化带进行初步揭露,明确了矿区石墨矿含矿层位为古元古界金水口岩群片麻岩组大理岩段,圈出3条石墨矿化带,晶质石墨矿体7条,晶质石墨矿化体1条,矿体长

50～1100m，宽20～400m，厚2～7.72m，固定碳平均品位3.31%～19.56%。

⑧2015年，中国建筑材料工业地质勘查中心青海总队开展了"青海省都兰县敦德郭勒地区石墨矿预查"工作，投入1∶10 000地质草测29.2km²，1∶2000地质剖面2.13km，1∶5000激电中梯剖面测量4.69km，1∶5000激电中梯剖面布设5.42km，槽探施工2 746.6m³。圈出5条石墨矿体。

⑨2015年，青海省第一地质矿产勘查院开展了"青海省格尔木市呼热郭勒沟铜钼矿预查及普查"找矿工作，完成1∶10 000地质填图、1∶10 000土壤测量、1∶10 000万磁法扫面、1∶10 000激电中梯测量、1∶5000磁电综合剖面测量、槽探及钻探等工作。初步圈定晶质石墨矿体1条，矿体长2km，平均厚11.84m，固定碳平均品位8.82%，属工业品级晶质石墨矿体。赋矿岩性为石墨片麻岩，初步估算M1矿体固定碳工业品级资源量为20万t以上，达到中型石墨矿床级别。2016年青海省第一地质矿产勘查院申请石墨矿预查工作，资料未收集到。

⑩2013—2016年，青海省第三地质勘查院开展了"青海省格尔木市那西郭勒地区铁多金属矿预查"工作，通过工作，共圈出5条磁铁矿带，35条磁铁矿体，4条石墨矿带，25条石墨矿体。石墨矿体长400～1770m，厚2.52～47.99m，最大控制斜深1054m，固定碳品位2.53%～8.69%。石墨矿体的含矿岩性为石英片岩和大理岩。

⑪2013—2016年，青海齐鑫地质矿产勘查股份有限公司开展了"青海省格尔木市莫斯图东多金属矿预查"工作，在矿区内圈定白钨矿带和石墨矿带各1条，共圈出白钨矿体9条，矿体长75～740m，厚0.83～5.44m，WO_3品位0.10%～0.42%，主要赋矿岩性为透辉石矽卡岩；圈出石墨矿（化）体11条，矿（化）体长400～2750m，厚2.08～9.06m，固定碳品位2.17%～6.25%。

⑫2013—2016年，青海省有色地质矿产勘查局八队开展了"青海省都兰县也日更地区金多金属矿预查"工作，完成1∶10 000地质草测43km²、1∶5000激电剖面13.64km、1∶5000磁测剖面4.2km、1∶2000地质剖面10.2km、1∶2000岩石剖面2.64km、槽探施工8 054.84m³等，在区内共圈出多金属矿（化）体6条及石墨矿体1条。

⑬2014—2016年，青海省核工业地质局开展了"青海省格尔木市口口尔图地区石墨矿预查"工作，完成1∶10 000地质测量20km²，1∶2000实测地质剖面20km，1∶10 000自然电场电位测量207.74km，1∶5000激电中梯剖面测量16.08km、1∶2000激电中梯剖面测量3.93km，槽探施工8 215.02m³，钻探2 300.71m等。区内圈出石墨矿化带3条，矿化带长470～2778m，宽5～195m，矿化带与电法异常有一定的对应性。通过槽钻探工程揭露控制，圈定1条石墨工业矿体和13条石墨低品位矿体，矿化带长470～2778m，宽5～195m。带中石墨矿体走向上长86～1015m，倾向上控制斜深34～280m，真厚度2.00～9.59m，固定碳品位3.65%～8.76%。含矿岩性主要为斜长角闪片岩，其次为大理岩。

⑭2016年，青海省核工业地质局开展了"青海省格尔木市努可图郭勒东晶质石墨矿预查"工作，完成1∶10 000地质草测20km²，1∶2000地质剖面0.76km，1∶5000激电中梯剖面测量5km，槽探2 118.95m³等，发现石墨矿化带3条，矿化带长1430～2350m，宽5～110m，呈北西西向展布，两端多被第四系风成沙土覆盖；圈定工业石墨矿体1条，低品位石墨矿体12条，

矿体长400～1772m，平均真厚度2.07～8.43m，固定碳平均品位3.73%～11.68%，矿体均赋存于大理岩中，呈层状、似层状产出，为区域变质型石墨矿，具较好的找矿前景。

⑮2016—2017年，青海省核工业地质局开展了"青海省茫崖行委大通沟南山—黄矿山地区1∶50 000 J46E008006、J46E008007、J46E008008、J46E007010、J46E007011五幅晶质石墨矿专项矿产地质调查"工作，在青白口系平洼沟组大理岩中发现2条石墨矿化带，长5～11.5km，一般矿化带宽度30～100m，矿化最宽处500m，初步圈定了10余条石墨矿（化）体，矿（化）体长1～6km，宽6～60m，固定碳品位5%～15%；侏罗系大煤沟组砂岩、碳质页岩中发现4条石墨矿化带，长3～9.5km，一般矿化宽度20～50m，矿化最宽处400m。初步圈定了2～3条石墨矿（化）体，矿（化）体长800～2000m，宽4～20m，固定碳品位8%～30%。

⑯2016年，甘肃省第四地质矿产勘查院承担了由海西州投资公司出资的"青海省茫崖行委斑红山地区石墨矿预查"项目，圈定石墨矿化带1条，断续出露长约5km，宽300～600m，圈定矿体4条，长600～1700m，宽5～20m，最宽处达150m，固定碳品位2.35%～8.26%。矿体处岩石污手强烈，可见鳞片晶质石墨。

⑰2017年，中国建筑材料工业地质勘查中心青海总队开展了"青海省格尔木市妥拉海河一带石墨矿调查评价"工作，圈定了新乐南沟、东妥拉海沟、西妥拉海沟3处石墨矿找矿靶区，发现质量较好且规模较大的含石墨矿化带10条，圈定石墨矿体53条。

⑱2018—2019年，中国建筑材料工业地质勘查中心青海总队开展了"青海省格尔木市妥拉海河一带石墨矿预查"工作，发现10条石墨矿化带，地表出露长800～8500m，宽50～800m，含矿岩性为含石墨片麻岩。圈定的42条主矿体长400～3200m，真厚度2.40～24.67m，固定碳品位2.52%～10.67%，通过初步估算达大型矿床规模。

⑲2020—2021年，中国建筑材料工业地质勘查中心青海总队开展了"青海省格尔木市妥拉海河一带石墨矿普查"工作，完成了Ⅰ号和Ⅱ号矿化带、Ⅸ号矿化带东段、Ⅹ号矿化带西段主矿体的普查，初步查明了主矿体的数量、形态、产状、规模、片径及矿石加工技术性能。矿石类型主要为含石墨（钙质）片麻岩型，成因类型属区域变质型，达大型矿床规模。

第三节　地质科研工作

20世纪70年代以后，青海地矿局对青海东昆仑地区开展了一系列专题研究，主要工作有"青海省柴达木北缘超基性岩体及以铬为主的成矿特征及找矿方向研究"；"野马泉与都兰地区铁矿地质特征的研究""青海省航磁成果综合研究""祁漫塔格与都兰地区铁、多金属矿产的第一轮成矿远景区划""东昆仑山前寒武系""青海省区域物性研究报告""东昆仑山缝合带及基底构造对比研究""东昆仑中酸性侵入岩及其成矿作用研究""东昆仑中东段第二轮金铜成矿远景区划""青海省东昆仑金铜成矿带勘查工作总体部署""青海省东昆仑地区地球化学编图""青海省矿产资源潜力评价"。同时，出版了图书《青海省区域地质志》（青海省地质矿产局，1991）。

另外，一些科研院所也在此开展过研究工作，主要成果有《昆仑开合构造》（姜春发等，1992），"五龙沟地区构造蚀变岩型金矿成矿特征及中段铜金成矿条件及找矿方向的框架研

第二章 以往地质工作简述

究"、《青藏高原隆升与东昆仑地区金矿遥感地质研究》(于学政等,1999)、"东昆仑元古宙重大地质事件及形成大型、超大型矿床条件研究"、"东昆仑地区综合找矿预测与突破""柴达木盆地北缘成矿地质环境及找矿靶区优选""柴达木盆地北缘成矿地质环境及金多金属矿产预测""柴达木盆地南北缘成矿地质环境及找矿远景区对比研究""新疆-青海东昆仑成矿带成矿规律和找矿方向综合研究""青海省第三轮矿产资源成矿远景区划及找矿靶区预测""东昆仑成矿带斑岩型成矿研究""祁漫塔格地区成矿规律研究及找矿靶区优选""五龙沟地区金矿成矿规律及找矿预测研究""东昆仑成矿带重大找矿疑难问题研究""祁漫塔格地区成矿条件研究与找矿靶区优选""青海柴达木周缘及邻区成矿带找矿问题研究""柴达木地块北缘含镍铜铂硫化物镁铁质—超镁铁质岩体优选""青海省东昆仑地区岩浆型铜镍硫化物矿床成矿条件及找矿潜力研究",通过调研,新发现多处含矿化岩体和异常信息。

以上这些成果的取得,不仅提升了青海省成矿地质背景、成矿规律研究水平,而且为青海省地质找矿奠定了坚实的基础。

第四节 以往工作评述

柴达木盆地周缘地区已发现多处晶质石墨矿床(点),显示出一定的成矿潜力。多年来,数家单位在本区开展了一系列基础地质、矿产勘查和科研找矿工作,积累了丰富的一手地质和勘查资料,并取得了一系列成果,为地质找矿和相关科研工作奠定了重要基础。

(1)以往在找矿工作中只注重青海省的优势矿产,如盐类,金、银等贵金属,铜、铅锌、钨钼等有色金属以及铁等黑色金属矿的找矿工作,对一些非金属矿产投入的工作量相对较少。

近年来,通过开展地质大调查以及相关的地质矿产勘查工作,对非金属矿产也逐渐开始重视,特别是对晶质石墨、金红石、高纯石英岩等非金属矿。多家地质单位分别在柴达木周边发现多处不同规模、不同品级的石墨矿,为青海省今后在柴周缘开展石墨矿的找寻奠定了一定基础。

(2)据区域资料,从都兰县沟里乡至格尔木以西的乌图美仁乡,东西绵延400多千米的区域内发现了多处石墨矿点及矿化点,有诺木洪的小庙石墨矿点、金水口石墨矿点、格尔木以东的凤泉沟石墨矿点、格尔木以西的乌图美仁乡哈西亚图石墨矿点,在五龙沟一带均发现了多处石墨矿化点。因此,在柴南缘的古元古界金水口岩群大理岩及片岩中寻找石墨矿具有较好的前景。

(3)目前石墨矿床的主要类型有区域变质型、接触变质型和岩浆热液型。从目前拥有的资料分析,青海省柴周缘分布大面积的变质岩地层,具备形成区域变质型晶质石墨矿床的基本成矿地质条件,有望找到较好的晶质石墨矿床。

(4)随着新兴工业的迅速发展,更多领域需要晶质石墨,再加上我国石墨的无序开采,造成目前石墨的保有量急剧减少,而青海省具有资源优势,因此,很有必要对重要成矿带的晶质石墨矿开展找矿工作。

虽然柴周缘地区已有一定程度的基础地质、矿产地质、科研工作等资料,显示出一定的成矿潜力,但石墨矿勘查程度较低,成矿地质条件和控矿因素等研究还不够深入,还存在一些科学问题和瓶颈问题。

(1)石墨矿勘查程度低,矿产地少,且一直未能及时对已有的石墨矿勘查成果资料进行系统总结和分析。

(2)对石墨矿床的基本成矿地质条件与矿化特征缺乏研究,矿床成因类型界定不够清楚,控矿因素、成矿规律、成矿模式及找矿模型有待进一步完善。

(3)青海省柴周缘晶质石墨矿的可利用性评价不够精细,开发利用方案不够明晰,对已发现的石墨矿床(点)可选性及应用性能未进行系统评价。

(4)柴周缘地区金水口岩群、达肯大坂岩群元古宇变质岩地层的属性还不明晰,含石墨矿层位及沉积建造类型还有待研究。

第三章 柴周缘石墨矿成矿地质背景

第一节 区域地质

一、大地构造位置

研究区大地构造位于青藏高原北部柴达木盆地及其周缘,向东与秦岭造山带相连,北西以阿尔金断裂与西昆仑相隔,南跨东昆仑造山带,构造位置特殊(图3-1)。

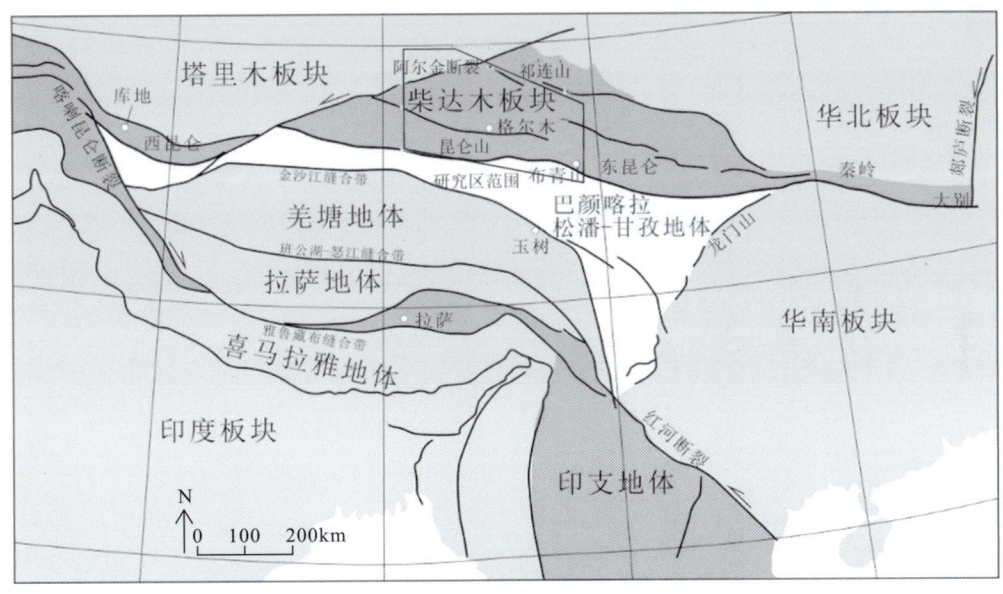

图 3-1 青藏高原北部柴达木盆地周缘地区大地构造简图

研究区大地构造隶属于秦祁昆造山系,横跨阿尔金弧盆系、柴北缘结合带、柴达木地块、东昆仑岩浆弧带、南昆仑结合带5个二级构造单元(图3-2,表3-1)。

区域地壳演化经历了新太古代—古元古代的造陆阶段,经吕梁运动固结形成结晶基底,随后接受中—新元古界形成类盖层沉积。从南华纪开始,进入古特提斯洋的发展演化阶段,秦祁昆及其以北地区的特提斯洋北部活动陆缘,发育了陆缘多岛弧盆系,早古生代末的加里东运动使陆缘多岛弧盆系关闭,转化为秦祁昆早古生代造山系。晚古生代时期,扬子西缘和秦祁昆南缘仍然是古特提斯大洋的活动陆缘;晚二叠世的海西运动使陆缘多岛弧盆系关闭;三叠纪末的印支运动使古特提斯洋闭合、造山;侏罗纪特别是新生代之后,受藏滇新特提斯洋和现代印度洋扩张、印度地块向北的推挤,青藏高原地壳强烈隆升,最终完成了由柴北缘、祁漫塔格、东昆中、东昆南等多条构造混杂岩带与地块镶嵌而成的复杂陆壳结构。

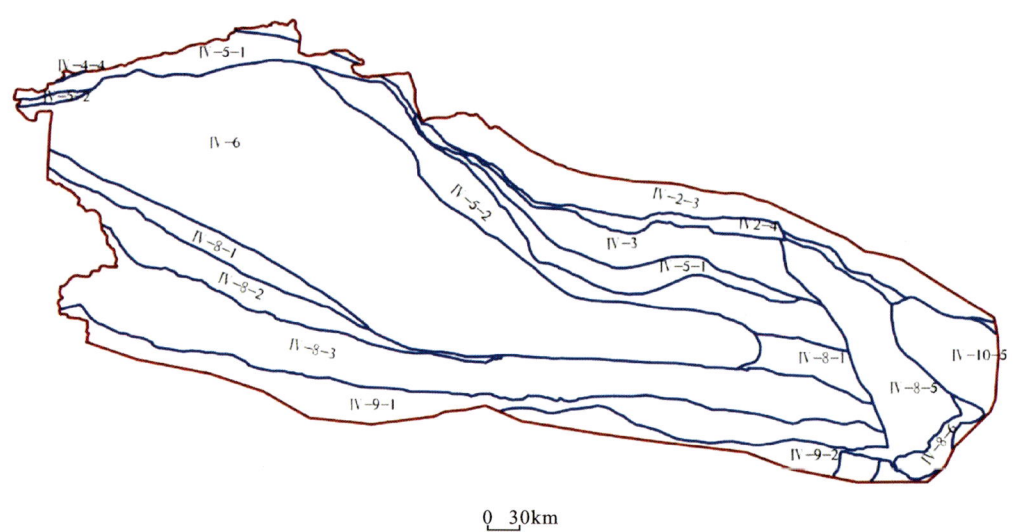

图 3-2 柴周缘大地构造单元划分示意图

表 3-1 柴周缘构造单元划分表

Ⅳ 秦祁昆造山系	Ⅳ-2 中-南祁连弧盆系	Ⅳ-2-3 南祁连岩浆弧(O-D₁)
		Ⅳ-2-4 宗务隆山-沟里-冈察陆缘裂谷(D-P)
	Ⅳ-3 全吉地块	—
	Ⅳ-4 阿尔金弧盆系	Ⅳ-4-4 阿帕-茫崖蛇绿混杂岩带(∈-S)
	Ⅳ-5 柴北缘结合带	Ⅳ-5-1 柴北缘蛇绿混杂岩带(∈-S)
		Ⅳ-5-2 滩间山岩浆弧(O)
	Ⅳ-6 柴达木地块	Ⅳ-6-1 柴达木盆地
	Ⅳ-8 东昆仑岩浆弧带	Ⅳ-8-1 祁漫塔格北坡-夏日哈岩浆弧(O-S)
		Ⅳ-8-2 祁漫塔格蛇绿混杂岩带(Pz)
		Ⅳ-8-3 北昆仑岩浆弧(Pt₃-Pz₁)
		Ⅳ-8-5 鄂拉山陆缘弧(T)
		Ⅳ-8-6 赛什塘-兴海蛇绿混杂岩带(P-T)
	Ⅳ-9 南昆仑结合带	Ⅳ-9-1 东昆仑南坡俯冲增生杂岩带(Pz₁)
		Ⅳ-9-2 木孜塔格-西大滩-布青山蛇绿混杂岩带(P₁-T₂)
	Ⅳ-10 秦岭弧盆系	Ⅳ-10-5 泽库前陆盆地(T₁₋₂)

二、区域地层

区域地层隶属秦祁昆地层大区的南部。秦祁昆地层大区（北区）在青海省内划分为5个地层区。地层区内又划分为若干地层分区,区域共划分出13个地层分区（表3-2）。

表3-2 青海省柴周缘地区地层分区划分表

大区	区	分区
Ⅳ 秦祁昆地层大区	Ⅳ-4 阿尔金地层区	Ⅳ-4-4 阿帕-茫崖地层分区
	Ⅳ-5 柴北缘地层区	Ⅳ-5-1 滩间山地层分区
		Ⅳ-5-2 柴北缘地层分区
		Ⅳ-5-3 鱼卡-沙柳河地层分区
	Ⅳ-6 全吉地层区	—
	Ⅳ-8 东昆仑地层区	Ⅳ-8-1 祁漫塔格北坡-夏日哈地层分区
		Ⅳ-8-2 祁漫塔格地层分区
		Ⅳ-8-3 北昆仑地层分区
		Ⅳ-8-5 鄂拉山地层分区
		Ⅳ-8-6 赛什塘-兴海地层分区
	Ⅳ-9 南昆仑地层区	Ⅳ-9-1 东昆仑南坡地层分区
		Ⅳ-9-2 木孜塔格-西大滩-布青山地层分区
		Ⅳ-9-3 玛多-玛沁地层分区

各地层大区和地层区内所出露的地层单位在时间上与空间上有很大差异,不同地层区的地层单位即便是同一个时代也因区而异。

研究区总体分布于秦祁昆地层大区,包含阿尔金地层区、柴北缘地层区、全吉地层区、东昆仑地层区4个二级地层区;与石墨矿有关的地层主要是柴南缘主要为古元古界金水口岩群,中级变质的元古宇长城系小庙组、蓟县系狼牙山组;柴北缘以元古宇达肯大坂岩群为主。

（一）阿尔金地层区

(1)古元古界达肯大坂岩群($Pt_1D.$)。分布广泛,在该地层区东段分布比较集中,西段只在阿十拖山一带少量分布。分3个组:麻粒岩组、片麻岩组、大理岩组。麻粒岩组岩性组合为深灰色石榴二辉麻粒岩、暗灰绿色基性二辉麻粒岩、黑云钾长变粒岩;片麻岩组岩性组合为灰色含夕线黑云斜长片麻岩、含夕线黑云斜长变粒岩、含石榴黑云二长片麻岩夹暗绿色斜长角闪岩、二云母片岩、大理岩。与上覆地层关系为角度不整合、断层接触。

(2)蓟县系万洞群($JxW.$)。分布于金鸿山、大通沟北山、大通沟南山一带。分2个岩组:碎屑岩组和碳酸盐岩组。碎屑岩组岩性组合为灰黑色千枚岩、绢云片岩夹少量结晶灰岩、大理岩、含铁石英岩;碳酸盐岩组岩性组合为灰色、灰白色硅质条带白云岩、白云质大理岩、角砾状白云岩夹少量千枚岩、石英岩。与上覆、下伏地层接触关系多为断层接触。

（3）寒武系—奥陶系滩间山群（∈OT）。主要分布在茫崖镇—采石岭一带，在其北部与新疆交界处也有少量分布。岩性组合为中基性火山岩、千枚岩、结晶灰岩、砂岩。与上覆地层接触关系为角度不整合、断层接触。

（4）侏罗系（J）。主要分布在茫崖镇、采石岭以北及金鸿山一带，拉配泉西南、大通沟北山有少量分布。出露大煤沟组（$J_{1-2}dm$）、采石岭组（J_2c）、洪水沟组（J_3h），它们之间接触关系多为断层接触，与其他地层接触关系多为角度不整合接触。大煤沟组（$J_{1-2}dm$）岩性组合为灰色、灰褐色、黄绿色石英砂岩、长石砂岩、岩屑砂岩、粉砂岩、页岩夹砾岩、煤层；采石岭组（J_2c）岩性组合为灰色、紫红色砾岩、石英砂岩夹浅红色泥岩、黑灰色页岩及石英岩透镜体；红水沟组（J_3h）岩性组合为紫红色、黄绿色粉砂岩、泥岩，底部夹细粒长石石英砂岩。

（5）白垩系犬牙沟组（K_1q）。主要分布在采石岭地区，与侏罗系、新近系为角度不整合接触，岩性组合为紫灰色砾岩、灰白色长石砂岩夹粉砂岩、泥岩、泥灰岩。

（6）新近系油砂山组（N_2y）。分布在第四系沉积盆地边缘，与下伏地层接触关系多为角度不整合接触，岩性组合为灰色、灰黄色砾岩、砂岩、粉砂岩、泥岩夹少量泥灰岩，局部夹盐岩。

（7）第四系（Q），多出露（Qh、Qp^3、Qp^2）冲积（al）、洪积（pl）、滑积（dp）、风积（eol）、湖积（l）、黄土（los）、泉华（cos）、化学沉积（ch）、沼泽堆积（fl）、冰碛（gl）、冰水堆积（gfl），分布广泛。

（二）柴北缘地层区

（1）古元古界达肯大坂岩群（$Pt_1D.$）。沿苏干湖—赛什腾山—锡铁山—乌兰一线分布，分3个组：麻粒岩组、片麻岩组、大理岩组。前2个岩组岩性组合见阿尔金地层区描述，大理岩组岩性组合为灰色、灰白色白云石大理岩，条带状白云石大理岩夹暗绿色斜长角闪片岩、斜长角闪岩。与下伏地层接触关系多为断层接触。

（2）长城系沙柳河群（Chs）。少量分布在乌兰地区齐库岗西一带，岩性组合为灰色二云石英片岩、二云片岩、长石石英砂岩夹二云斜长片麻岩、斜长角闪片岩、石榴角闪石英片岩、白云质大理岩透镜体。与上覆、下伏地层接触关系为断层接触。

（3）寒武系—奥陶系滩间山群（∈OT）。在该地层区内广泛分布，岩性组合见阿尔金地层区描述，与上覆、下伏地层接触关系为断层接触。

（4）奥陶系（O）。主要分布在怀头他拉东南往西一线，地层间接触关系为整合接触，与其他地层接触关系多为断层接触。出露3个组：多泉山组（O_1d）、石灰沟组（O_1s）、大头羊沟组（O_2dt）。

①多泉山组：灰色、深灰色巨厚层灰岩、鲕状灰岩、砾状灰岩、竹叶状灰岩、硅质条带灰岩夹生物灰岩、白云岩。

②石灰沟组：灰黑色板岩、灰绿色页岩及浅黄绿色岩屑砂岩与页岩互层。

③大头羊沟组：浅灰色—深灰色灰岩、含钙质碎屑灰岩、角砾状灰岩、粉砂质白云岩、石英砂岩及粉砂岩。

（5）泥盆系牦牛山组（D_3m）。主要分布在牦牛山、阿木尼克山地区，分2个岩段：碎屑岩段和火山岩段。碎屑岩段岩性组合为灰色、灰绿色砾岩、岩屑长石砂岩、长石石英砂岩夹少量粉砂岩、泥岩夹少量砂岩、粉砂岩、板岩、泥灰岩；火山岩段岩性组合为灰色、灰紫色流纹岩、英安岩、火山角砾岩,底部为玄武岩、安山岩。与上覆、下伏地层接触关系为断层接触。

(6)石炭系(C)。在该地层区广泛出露,与上覆地层接触关系为角度不整合、断层接触,与下伏地层接触关系多为断层接触。出露怀头他拉组(C_1h)、城墙沟组(C_1cq)、阿木尼克组(C_1a)。怀头他拉组岩性组合为上部灰色、深灰色燧石条带灰岩、生物碎屑灰岩夹砂岩、页岩,下部灰绿色、紫红色长石石英砂岩、长石砂岩夹页岩、石灰岩、砾岩、煤线;城墙沟组岩性组合为灰色、浅灰色生物灰岩、泥晶灰岩、鲕状灰岩夹石英砂岩、页岩、白云岩;阿木尼克组岩性组合为紫红色砾岩、砂砾岩、岩屑砂岩、页岩,上部夹薄层灰岩、白云岩。

(7)石炭系—二叠系克鲁克组(C_2P_1k)。主要分布在旺尕秀一带,岩性组合为灰黄色石英砂岩、岩屑砂岩、灰白色生物屑泥晶灰岩、粉砂岩夹泥质页岩、煤层。与周边地层接触关系为角度不整合、断层接触。

(8)侏罗系(J)。在旺尕秀、鱼卡、阿木尼克山东缘零散分布,出露羊曲组($J_{1-2}yq$)、大煤沟组($J_{1-2}dm$)、采石岭组(J_2c)3个组。与周边地层接触关系为断层接触。

(9)白垩系犬牙沟组(K_1q)。主要分布在旺尕秀一带,分布面积少,岩性组合为紫灰色砾岩、灰白色长石砂岩夹粉砂岩、泥岩、泥灰岩。与上覆地层接触关系为断层接触。

(10)古近系—新近系雅西措组(E_3N_1y)、新近系油砂山组(N_2y),分布零散,与上伏地层接触关系多为角度不整合接触。干柴沟组(E_3N_1g)岩性组合为上部杂色粉砂岩、泥岩、灰绿色砂岩,下部灰色、紫红色砾岩、少量安山岩、角砾岩、集块岩;油砂山组岩性组合见阿尔金地层区描述。

另外,出露(Qh、Qp^3、Qp^2)冲积(al)、洪积(pl)、滑积(dp)、风积(eol)、湖积(l)、黄土(los)、泉华(cos)、化学沉积(ch)、沼泽堆积(fl)、冰碛(gl)、冰水堆积(gfl)。

(三)全吉地层区

(1)古元古界达肯大坂岩群($Pt_1D.$)。分布广泛,是该地层区主要出露地层,与上覆地层接触关系为角度不整合、断层接触,岩性组合见前述。

(2)南华系—震旦系全吉群。集中分布于宗务隆山以南、怀头他拉以西地区,与下伏达肯大坂岩群为角度不整合接触关系。出露红藻山组($NhZhz$)、枯柏木组($NhZk$)、麻黄沟组($NhZm$)3个组。红藻山组($NhZhz$)岩性组合为紫红色硅质条带白云岩夹凝灰质砂砾岩、粉砂岩;枯柏木组($NhZk$)岩性组合为灰白色、灰紫色石英砂岩夹粉砂岩,底部夹砾岩、含磷条带;麻黄沟组($NhZm$)岩性组合为上部灰紫色含砾砂岩、粗砾岩,下部灰绿色砾岩、砂砾岩夹长石石英砂岩透镜体。

(3)奥陶系(O)。主要分布在怀头他拉以西地区,与周边地层多为不整合接触。出露石灰沟组(O_1s)、多泉山组(O_1d)、大头羊沟组(O_2dt)3个组。石灰沟组(O_1s)岩性组合为灰色、灰绿色粉砂岩、页岩、黏板岩、石灰岩、砂岩;多泉山组(O_1d)岩性组合见前述;大头羊沟组(O_2dt)岩性组合为浅灰色厚层灰岩、紫灰色砂质灰岩,下部夹含砾砂岩、砾岩。

(4)石炭系(C)。与下伏奥陶系、南华系—震旦系全吉群集中分布,多为角度不整合接触。出露臭牛沟组(C_1c)、阿木尼克组(C_1a)2个组。臭牛沟组(C_1c),分2个岩段:碎屑岩段岩性组合为紫红色、灰白色砾岩夹粉砂岩、泥岩、石灰岩、白云岩;碳酸盐岩段岩性组合为灰色、深灰色灰岩、生物碎屑灰岩、白云岩夹石英砂岩、粉砂岩、泥岩、石膏。阿木尼克组岩性组合见前述。

(5)石炭系—二叠系土尔根达坂组(C_2P_1t)。沿宗务隆山东西向分布,与上覆地层为整合、断层接触关系。分2个岩段:火山岩段岩性组合为灰绿色安山玄武岩、枕状玄武岩、绿泥片岩;碎屑岩段岩性组合为灰色、灰绿色长石石英砂岩、粉砂岩、板岩、千枚岩夹白云岩、结晶灰岩、硅质岩、砾岩。

(6)二叠系果可山组(P_1g)。与土尔根达坂组集中分布,与周边地层多为整合接触关系、断层接触。分2个岩段:碳酸盐岩段岩性组合为灰白色结晶灰岩、白云质灰岩、白云岩夹长石岩屑砂岩、中基性火山岩;碎屑岩段岩性组合为灰色、灰白色砾岩、石英长石砂岩夹结晶灰岩、生物灰岩、板岩、基性火山岩。

(7)三叠系(T)。主要分布于宗务隆山南缘,与周边地层接触关系为断层接触,出露2个组:隆务河组($T_{1-2}l$)和尕勒得寺组(T_3g)。隆务河组($T_{1-2}l$)分2个岩段:砂岩、砾岩段岩性组合为灰色岩屑长石砂岩、长石石英砂岩夹砾岩、板岩,右脑河地区底部有一层巨厚的砾岩;砂岩板岩段岩性组合为灰色、深灰色岩屑长石砂岩、长石石英砂岩与深灰色板岩互层夹少量砾岩、石灰岩透镜体。尕勒得寺组(T_3g)岩性组合为灰色、灰黑色粉砂岩、板岩夹长石石英砂岩、长石砂岩或互层夹煤线(层)。

(8)侏罗系(J)。零星分布于宗务隆山南缘,与周边地层多为断层接触,出露大煤沟组($J_{1-2}dm$)、采石岭组(J_2c)、红水沟组(J_3h),岩性组合见前述。

(9)白垩系犬牙沟组(K_1q)。主要分布于德令哈市以东,与石炭系呈角度不整合接触,岩性组合见前述。

另外,新近系—古近系(N-E)、第四系(Q)地层与前述特征基本一致,不再赘述。

(四)东昆仑地层区

(1)古元古界金水口岩群($Pt_1J.$)。主要沿五龙沟、南山口、开木棋、那陵郭勒河南岸和西北岸一线分布,出露广泛,多与中酸性岩体呈侵入接触,局部与周边地层呈角度不整合接触或断层接触。分4个组:麻粒岩组岩性组合为含紫苏角闪麻粒岩、含黑云二辉麻粒岩、含堇青夕线红柱斜长片麻岩、辉石角闪斜长麻粒岩、麻粒岩、斜长角闪岩;片麻岩组岩性组合为含红柱夕线黑云斜长片麻岩、黑云角闪片麻岩、黑云二长片麻岩、斜长角闪岩、镁橄榄石大理岩;碳酸盐岩组岩性组合为白云石大理岩、镁橄榄石、白云石大理岩、透闪石大理岩夹斜长角闪岩、混合片麻岩;片岩组岩性组合为长石石英岩、红柱石石英岩、二云石英片岩夹片麻岩、大理岩、斜长角闪岩。

(2)长城系(Ch)。主要分布在夏日哈西北方向、鄂拉山周缘,景忍西北方向、诺木洪河上游也有少量分布,出露沙柳河群(Chs)、小庙组(Chx),与周边地层多为角度不整合接触关系,局部为断层接触关系。沙柳河群(Chs)岩性组合见前述。小庙组(Chx)岩性组合为石英岩、二云石英片岩、长石石英岩夹条带状大理岩、二云斜长片麻岩。

(3)蓟县系狼牙山组(Jxl)。主要分布在诺木洪河上游砂石山以南研究区边缘、南山口西南方向,与周边地层多为断层接触关系。岩性组合为浅灰色白云岩、结晶灰岩夹变砂岩、千枚岩,底部有石英砾岩。

(4)中—新元古界万保沟群($Pt_{2-3}W$)。主要分布在雪山沿线,与周边地层多为角度不整合接触关系,局部为断层接触关系。分2个岩组:火山岩组岩石组合为灰绿色、暗绿色玄武岩夹安山岩、千枚岩、沉凝灰岩、粉砂岩、岩屑长石砂岩、砂质灰岩,顶部灰岩增多;碳酸盐岩组岩石组合为浅灰色、灰白色白云岩,硅质条带白云岩夹石灰岩及少量千枚岩、板岩、变砂岩。

(5)青白口系丘吉东沟组($Qbqj$),分布较少,主要位于诺木洪河下游冰沟丘吉东沟一带,与蓟县纪狼牙山组整合接触,岩性组合为浅灰色—灰色粉砂质板岩、钙质板岩、长石石英砂岩、石英片岩夹结晶灰岩、砾岩。

(6)寒武系沙松乌拉组($\epsilon_1 s$)。主要分布在开木棋西南沙松乌拉地区,与周边地层为断层接触关系。岩性组合为灰色、深灰色、灰绿色石英长石砂岩、岩屑砂岩、岩屑石英砂岩夹板岩、千枚岩、白云岩,浅灰绿色安山岩、硅质岩。

(7)奥陶系祁漫塔格群(OQ),沿祁漫塔格、景忍一线分布,在那陵郭勒河南岸亚门涛鲁艾地区也有出露,多与上覆、下伏地层呈角度不整合接触,局部呈断层接触。分3个岩组:碎屑岩组又分为2个岩段,蛇绿混杂岩段岩性组合为深灰色岩屑长石砂岩、长石石英砂岩夹板岩、硅质岩、含辉绿岩,浊积岩段岩性组合为灰色、灰绿色石英长石砂岩、长石砂岩夹粉砂岩、板岩、石灰岩、中基性火山岩;火山岩组岩性组合为灰绿色、暗绿色玄武岩、安山岩、英安岩、流纹岩、凝灰岩夹变砂岩、板岩,局部见粗玄岩;碳酸盐岩组岩性组合为灰色、浅灰色大理岩、白云岩、结晶灰岩夹石英砂岩、粉砂岩、少量玄武岩。

(8)奥陶系—志留系纳赤台群(OSN),沿雪山峰一线到纳赤台地区出露,多与上覆、下伏地层断层接触,局部角度不整合接触。分为3个岩组:下碎屑岩组岩性组合为灰色、深灰色千枚岩、长石砂岩、岩屑长石砂岩夹粉砂岩、玄武岩、粗面岩、少量砾岩、砂质灰岩;火山岩组分为2个岩段,中酸性火山岩段岩性组合为紫灰色英安岩、灰绿色安山质凝灰岩、火山角砾岩夹砂岩,基性火山岩段岩性组合为灰绿色杏仁状玄武岩、碱性玄武岩、灰黑色硅质岩;上碎屑岩组分为2个岩段,粗碎屑岩段岩性组合为灰色、深灰色、灰绿色长石砂岩、岩屑长石砂岩、岩屑砂岩夹砾岩、板岩、千枚岩、流纹岩,细碎屑岩段岩性组合为灰色、浅灰绿色岩屑砂岩、长石岩屑砂岩、长石砂岩、板岩、千枚岩夹少量石灰岩,局部夹中酸性凝灰熔岩、凝灰岩。

(9)泥盆系(D)。主要沿黑砂山、哈日扎、牦牛山一带分布,出露牦牛山组(D_3m)、黑山沟组(D_3h)、哈尔扎组(D_3hr)。与周边地层多为断层接触关系。其中,牦牛山组(D_3m)岩性组合见前述,哈尔扎组(D_3hr)岩性组合为浅灰色、灰绿色粉砂岩、板岩、灰绿色英安质凝灰岩夹英安岩、流纹岩、生物碎屑灰岩;黑山沟组(D_3h)岩性组合为灰紫色、灰色砾岩、含砾砂岩夹石英长石砂岩、长石石英砂岩、安山岩、结晶灰岩。

(10)石炭系(C)。主要分布在黑砂山、景忍、祁漫塔格地区,出露石拐子组(C_1s)、缔敖苏组(C_2d),与周边地层多为断层接触关系。石拐子组(C_1s)岩性组合为上部灰色、深灰色泥晶生物碎屑灰岩、白云质灰岩,局部见白云岩,下部长石石英砂岩、岩屑砂岩、砾岩。缔敖苏组(C_2d)岩性组合为浅灰色—深灰色亮晶生物碎屑灰岩、含砂砾屑生物碎屑灰岩夹肉红色生物碎屑灰岩。

(11)二叠系马尔争组(P_2m)。主要分布在布喀达坂峰以北,与下伏地层为断层接触,与上覆地层角度不整合接触。分为5个岩段:下碎屑岩段岩性组合为灰绿色长石石英砂岩、岩屑长石砂岩夹板岩；火山岩段岩性组合为灰色、灰黑色玄武岩、枕状玄武岩、细碧岩夹凝灰岩、火山角砾岩、硅质岩；碳酸盐段岩性组合分为3个岩性组合，第一个岩性组合为灰色、灰黑色生物碎屑灰岩、灰白色结晶灰岩夹浅灰绿色杂砂岩、粉砂岩，第二岩性组合为灰色泥晶灰岩与深灰色板岩互层，第三个岩性组合为灰白色、灰红色礁灰岩、生物碎屑泥晶灰岩、砂屑灰岩、白云质灰岩；上碎屑岩段岩性组合为灰绿色长石石英砂岩、长石砂岩、粉砂岩、板岩夹薄层灰岩；蛇绿混杂岩段岩性组合为灰绿色、灰紫色粗玄岩、枕状玄武岩、火山角砾岩、长石岩屑砂岩、粉砂岩、板岩，含橄榄岩、辉长岩、辉绿岩等岩块。

（12）三叠系（T）。集中分布在鄂拉山地区，在黑砂山、景忍、哈日扎、巍雪山地区也有分布。地层之间为整合接触，与其他地层多为角度不整合或断层接触，出露洪水川组（T_1h）、闹仓坚沟组（$T_{1-2}n$）、江河组（$T_{1-2}j$）、大加连组（$T_{1-2}d$）、希里可特组（T_3x）、八宝山组（T_3bb）、鄂拉山组（T_3e）。

洪水川组（T_1h）岩性组合为灰色、灰紫色砾岩、长石石英砂岩、粉砂岩、板岩，上部夹灰绿色、灰紫色凝灰岩、安山岩、英安岩、安山玄武岩、流纹岩，万宝沟以西缺失火山岩。

闹仓坚沟组（$T_{1-2}n$）岩性组合为灰色、灰白色、肉红色石灰岩、泥晶灰岩、砂质灰岩、生物碎屑灰岩、砾岩及少量凝灰岩。

江河组（$T_{1-2}j$）岩性组合为灰色、灰绿色石英长石砂岩、岩屑长石砂岩、粉砂岩夹石灰岩。

大加连组（$T_{1-2}d$）岩性组合为灰色、浅灰色生物灰岩、鲕状灰岩、角砾状灰岩，在海盆边缘相变成砂岩、粉砂岩夹石灰岩。

希里可特组（T_3x）岩性组合为灰色、浅灰色、灰黑色岩屑长石砂岩、粉砂岩夹砾岩、板岩，局部见石灰岩、板岩、流纹岩。

八宝山组（T_3bb），分3个岩段。砂岩、砾岩段：紫红色、灰色泥岩，灰绿色岩屑长石砂岩，岩屑石英砂岩夹流纹岩、凝灰岩。火山岩段：紫红色、灰紫色流纹岩、安山岩，少量粗砾岩、火山角砾岩及砾岩、粉砂岩。砂岩页岩段：深灰色、灰黑色、灰紫色石英粉砂岩、粉砂质页岩、长石砂岩、石英砂岩夹砾岩、煤线，局部夹灰岩。

鄂拉山组（T_3e）：灰色、浅灰色、灰紫色流纹岩、安山岩、凝灰岩、火山角砾岩、集块岩，少量安山岩，底部有时有砾岩、砂岩。

另外，新近系—古近系（N-E）、第四系（Q）与前述特征基本一致，不再赘述。

三、区域构造

区内构造活动较强烈，近东西向与北西向断裂分布范围广，并发育多条走滑剪切带；岩体与矿体的分布基本上是由北西向断裂和大型剪切带控制的，矿体的分布主要由北西—近东西向的次级褶皱与断裂裂隙构造控制，成矿后的构造主要为北东向和近南北向断裂。

（一）断裂构造

1. 柴北缘断裂

阿尔金断裂：区域性深大断裂。研究认为阿尔金山及其断裂系统在很长的一段地质历史时期内均呈现出左行走滑与挤压隆升的构造特征，在早—中侏罗世呈现左行走滑与伸展的构造特征（图3-3）；阿尔金断裂活动具有时间持续长久、多期次、叠加复杂等特点。

第三章 柴周缘石墨矿成矿地质背景

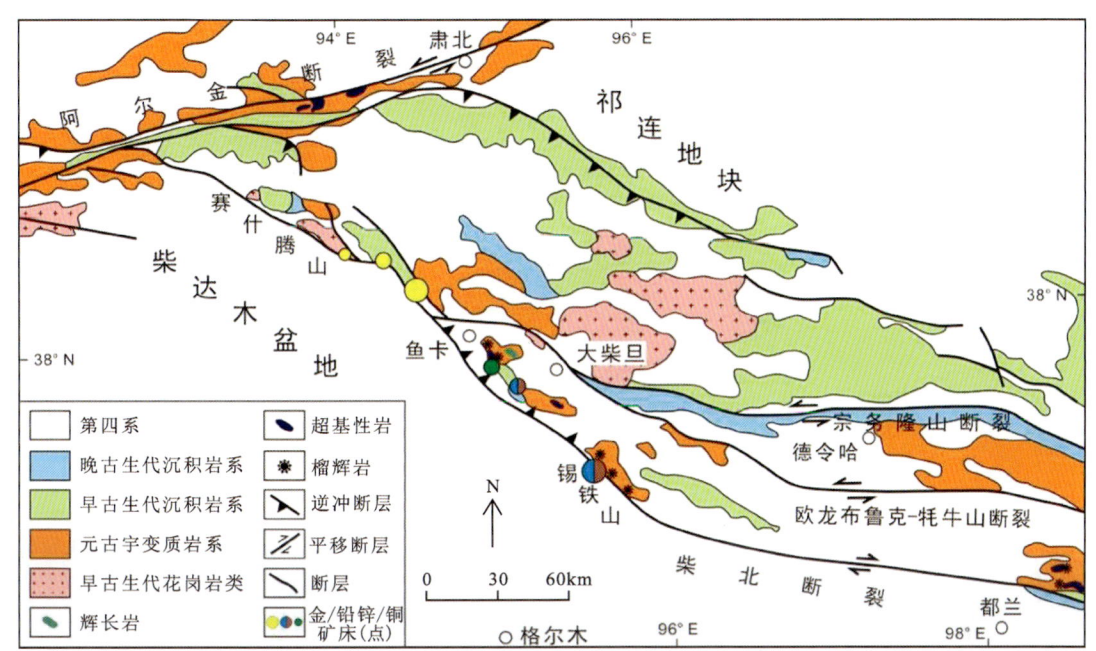

图 3-3 柴北缘造山带构造格架图

柴北断裂：总体为向北陡倾的岩石圈断裂，为柴北缘缝合带的主边断裂，西起赛什腾山，东端被哇洪山-温泉断裂切错，走向北西西，断续延长 600km，局部出露基性、超基性岩体，多处有榴辉岩产出。

2. 柴南缘断裂

祁漫塔格地区断裂构造发育，方向主要为北西向，断裂主要有昆北断裂带、昆中断裂、昆南断裂（图 3-4）。

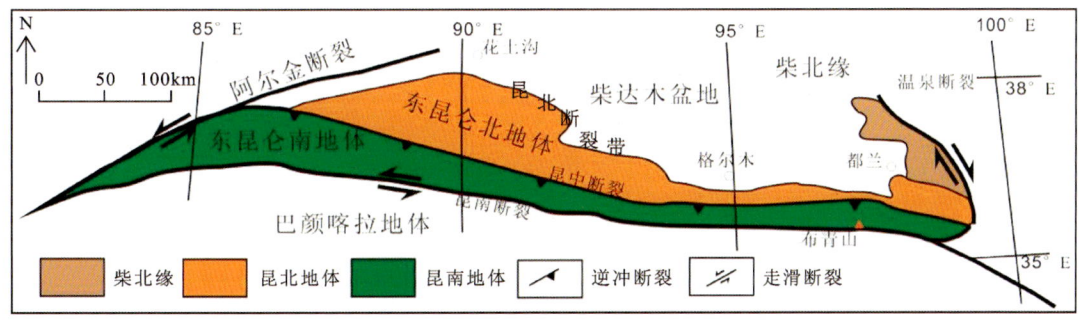

图 3-4 柴南缘造山带构造格架图

昆北断裂带，呈北西西—北西向延伸约 750km，主要由南北两组主断裂及其间夹持的次一级断裂组成，西段北侧主断裂控制着茫崖凹陷的发育，东段北侧主断裂控制着第四系的发育。

青海省全省境内可划分出多个大型变形构造带，其中柴周缘分布的各大型变形构造带特征如下（图 3-5）。

19

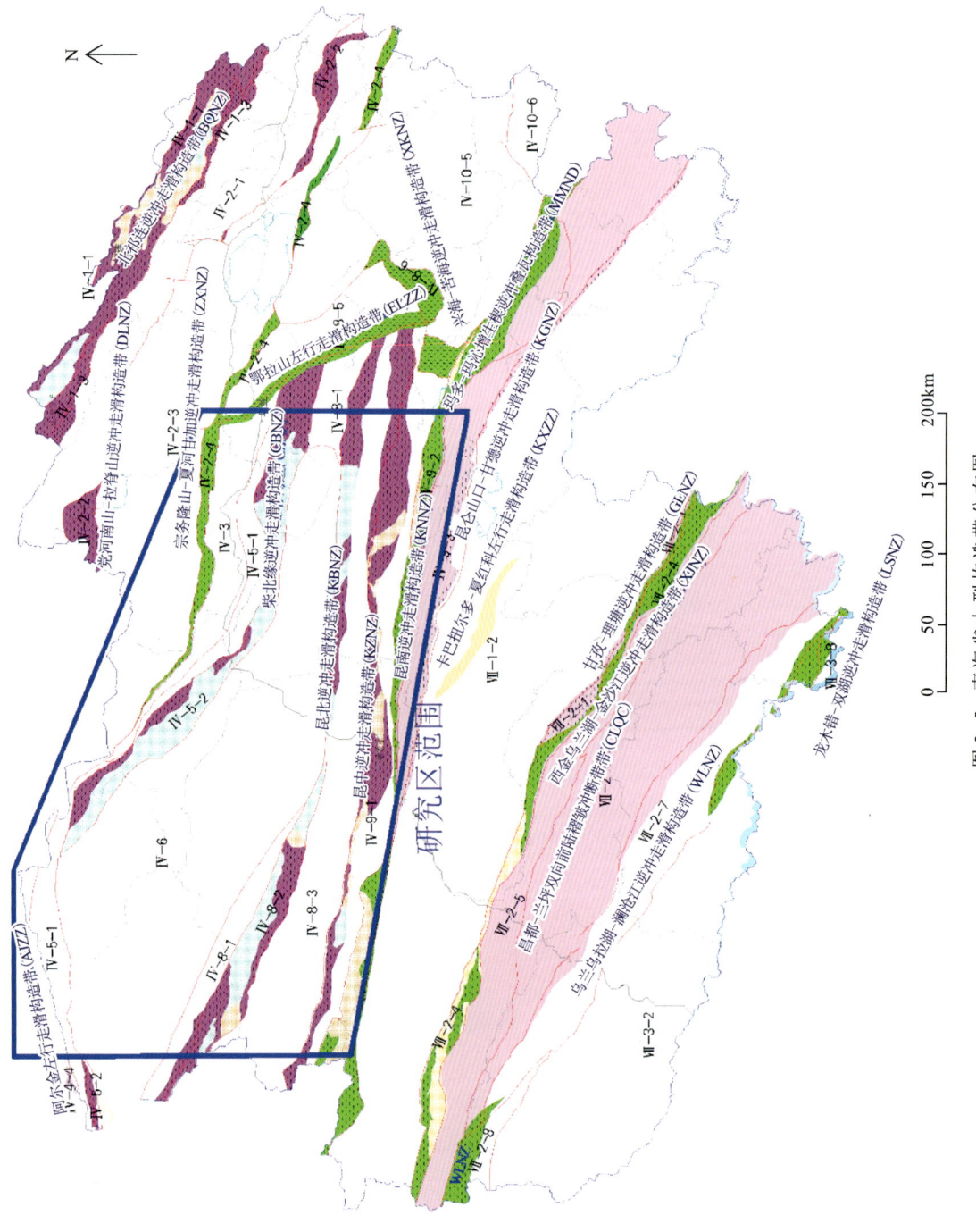

图 3-5 青海省大型构造带分布图

(1)柴北缘逆冲走滑构造带。长465km,宽25～30km,达深部岩石圈,走向北西西,倾向北东,为挤压型大型变形带。物质组成为古元古代被动陆缘火山-沉积岩系,长城纪陆棚碎屑岩,寒武纪—奥陶纪火山岛弧、火山-沉积岩系、晚泥盆世断陷盆地火山-沉积岩系、早古生代高压—超高压榴辉岩、中—新元古代古同碰撞岩浆杂岩、晚寒武世—奥陶纪蛇绿岩。该构造带发育于深部构造层次,运动方式为早期向北逆冲,中期以右行走滑为主,晚期向南逆冲推覆,力学性质为早期压性,中期压扭性,晚期压性,形成时代为前寒武纪中期。变形期次:前寒武纪中期—早奥陶世洋盆开启,洋壳向北俯冲,韧性逆冲型构造带形成;志留纪—早泥盆世洋盆消亡,弧-陆碰撞,向北、向南双向逆冲似科帕构造组合形成,伴有韧性右行走滑构造产生,并可能持续到晚泥盆世,石炭纪以来以脆性变形为主,浅层上叠盆地形成;侏罗纪以来向南逆冲推覆,控制柴达木压陷盆地的形成与发展。大地构造环境为陆缘弧-陆碰撞带,具有铅、锌、金、钨、锡(铜、钴、稀土)等含矿特征。

(2)昆北逆冲走滑构造带。长655km,宽10～35km,走向北西西,为挤压型变形带。物质组成为古元古代被动陆缘火山-沉积岩系、长城纪陆棚碎屑岩、中—新元古代洋岛-海山火山-沉积岩系、奥陶纪弧盆地及陆缘弧火山-沉积岩系、奥陶纪弧后盆地及陆缘弧火山-沉积岩系、奥陶纪蛇绿岩、蓟县纪碳酸盐岩陆表海沉积、晚泥盆世断陷盆地火山-沉积岩系、早石炭世碳酸盐岩陆表海沉积、新元古代古同碰撞岩浆杂岩、晚奥陶世俯冲期岩浆杂岩、志留纪同碰撞岩浆杂岩。该构造带为深部构造层次的变形带,运动方式为早期向北、向南双向逆冲;中期右行走滑为主,兼向北、向南逆冲;晚期向北逆冲推覆;其力学性质为早期压性,中期压扭性,晚期压性。形成时代为奥陶纪,变形期次:奥陶纪弧后洋盆开启,并北、向南双向俯冲,韧性逆冲构造带形成;早志留世洋盆消亡,弧-陆碰撞,形成右行走滑构造带并有似科帕构造组合产生,这一活动有可能一直持续到早石炭世;晚石炭世以来转化为脆性变形,至侏罗纪造山带向北逆冲推覆,控制柴达木压陷盆地的形成与发展。大地构造环境为陆缘弧-陆碰撞裂谷带,具有铁、钴、铜、铅、锌、金、锡、钨等含矿特征。

(3)昆中逆冲走滑构造带。长635km,宽2.5～30km,走向近东西,为挤压型变形带。物质组成为古元古代被动陆缘火山-沉积岩系、长城纪陆棚碎屑岩、中—新元古代洋岛-海山火山-沉积岩系、早寒武世陆缘裂谷火山-沉积岩系、奥陶纪洋内弧岩系、奥陶纪—志留纪俯冲增生杂岩、早石炭世陆缘裂谷火山-沉积岩系、晚石炭世—早二叠世弧前构造高地火山-沉积岩系、中元古代蛇绿岩(清水泉)、寒武纪—早奥陶世蛇绿岩(乌妥)、中奥陶世蛇绿岩(没草沟)、石炭纪—中二叠世蛇绿岩(塔妥)、中奥陶世俯冲期岩浆杂岩、早泥盆世—早石炭世后碰撞-后造山岩浆杂岩、二叠纪俯冲期岩浆杂岩。为深部构造层次,运动方式为早期向南逆冲,中期和晚期右行走滑。力学性质早期以压性为主兼扭性,中期和晚期以扭性为主兼压性。形成时代为中元古代中期。变形期次:中元古代中期有限洋盆消亡,韧性逆冲构造形成;奥陶纪洋壳向北俯冲,构造进一步发展;志留纪洋盆消亡,弧-陆碰撞,形成似科帕构造,并伴有韧性左行走滑构造活动;早石炭世以来裂谷一度闭合,并伴有韧性右行走滑构造产生,三叠纪以来右行走滑活动仍持续进行,但变形行为以浅部脆性变形为主,大地构造环境为陆缘弧-陆碰撞带,具有钴、金、铜、玉石、稀有、稀土等含矿特征。

(4)鄂拉山左行走滑构造带。长215km,宽至少5km,走向北北西,倾向早期北东,倾角60°,晚期南西,倾角83°,呈斜列(各段右阶羽列为主)组合形式,为剪切型变形带。物质组成为古元古代被动陆缘火山-沉积岩系、寒武纪—奥陶纪火山岛弧火山-沉积岩系、奥陶纪陆缘弧火山-沉积岩系、早—中三叠世弧后前陆盆地火山-沉积岩系、晚三叠世断陷盆地火山-沉积岩系、古元古代—新元古代碰撞型岩浆杂岩、中奥陶世超镁铁—镁铁质岩。构造层次为中深—浅部。运动方式早期以左行走滑为主,兼向南逆冲;中期左行走滑为主兼向北东逆冲;晚期右行走滑为主兼向北东逆冲。力学性质总体为压扭性,形成时代为泥盆纪。变形期次:泥盆纪—二叠纪韧性左行走滑构造产生;三叠纪以来以陆内脆性左行走滑为主,兼向北东逆冲;侏罗纪走滑造山带一度伸展垮塌均衡调整;第四纪初(1.8~3.8Ma)在区域性北东-南西向挤压的作用下形成大规模右行走滑构造带(位移量9~12km),并与周边的某些北西西向左行走滑构造形成一对共轭的剪切断裂,同时控制盆-山构造的形成与发展。大地构造环境为陆内走滑构造带,具有铜、铅、锌、锡、金、银等含矿特征。

(5)昆南逆冲走滑构造带。长约115km,宽10~31km,走向北西西。发育两组拉伸线理:一组走向北东,倾伏角65°;另一组走向多为近东西向,倾伏角10°~20°。为挤压型变形带。沿该断裂基性、超基性岩较多,重力反映为重力梯度带,航磁反映为不同磁场区的分界线,大地电磁测深反映断裂深度从地表直抵软流圈,为一条地表南倾,深部北倾的岩石圈断裂。物质组主要成为古元古代—中元古代被动陆缘火山-沉积岩系、晚石炭世—早二叠世弧前构造带沉积岩系、中二叠世俯冲增生楔浊积岩系及洋岛-海山火山沉积岩系和洋内弧火山岩系—远洋沉积、早—中三叠世火山岛弧火山-沉积岩系及弧前复理石沉积、中二叠世—中三叠世蛇绿岩、中二叠世同碰撞岩浆杂岩、晚三叠世后碰撞岩浆杂岩。运动方式早期以向南逆冲为主,晚期以左行走滑为主,力学性质早期以压性为主,晚期以扭性为主,形成时代为早二叠世。变形期次:早二叠世—中三叠世巴彦喀拉地块向北漂移促使剪式洋盆收缩,并向北俯冲,韧性逆冲构造形成;中三叠世末—晚三叠世洋盆消亡,弧-陆碰撞产生大规模韧性左行走滑构造带,并伴有似科帕构造组合产生,这一韧性剪切作用可能一直持续到侏罗纪—白垩纪,乃至新近纪之后转化为脆性剪切变形,大地构造环境为陆缘陆-陆碰撞带,具有铜、钴、金、锑等含矿特征。

(6)昆仑山口-甘德逆冲走滑构造带。长635km,宽2~7.5km,走向北西西,倾向北东,倾角一般45°~62°。拉伸线理有两组,一组走向北东,另一组走向北西-南东向,为挤压型变形带。物质组成主要有中二叠世陆棚碎屑岩和外陆棚火山-沉积岩系、早—中三叠世陆缘斜坡沉积岩系、晚三叠世周缘前陆盆前渊盆地沉积岩系。运动方式早期以向南逆冲为主,晚期以左行走滑为主。力学性质早期以压性为主,晚期以扭性为主。形成时代为早三叠世,变形期次:早三叠世—中三叠世洋脊消亡,但残留洋壳和被动陆缘向北的俯冲作用并未停止,并由此形成韧性逆冲型构造;中三叠世末期巴彦喀拉地块碰撞,在动力学上"焊合"为一体,为了调节因碰撞而引起的地壳失稳,韧性左行走滑构造形成,叠加于早期逆冲构造之上,这一韧性走滑作用有可能持续到侏罗纪乃至白垩纪。大地构造环境陆缘陆-陆碰撞带,具有金、锑等含矿特征。

(二)褶皱构造

1. 柴北缘褶皱

区内古元古代褶皱构造比较发育,地层变质程度深,褶皱形成机制复杂。区内分布有一系列的次级褶皱,褶皱轴走向多为东西向,局部地段近南北向,褶皱产状大致为层理产状。

牛鼻子梁西背斜:褶皱轴长约 2000m,轴向由北西变化至近东西。南翼地层产状为 210°∠60°,北翼地层产状为 10°∠75°。核部岩性主要为灰白色透辉石大理岩,两翼石英片岩逐渐增多。

2. 柴南缘褶皱

区内构造活动强烈,褶皱主要为复式背、向斜构造,主要轴向为北西西。代表性的褶皱构造分述如下。

(1)祁漫塔格十字沟南复背斜。位于祁漫塔格中段一带,呈近东西向展布,长约 15km。两翼地层基本对称,倾角 60°左右,西段因被横向断层所截而消失。次级褶曲发育,形态紧闭。

(2)狼牙山向斜。位于巴音郭勒河口东岸,褶皱长约 10km,呈近东西向展布,核部和翼部均为元古宇金水口岩群碳酸盐岩。北翼整体往南倾,倾角小于 70°,轴面整体南倾,东端仰起。该向斜被一组近南北向和一组北东向断层错开,向斜南翼见上覆石炭系并与其呈不整合接触。

四、区域岩浆岩

受不同期次造山事件的影响,区内岩浆活动较为频繁,侵入岩和火山岩均较发育,从元古宙至中生代均有出露,主要分布在柴北缘和柴南缘地区。其中,柴南缘东昆仑造山带侵入岩分布广泛,出露面积巨大,尤其是东昆仑北地体,侵入岩占据了绝大部分面积,形成气势宏伟的东昆仑造山带(图 3-6)。在空间上,东昆仑岩浆岩显示出东西向带状分布,且严格受控于昆中和昆南缝合带,昆北地体较发育,昆南次之,大多具有南东东-北西西向分布特征,与区域构造线一致。

(一)火山岩

1. 元古宙

古元古代火山岩广布于柴达木盆地周边,岩石普遍变质较深,多呈斜长角闪岩、角闪片岩。据岩石化学成果分析等,原岩主要为拉斑玄武岩及流纹岩,高铝、低钛,以钙碱性系列为主,次为碱性系列。

中元古代火山岩的岩石类型较为复杂,不同地段的岩性差异较大。祁连山西段以玄武

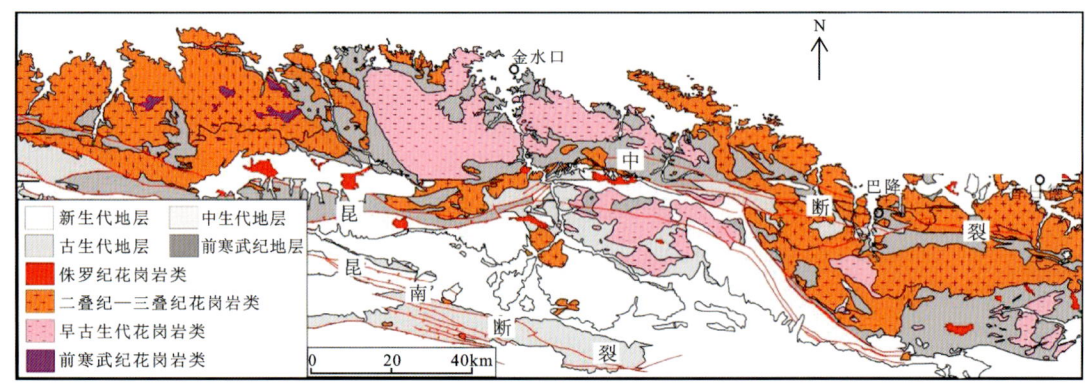

图 3-6 柴南缘东昆仑造山带侵入岩分布简图

岩、辉石玄武岩为主,次为安山玄武岩、细碧岩,向东流纹岩及安山岩成分显著增多。东昆仑地区中—新元古代玄武岩除与辉长岩等密切相关外,还与浊积岩、硅质岩等共生,岩石化学成分普遍偏碱性,低 MgO,高 TiO_2,具洋岛玄武岩特征,同位素年龄大多集中在1400Ma左右。新元古代火山岩仅见于全吉地块的石英梁组,总体以喷发相为主,为震旦纪火山岩,岩性较单一,主要为玄武岩、辉绿岩及少量玄武质集块岩,同位素年龄为777Ma,具大陆裂谷火山岩特征。

2. 早古生代

寒武纪火山岩多见于拉脊山,主要岩性为拉斑玄武岩、辉石安山岩、细碧岩夹中酸性凝灰岩及硅质岩,属于裂谷环境产物。奥陶系火山岩在阿尔金山、昆仑山及柴达木盆地北缘等地均有出露,U-Pb 同位素年龄为 496~514Ma(杨经绥等,2005)。资料显示,祁连山奥陶纪火山活动仍大致沿寒武纪的古裂隙进行,岩石组合为玄武岩-安山岩-流纹岩,以钙碱性为主,局部出现碱性玄武岩。东昆仑地区奥陶纪火山岩以大洋拉斑玄武岩为主,具有较典型的洋岛玄武岩特征。志留纪火山岩以中基性熔岩为主,局部地段为酸性熔岩及其同成分火山角砾岩和火山集块岩,显示出海相中心式喷发特点,各地岩性及厚度变化较大。

3. 晚古生代

泥盆纪火山岩主要产于海陆交互相上泥盆统中,岩性为安山岩、安山质集块岩、安山角砾岩、英安岩及流纹岩等,属正常钙碱性系列火山岩,其碎屑岩夹层中产植物及鱼类等化石。石炭纪火山岩多为海相裂隙-中心式喷发,岩性以玄武岩、安山岩为主,其次为流纹岩及少量的细碧岩、英安岩,枕状构造发育,主要为钙碱性系列,部分地段火山岩具拉斑玄武岩特征。二叠纪火山岩集中沿东、西昆仑山及阿尼玛卿山一线展布,下部以基性熔岩为主,属拉斑玄武岩系列,局部具碱性系列特征,向上中酸性熔岩及火山碎屑岩成分逐渐增多,枕状玄武岩的硅泥质充填物中含二叠纪放射虫。

4. 中生代

区内中生代火山岩极为发育,分布甚广。其中,早—中三叠世火山岩均为海相裂隙-中心式喷发产物,较集中分布在西秦岭及昆仑山的结合部位,岩石组合为玄武岩-安山岩-流纹岩,属钙碱性系列,主要岩石类型有玄武岩、安山岩、英安岩、英安凝灰熔岩及火山角砾岩等,火山岩的碳酸盐岩夹层中含早—中三叠世菊石等化石。晚三叠世火山岩遍布全区,底部不整合于中三叠统或更老地层之上,已知同位素年龄大部分为210~220Ma;岩石以钙碱性系列为主,局部地区为碱性系列,并具有一定的空间演化趋势;如在祁漫塔格-喀雅克登塔格地区,以流纹岩及流纹质角砾岩为主;鄂拉山地带以安山岩、英安岩及同成分火山碎屑岩为主,局部出现碱性玄武岩及碱性流纹岩;西秦岭地区以碱性玄武岩为主夹基性凝灰角砾岩等,具碱性系列特征。白垩纪火山岩出露于西秦岭及喀拉昆仑地区,另在祁连山西段也有零星分布,其中早白垩世火山岩不整合于侏罗系之上,岩石组合为玄武岩—碎屑岩组合,主要岩性为杏仁状玄武岩、橄榄玄武岩及火山碎屑岩,多呈似层状产于下白垩统陆相碎屑岩中,属典型的碱性玄武岩系列。

5. 新生代

新生代火山活动微弱,仅见于木孜塔格-西大滩-布青山构造岩浆岩亚带中,为中—上新统湖东梁组和中新统查保马组火山岩。火山岩呈熔岩被、熔岩台地,方桌山状、平顶山状、熔岩阶地状喷发不整合覆盖于三叠纪及古—新近纪碎屑岩地层之上,岩石有安粗岩、粗面英安岩、橄榄安粗岩、橄榄白榴响岩质碱玄岩和粗面岩等。湖东梁组火山岩呈熔岩丘状、弧立锥状突出地表,山顶常呈近圆形洼地。在湖东梁地区见有少量的残留喷发不整合在查保组火山岩之上,岩性为流纹岩、霏细岩、次流纹岩、次粗面英安岩等。

(二)侵入岩

1. 元古宙

元古宙侵入岩至少可以分为三期。早期侵入岩侵位于古元古代片麻岩、混合片麻岩及斜长角闪岩中,与围岩多呈渐变过渡关系。岩性主要为斜长花岗岩、英云闪长岩及辉长岩,具混合交代结构,片麻状构造,侵入该期岩体的花岗质脉体的U-Pb同位素年龄为1912Ma及1920Ma。中期侵入岩分布甚广,在祁连山及柴达木盆地周缘均有出露,侵入最新地层为中元古界长城系—蓟县系,其上多被青白口系或震旦系不整合覆盖。岩性以花岗闪长岩、二长花岗岩和英云闪长岩为主,其次为辉长岩及少量橄榄岩,岩体中可见大量石英岩、大理岩及斜长角闪岩等包裹体,已知同位素年龄为1400~1578Ma。花岗岩较集中分布在祁连山,岩性单一,普遍具有变余花岗结构,片麻状构造,与围岩呈交代混染。已知岩体的Rb-Sr等时线年龄为1868Ma。该期花岗岩的K_2O/Na_2O高达1.70,为高钾钙碱性花岗岩。元古宙晚期侵入岩有正长花岗岩、二长花岗岩、花岗闪长岩、斜长花岗岩、石英闪长岩、英云闪长岩及辉长岩等,岩石类型复杂,成因多样,侵入最新地层为青白口系及震旦系,已知同位素年龄为686～800Ma。其中柴达木盆地北缘为一套历经变质变形的钾长花岗岩-二长花岗岩-花岗闪长岩组合,岩石呈花岗变晶结构,略具片麻状构造、条带构造,长英质脉体发育,包裹体主要为大理岩、变粒岩等浅源捕房体,岩石属于高钾钙碱性系列,侵入岩中尤以榴辉岩等包裹体的发育为最主要特征。昆仑山和祁连山等地的新元古代侵入体规模一般较小,岩石类型主要为英云闪长岩、石英闪长岩及花岗闪长岩,变余花岗结构,略具片麻状构造。稀土配分曲线多呈平滑的右倾型,LREE/HREE为3.37～5.37,已知同位素年龄为1003Ma和721Ma。

2. 早古生代

早古生代侵入体多呈岩株或岩基状分布于柴北缘及昆仑山地区。奥陶纪侵入岩分布较广泛,在塔里木南缘、柴达木盆地北缘等地均有出露,主要岩性有花岗闪长岩、英云闪长岩、斜长花岗岩、二长花岗岩及辉长岩。其中花岗闪长岩-闪长岩及斜长花岗岩主要见于西昆仑山,单颗粒锆石U-Pb同位素年龄为451～460Ma。柴达木盆地北缘也以钾长花岗岩-二长花岗岩为主,岩石普遍具有高钾、低钙特点,稀土配分型式为铕弱—中等亏损,轻稀土富集,锶初始比较高,反映该期侵入体主要来源于壳源,较少受到幔源物质的混染,同位素年龄为435Ma。祁连山地区同期侵入体的岩石组合为英云闪长岩-花岗闪长岩-二长花岗岩,多呈岩基状侵位于下志留统,具同造山花岗岩特征,同位素年龄为433～435Ma。

3. 晚古生代

区内晚古生代侵入岩十分发育,且规模巨大,多呈岩基或大型岩株产出,围岩蚀变强烈。其中,分布于祁漫塔格地区的泥盆纪侵入岩,多以岩基状侵位于志留纪绿片岩中,并被下石炭统不整合覆盖。岩石组合为钾长花岗岩-二长花岗岩-花岗闪长岩,不同岩石类型的微量元素含量均接近陆壳平均值。基性岩类较集中出露于祁漫塔格地区,多呈岩墙产出,主要岩性为辉长岩、角闪辉长岩,侵入于早古生代英云闪长岩中。石炭纪侵入岩在东昆仑山出露最为广泛,岩性以钾长花岗岩及花岗闪长岩为主,闪长岩次之,岩石普遍富钾、低钠,具较典型的富钾钙碱性系列特征。柴达木盆地北缘同期的岩石类型有斜长花岗岩、花岗闪长岩、二长花岗岩及石英闪长岩,侵入最新地层为上泥盆统,同位素年龄为310Ma,岩石多具有过铝质钙碱性系列特征。二叠纪侵入岩广布于柴达木盆地北缘及东昆仑山,岩石类型复杂,已知有闪长岩、石英闪长岩、花岗闪长岩及钾长花岗岩等。其中闪长岩类主要呈小岩株出露于东昆仑山北麓及柴达木盆地北缘,岩石组合为闪长岩-辉石闪长岩及少量辉长岩。祁漫塔格地区岩石组合为二长花岗岩-钾长花岗岩,属高钾钙碱性系列,具同碰撞花岗岩特征,已知该期侵入岩的同位素年龄大部分为279～296Ma。

4. 中生代

中生代侵入岩以三叠纪最为发育,常呈岩株状沿区域性大断裂产出,主要分布于柴达木盆地北西缘和东南缘,以及东昆仑、祁漫塔格地区。早—中三叠世侵入岩以石英闪长岩、花岗闪长岩、二长花岗岩及钾长花岗岩为主,侵入最新地层为下三叠统,上覆晚三叠世火山岩或早侏罗世含煤碎屑岩系,呈不整合覆盖,其中祁漫塔格地区以钾长花岗岩为主,大部分属于高钾钙碱性系列。其余地区岩石组合多为石英闪长岩-花岗闪长岩-二长花岗岩,属富钾钙碱性系列,个别岩体属于过铝钙碱性系列,已知同位素年龄为231~239Ma。柴达木盆地东南缘地区,晚三叠世侵入岩的早期岩石组合为石英闪长岩-二长花岗岩-花岗闪长岩,属富钠钙碱性系列;晚期岩石组合为二长花岗岩-石英正长岩 钾长花岗岩,属高钾钙碱性系列,并有向碱性系列过渡的趋势,同位素年龄为195Ma。侏罗纪侵入岩以二长花岗岩为主,次为正长花岗岩、花岗闪长岩及少量石英闪长岩,其中二长花岗岩常呈规模较大的岩基状产出,侵入最新地层为侏罗系或侵入于晚三叠世火山岩中,已知同位素年龄为145~191Ma,属高钾钙碱性系列。侏罗纪石英闪长岩常呈小岩株产出,属富钠钙碱性系列。该期侵入岩的稀土总量及LREE/HREE比值变化较大,轻稀土富集,重稀土较大亏损,均显示出碰撞后的壳源花岗岩特征,同位素年龄为186Ma。白垩纪侵入岩分布零星,主要岩性为钾长花岗岩、正长花岗岩及少量石英二长岩,侵入最新地层为侏罗系,上覆古近系,呈不整合覆盖,普遍具有高硅、高碱特征,其稀土总量、轻重稀土比值及微量元素含量等均与板内壳源花岗岩一致,属偏碱性的钙碱性系列。

五、区域变质岩

1. 古元古代

区内古元古界金水口岩群、达肯大坂岩群、托莱岩群、化隆岩群、湟源群等变质地层和长城系小庙组受区域动力热流变质作用形成了高绿片岩相-高角闪岩相的变质岩,局部地段如天台山、白日其利、德令哈东等地出现麻粒岩相变质作用形成的变质岩,为中—低压相系。

2. 中—新元古代

长城系朱龙关群、托莱南山群、湟中群,蓟县系狼牙山组、花石山群、万洞沟群,以及青白口系龚岔群、丘吉东沟组,震旦系全吉群,中—新元古界万宝沟群等变质地层中,岩石经低绿片岩相变质,形成千枚岩、板岩、变火山岩及绿泥片岩,为绿泥石带-黑云母带的变质组合。

3. 加里东期

区内发育近北西向条带状分布的奥陶纪海相沉积-火山地层和志留纪地层,寒武纪地层较少,发育低级变质的中基性火山岩、火山碎屑岩及千枚岩、变质砂岩、板岩等,属区域低温动力变质作用形成的变质岩,低绿片岩相的黑云母带-绿泥石带,局部地段形成斜长角闪岩,可达高绿片岩相的变质程度。岩石普遍变形较强,多形成强片理化岩石,成带分布。

本期变质中引人注目的是,在柴北缘和北祁连发育两条高压—超高压变质带,其中祁连高压变质岩带岩石类型有蓝闪片岩、多硅白云母蓝闪-蓝闪多硅白云母片岩、石榴蓝闪-石榴蓝闪多硅白云母片岩、蓝透闪石大理岩、锰铝榴石红帘石石英片岩、含硬柱石的青铝闪石岩以及榴辉岩,清水沟百经寺的蓝片岩^{39}Ar-^{40}Ar年龄为450~489Ma,榴辉岩锆石SHRIMP测年值为(463±6)Ma、(468±13)Ma,因此高压变质作用发生时间主要为奥陶纪。柴北缘高压—超高压变质岩带是分布在柴达木盆地北缘长近700km的花岗片麻岩带内存在的一条断续出露的榴辉岩带,榴辉岩主要由石榴石、绿辉石、金红石、多硅白云母等矿物组成,个别含有柯石英残留;榴辉岩相变质作用的时间界定为470~500Ma,构成了一条早古生代缝合带,是板块深俯冲的产物。

4. 海西期

区内海西期变质岩主要由晚古生代变质岩系组成,广泛分布在区内石炭纪—二叠纪地层中,并有部分晚泥盆世变质地层,岩石一般变质程度较低,为低绿片岩相区域低温动力变质作用的产物,属绢云母-绿泥石带。在阿尼玛卿变质地带、兴海变质地带和宗务隆山变质地带中,岩石变形较强,属强变形弱变质的变质岩石,岩石中见黑硬绿泥石、多硅白云母等,为中—高压变质相系的产物。

5. 印支期

印支期主要由三叠纪变质地层组成,单一的区域低温动力变质作用形成的板岩级低绿片岩相变质岩,为绢云母-绿泥石带的变质矿物组合。而北祁连地区的晚三叠世变质地层中,变质程度很低,为亚绿片岩相,是很低级的变质岩系。

第二节 区域遥感地质

青海省遥感构造解译图(1∶50万)是以涉及全省70幅1∶25万标准分幅遥感矿产地质特征解译图的线、环遥感要素为基本内容,经拼接、缩编、删减、整理的相应比例尺度线、环遥感解译图为基础,并以处理编制的1∶50万全省遥感影像图为参考图像,通过MapGIS平台,采用人机交互解译方法,在大于1∶50万尺度的遥感影像图上进行线、环要素补充、修编解译而成的。

一、线性构造特征

1. 线性构造概况

纵观柴周缘区内线性构造其主构造线方向总体呈北西—北西西向展布,除柴达木盆地及部分谷湖盆区外,多密集成束出现。线性构造大多形迹清晰、线状特征明显。主构造线(主断裂)不仅控制了区域构造和地层分布,对岩带和矿带也有重要的控制作用。

板块主缝合带主断裂:东昆中断裂、东昆南断裂。

次缝合带主断裂:中祁连北缘断裂、疏勒南山-拉脊山断裂、柴达木北缘断裂、东昆北断裂。

深断裂（带）：北祁连北缘断裂、宗务隆-青海南山断裂、丁字口-乌兰断裂、布青山南缘断裂、温泉断裂。

区域性大断裂（壳断裂）：由北而南可见宗务隆山南缘断裂、祁漫塔格山主脊断裂，以及区域性走滑断裂哇洪山-温泉断裂。

2. 线性构造的空间分布及发育特点

柴周缘地处青藏高原东北部，地域辽阔，地质构造复杂。区线性构造十分发育，除柴达木盆地区外，多密集成束分布。遥感解译的线性构造多为古生代以来特别是中生代—新生代的构造活动形迹，它们大多具有长期的发育历史，既有继承复活性，又有改造新生性。其主线性构造（深大断裂带）不仅控制了区域构造和地层展布，对区域岩带和矿带也具有重要的控制作用。这些规模不等、性质各异、方向不同的线性构造，在发育程度及表现形式上在不同地区具有各自的特色。下面分别按不同地区的分布特征进行简要描述。

青海省境内的阿尔金山地区，以阿尔金山脉南麓山地与其间北东向宽谷为主。区内剥蚀强烈，山体大多破碎，基岩裸露，地形陡峻，"V"形沟谷常见，发育北东东向及东西向线性构造。

柴北缘及柴达木山-宗务隆山地区，线性构造较复杂，各段各区域线性体的主构造方向各有不同。赛什腾山、绿梁山、锡铁山一带，线性构造发育，主构造线以及破碎残山山体以北西向、北北西向不规则带状展布。柴达木山-宗务隆山地区，西段柴达木山一带线性构造总体稀疏，出现一些北东向或北北东向线性体，但主构造线仍呈北西向；东段宗务隆山一带的线性构造以近东西向平行密集展布为特征；而柴达木山与宗务隆山之间的中段则基本见不到线性构造。

昆仑山呈近东西向横亘于青海中部东昆仑山地区，构造线以北西西向、近东西向为主，其规模大，影像形迹明显；北西向、北北西向线性构造亦较发育，局部地段出现形迹清晰的弧形构造；北东向线性体主要出现于东昆仑山北坡，大多规模较小。

鄂拉山地区由一系列北北西、北西走向的山体组成，区内的主构造线为北北西、北西走向，其线性迹象清晰；发育北东向线性构造，局部北东东向线性构造更为突出，但规模不大。

二、环形构造特征

柴周缘发育的环形构造，在规模大小、特征类型上差异较大，在空间分布上各类环形构造多呈零散状遍布青海省各地，但总体相对集中分布于祁连山、东昆仑山以及青海南部地区。

祁连山地区的环形构造主要由性质不明的小型环形构造构成，多以地形地貌相关以及地质体色调差异为依据；与侵入体有关的环形构造类型单一、数量极少，除1处闪长岩类引起的同心复合环形构造和个别可能由隐伏岩体引起的色异常环形外，其余主要为古生代花岗岩类引起的环形构造，规模以中—大为主，影像上环状特征相对较模糊；褶皱引起的环形构造多集中在舟群和苏里一带，由三叠纪沉积岩地层短轴背向斜构造所致，其规模大、特征明显。

东昆仑地区从祁漫塔格、博卡雷克塔格、布尔汗布达到鄂拉山均位于东昆仑构造岩浆带，该区域环形多以古生代花岗岩类引起的环形构造为主,中生代花岗岩类引起的环形构造和隐伏岩体有关的环形构造次之,其规模大、中、小均可见到;祁漫塔格山景忍一带的上三叠统鄂拉山组火山岩中,出现由火山机构或通道形成的环形构造;区内同样也发育有大量性质不明的环形构造。

第三节　区域石墨矿产

对收集的资料进行了不完全统计,发现柴周缘共有 35 处石墨矿产地,其中超大型石墨矿床 1 处,大型石墨矿床 1 处,中型及以上石墨矿床 9 处,小型石墨矿床 7 处,矿点 9 处,矿化点 8 处。整体上,柴周缘的石墨矿产规模大多以中—小型为主。

柴西北缘在近年的矿产勘查中发现了 2 处晶质石墨矿床:一处是茫崖大通沟南山地区的 3 个晶质石墨矿体,资源量已达中型以上规模;另一处是在冷湖镇黄矿山北地区的 3 条石墨矿化带,呈北西向产出,通过初步资源量估算,资源量已达中型以上规模。柴东北缘目前有 2 处石墨矿点开展了预查工作,即天峻县肯德隆东沟石墨矿预查,估算规模为小型;乌兰县楚鲁特石墨矿预查,估算资源量已达中型以上规模。

柴南缘近年石墨矿的勘查成果较为丰富。如格尔木市妥拉海河超大型石墨矿床估算石墨矿物资源量已达超大型,都兰县巴勒木特尔石墨矿床通过详查工作估算石墨矿物资源量已达中型以上规模;都兰县敦德郭勒石墨矿通过预查圈定出 5 条石墨矿体,规模为小型;格尔木市呼热郭勒沟地区通过预普查初步圈定晶质石墨矿体 2 条,Ⅰ号石墨矿体长 2km,平均厚 11.84m,固定碳平均品位 8.82%,初步估算 M1 矿体固定碳工业品级资源量为 20 万 t 以上,达到中型石墨矿床级别;格尔木市那西郭勒地区通过预查共圈定了 4 条石墨矿带,25 条石墨矿体。石墨矿体长 400~1770m,厚 2.52~47.99m,固定碳品位 2.53%~8.69%,估算达到大型石墨矿床级别;格尔木市莫斯图东地区通过预查工作,圈出石墨矿(化)体 11 条:矿长 400~2750m,厚 2.08~9.06m,固定碳品位 2.17%~6.25%,达到中型石墨矿床级别。格尔木市口口尔图地区通过石墨矿预查圈出石墨矿化带 3 条,1 条石墨工业矿体,13 条石墨低品位矿体,矿化带长 470~2778m,宽 5~195m,固定碳品位 3.65%~8.76%,达到中型石墨矿床级别;格尔木市红水河东地区通过预查估算石墨矿物资源量达到中型石墨矿床级别;格尔木市敦德贴皮希地区通过预查估算石墨矿物资源量达到中型石墨矿床级别;格尔木市细细特郭勒地区石墨矿通过预查圈定石墨矿体 8 条,矿体长 100~605m,单工程真厚度 1.22~9.03m,固定碳平均品位 3.32%~4.48%,含矿岩石为金水口岩群大理岩,全区固定碳平均品位 4.08%,规模为小型。此外,在都兰县泽力坑地区、金水口干沟、可可沙一带和哈图—清水泉一带开展的石墨矿资源调查中,发现多处可供进一步工作的晶质石墨带。

其中,柴北缘包括西北缘阿尔金地区和东北缘乌兰地区的晶质石墨矿床(点),如大通沟南山、黄矿山北、怀头他拉、乌兰县楚鲁特、天峻县肯德隆东沟等均属于柴达木北缘 Pb-Zn-

Mn-Cr-Au-白云母三级成矿带Ⅲ-24；柴南缘祁漫塔格地区的晶质石墨矿床（点），如那西郭勒、莫斯图东、洪水河东、口口尔图、哈西亚图等均属于祁漫塔格（断褶带/弧盆系）Fe-V-Ti-Au-Cu-Pb-Zn-岩盐成矿亚带Ⅲ-26①；柴南缘格尔木以东-巴隆地区的晶质石墨矿床（点），如白日其利、金水口小干沟、小庙、三通沟等均属于东昆仑北部（断隆/岩浆弧）Fe-Pb-Zn-Cu-Co-W-Sn-Au-石棉成矿亚带Ⅲ-26②；柴南缘地区的晶质石墨矿床（点），如巴勒木特尔、泽立坑东、佬格么火儿等均属于阿尼玛卿Cu-Co-Zn-Au-Ag成矿带Ⅲ-29（图3-7）。

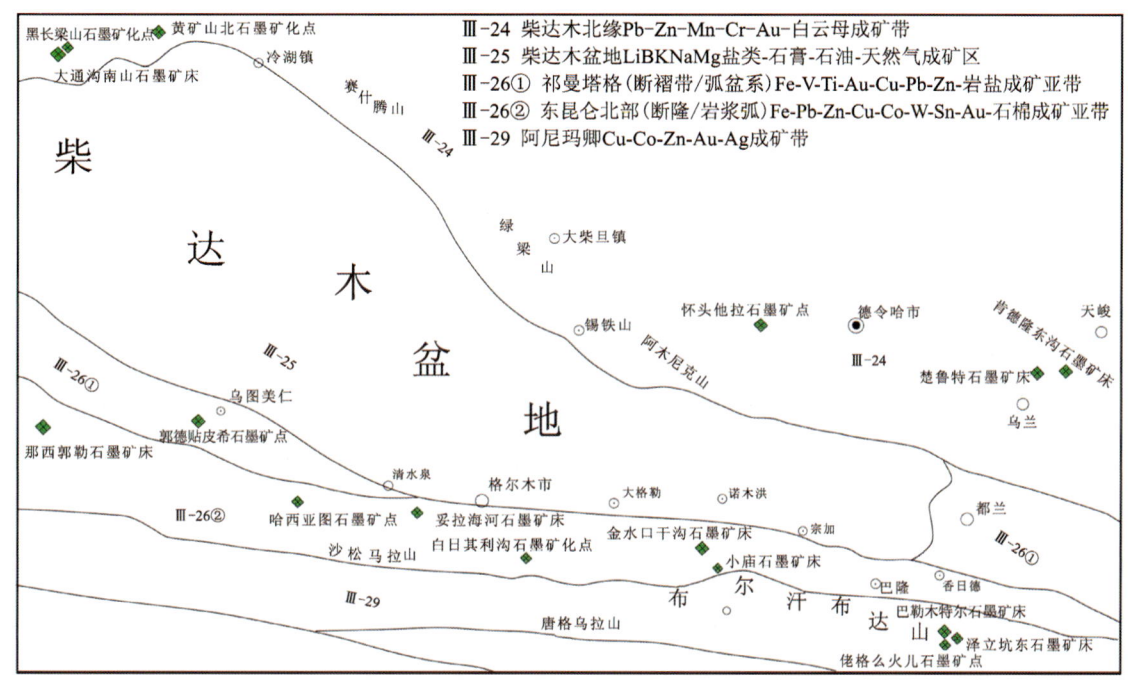

图3-7　柴周缘成矿区带划分及石墨矿床（点）分布示意图

柴周缘地区石墨矿成矿主体与北西西向断裂构造及古元古代变质岩地层密切相关。石墨矿床点的展布与北西西向断裂构造及古元古代变质岩地层的分布近乎一致，矿点北西向成群成带集中分布，在柴周缘形成6个相对成型的找矿有利区段（图3-8）。柴南缘自西向东为洪水河东-口口尔图重点找矿区、白日其利重点找矿区和沟里重点找矿区；柴北缘自西向东为大通沟南山-金鸿山重点找矿区、滩间山-锡铁山重点找矿区和德令哈-乌兰重点找矿区。其中柴北缘阿尔金成矿带大通沟南山-金鸿山重点找矿区内的石墨矿床点整体上呈北东向带状展布，与其特殊的构造地质背景有关，其受控的北东向阿尔金左行走滑构造体系与柴南缘和柴北缘有显著差异，但成矿要素相对一致。古元古代变质岩地层中大理岩组被认为是区域上最重要的含矿层位，柴南缘主要为金水口岩群，柴北缘主要为达肯大坂岩群。

中国主要的石墨矿床主要产于大地构造隆起区或断裂岩浆带上。青海省柴周缘地区石墨矿研究程度极低，已有石墨矿床（点）同样产于大地构造隆起带和断裂构造岩浆岩带中，如已有的柴北缘茫崖地区大通沟南山石墨矿床、黄矿山北石墨矿床和柴南缘格尔木以西地区口口尔图石墨矿床、红水河东石墨矿床，格尔木以东都兰地区敦德郭勒石墨矿床、巴勒木特尔石墨矿床。这些已知矿床（点）集中分布在柴北缘阿尔金构造活动带和柴南缘东昆仑造山带内，

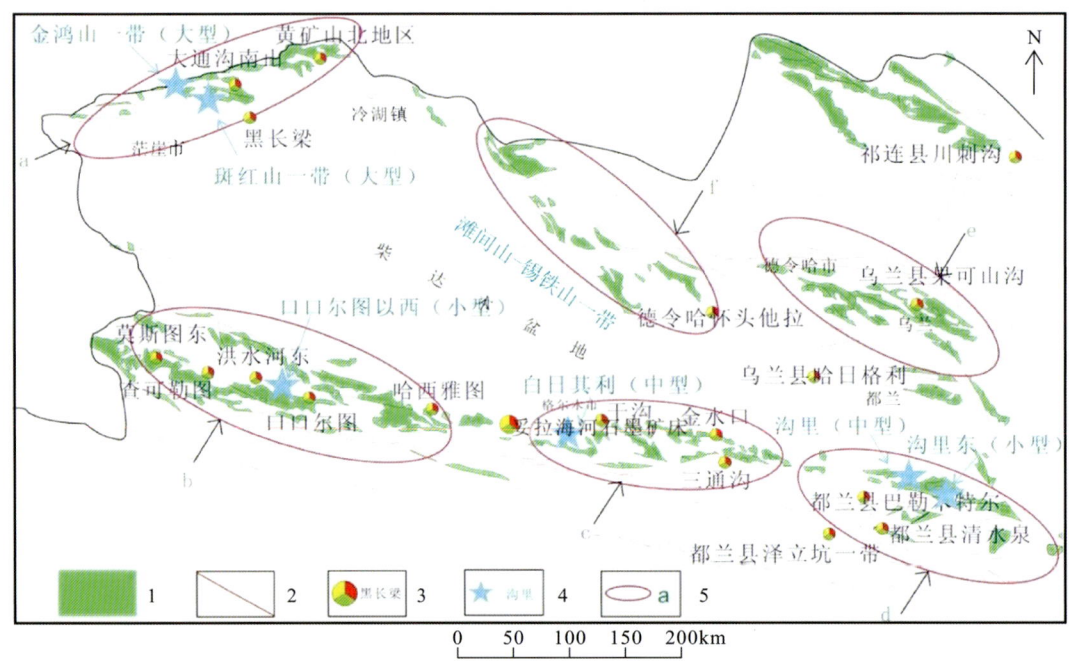

1.元古宙变质地层；2.断裂构造；3.已有石墨矿点；4.新发现石墨矿点；5.找矿有利区段。

图 3-8　柴周缘石墨矿床找矿有利地段

与带内元古宙古老变质岩系的分布范围紧密相关,矿体受动力和热变质作用的影响较为明显,与中国东部典型结晶基底型中—深变质程度(片麻岩型)的晶质石墨矿床明显不同。柴周缘所产出的石墨矿床大地构造位置靠近区域性深大断裂构造带,发育古老变质岩系,具有硬基底构成,区域变质、断裂构造、岩浆活动极其发育,成矿背景优越,对石墨的产出极其有利。

柴北缘地区石墨矿成矿整体上与北西西(北东)向断裂构造及古元古代变质岩地层密切相关。柴北缘阿尔金成矿带大通沟南山-金鸿山石墨矿重点找矿区受控于北东向阿尔金左行走滑构造体系,发育北东向带状展布的古老变质岩系(主要为古元古界达肯大坂岩群地层);柴北缘滩间山—锡铁山一带和德令哈—乌兰一带石墨矿重点找矿区受控于北西向柴北缘逆冲走滑构造带,发育北西向带状展布的元古宙变质岩系(主要为古元古界达肯大坂岩群)。柴北缘古元古界达肯大坂岩群属中—深变质岩系,变质程度达角闪岩相—麻粒岩相。岩性组合复杂,但整体可分为片麻岩岩组和大理岩岩组。其中,赋石墨矿围岩又以大理岩岩组为主。含矿岩性主要为条带状透辉石大理岩、含石墨大理岩,岩性原岩建造多属黏土岩-碳酸盐岩-基性火山岩。该套地层与区内各时代地层多呈断层接触关系,沿区域构造线方向带状展布。

青海省柴周缘石墨矿点分布广泛,主要石墨矿产地及矿床地质特征见表 3-3。

表 3-3 青海省柴周缘主要石墨矿产地及矿床地质特征一览表

成矿带	矿产地名称	矿床地质特征	矿床类型	矿床规模	勘查程度
柴西北缘阿尔金石墨成矿带	茫崖大通沟南山石墨矿床	矿体主要赋存于达肯大坂岩群条带状石墨透辉石大理岩和含石墨大理岩中。含矿带由南西向北东分为3个矿带：南部Ⅰ号矿带规模最大，呈北东向凸出弧形展布，南东段呈北北西向，北西段呈北西西向，延伸约6.8km，其中在该带南东段长约2km范围内，圈定了Ⅰ-M1矿体和Ⅰ-M2矿化体；中部Ⅱ号矿带呈北西向展布，长约800m，圈出了Ⅱ-M1矿体和Ⅱ-M2、Ⅱ-M3矿化体；北部Ⅲ号矿带呈北西向展布，长约300m，圈出Ⅲ-M1矿体和Ⅲ-M2矿化体，3个矿带共圈出工业矿体3条、矿化体4条。固定碳品位一般为3%～10%	区域变质型	中型	普查
	冷湖黄矿山北地区石墨矿床	矿体主要赋存于金水口岩群片麻岩组大理岩段，含矿岩性主要为石英片岩、大理岩。区内共圈定石墨矿化带3条：Ⅰ号石墨矿化带长1010m，宽10～70m，带内圈出晶质石墨矿体7条，长50～640m，厚2～3.80m，斜深25～170m，固定碳平均品位4.76%～19.56%；Ⅱ号石墨矿化带长2.7km，宽200～400m，带内圈出晶质石墨矿体6条，长50～1100m，厚4.3～7.72m，斜深50～240m，固定碳平均品位3.31%～10.46%；Ⅲ号石墨矿化带长0.8km，宽20～50m，带内圈出晶质石墨矿化体1条	区域变质型	中型	预查
	茫崖黑长梁山石墨矿化点	石墨矿化产于花岗岩与大理岩接触带中，具硅化蚀变，蚀变带宽5～10m，其中见有呈细脉浸染状石墨晶片，粒径0.1～0.5mm，蚀变带延长1500m左右。品位一般较低，目估品位可达5%	区域变质叠加接触变质	矿化点	预查
	茫崖斑红山地区石墨矿点	矿体主要赋存于达肯大坂岩群大理岩中。圈定石墨矿化带1条，断续出露长约5km，宽300～600m，总体走向30°，局部地段受区域动力变质作用影响致使矿体沿构造裂隙充填发育。圈定矿体4条，长600～1700m，宽5～20m，最宽处达150m，固定碳品位2.35%～8.26%。矿体处岩石污手强烈，可见鳞片晶质石墨	区域变质型	矿点	预查

续表 3-3

成矿带	矿产地名称	矿床地质特征	矿床类型	矿床规模	勘查程度
柴西北缘阿尔金石墨成矿带	茫崖金鸿山石墨矿点	矿体总体位于古元古界达肯大坂岩群变质岩系的大理岩段，东、西民采采坑处出露的石墨矿体赋存于砂岩/含砾砂岩沉积岩层中，东、西民采采坑之间的延伸段矿位于古元古界达肯大坂岩群变质岩系的大理岩段。达肯大坂岩群大理岩中固定碳平均品位 3.35%，最高值 8.42%。 野外地质调查路线对东、西民采采坑之间出露的元古宙变质岩地层进行追索，控制矿带延伸长度达 15km，条带状透辉石大理岩及褐红色/灰白色结晶大理岩中普遍发育石墨矿化。其中，1 条路线剖面穿过该区变质岩系地层，发现大大小小的石墨矿化体达 10 余条，宽 2～20m 不等，矿化带整体宽度达 500m。 侏罗系大煤沟组砂岩、碳质页岩中发现 4 条石墨矿化带，长 3～9.5km，一般矿化宽 20～50m，矿化最宽处为 400m。初步圈定了 2～3 条石墨矿（化）体，矿（化）体长 800～2000m，宽 4～20m，固定碳品位 8%～30%	区域变质叠加接触变质	矿点	预查
柴东北缘德令哈-乌兰石墨成矿带	天峻县肯德隆东沟石墨矿	石墨矿化主要赋存于大理岩内，且局部较为富集。规模较大，矿化较好的大理岩主要分布在斜长角闪片岩中，呈长条状、透镜状。受岩浆侵入及区域变质作用影响较大。发现 9 条石墨矿（化）体及矿化线索。其中，K1 石墨矿体主要赋存于金水口岩群中，呈北西-南东向展布，长 4.7km，宽 4～12.5m，局部产状近直立。平均固定碳品位 4.59%，最高固定碳品位 9.27%。石墨呈鳞片状，多具弯曲现象，大小 0.04mm×0.01mm～1.52mm×0.1mm。K2 石墨矿体主要赋存于金水口岩群中，近东西向展布，倾向北。石墨大理岩长约 560m，宽 0.8～2m。石墨均匀分布，呈鳞片状，鳞片 0.5～1.0mm。固定碳品位 3.54%～4.45%	区域变质型	小型	预查
	乌兰县楚鲁特石墨矿	中国建筑材料工业地质勘查中心青海总队开展了"青海省乌兰县楚鲁特石墨矿预查"，发现了石墨矿（化）体及矿化线索	区域变质型	中型	预查

续表 3-3

成矿带	矿产地名称	矿床地质特征	矿床类型	矿床规模	勘查程度
柴东北缘德令哈-乌兰石墨成矿带	乌兰县果可山Ⅱ号石墨矿化点	矿化产于寒武系—奥陶系第一岩组与闪长岩接触面附近大理岩中。大理岩呈透镜状，长 500m 以上，宽几十厘米至 6m，延伸方向为 320°，其中含石墨星点，分布均一，目估品位 1%。大理岩由于后期花岗岩脉的影响，在其接触部位产生了弱的矽卡岩化，同时石墨在热液作用下发生局部富集。石墨富集在花岗岩接触部位的裂隙或裂隙交会的地方，呈团块状、不规则细脉状，富集范围小，矿化不均一。矿石呈浸染状、块状、星点状。矿物成分：石墨、磁铁矿、黄铁矿、褐铁矿、透辉石、帘石、方解石、石榴石、长石、石英、透闪石、云母等。石墨呈鳞片状、片状、叶片状，在岩石中分布不均匀。成因为区域变质，局部热液富集	区域变质叠加接触变质	矿化点	预查
	乌兰县果可山沟石墨矿化点	矿化沿断裂破碎带分布，与地层产状一致，呈透镜状或扁豆状断续分布约 200m。石墨呈鳞片状，组成不规则条纹状集合体，分布于方解石及石英中，含石墨 4%～5%，裂隙面含石墨较高。于富集地段拣块样分析：固定碳品位 1.73%	区域变质型	矿化点	预查
	乌兰县向前沟Ⅰ号石墨矿化点	石墨矿化赋存于矽卡岩及含火山角砾凝灰岩、含透辉大理岩中。矿化范围：长 200m 左右，宽 30m 左右，呈近南北向延伸。矿化呈稀疏浸染状、条带状、片状。矿石矿物为石墨，脉石矿物为透辉石、方解石、长石、石英，含少量的辉石、榍石、符山石、磷灰石、绿泥石、黄铁矿等。石墨呈片状、鳞片状晶体，以星点状、稀疏浸染状不均匀地分布于脉石中，有时集中呈定向条带与脉石条带相间排列构成条带状构造。片状石墨常沿黄铁矿晶体边缘或裂隙交代黄铁矿。由光、薄片鉴定结果可知，含石墨 2%～7%，一般 5%。2009 年四川地质矿产勘查开发局一〇九地质队进行预查时发现 3 个零星的石墨矿化体，一般出露长 20m 左右，宽 6m 左右。石墨矿化产于碎裂透辉石岩中，石墨片长 0.01～1.15mm，叶片状、鳞片状变晶结构，稀疏浸染状构造，偶见他形粒状黄铁矿及褐铁矿交代现象，固定碳品位 8%～11%	区域变质叠加接触变质	矿化点	预查
	乌兰县果可山沟口石墨矿化点	石墨产于含石墨大理岩内。矿化体长 125m，宽 1～2.5m。石墨为隐晶质团块状或鳞片状。矿石成分：石墨(3%)、方解石(93%)、白云母(2%)，矿石质量较差	区域变质型	矿化点	预查

续表 3-3

成矿带	矿产地名称	矿床地质特征	矿床类型	矿床规模	勘查程度
柴东北缘德令哈-乌兰石墨成矿带	德令哈市怀头他拉石墨矿点	石墨矿赋存于下石炭统上部的大理岩与石英脉之间。矿层长 4~5km,厚度一般 1~1.5m,在石墨层中夹有砾石或黑色页岩。石墨为灰黑色或铅灰色,手摸之光滑、染指。石墨矿中微含砂质,风化后呈灰黑色土状光泽,很像煤层的风化物	接触热变质型	矿点	预查
	天峻县农四队西石墨矿化点	矿体赋存于绿帘石化、矽卡岩化蚀变带内,并受 F_3 断裂的次级裂隙控制,沿 310°方向展布,由 5 个小矿化点组成。1-1,矿体赋存于花岗斑岩与黑云斜长片岩接触带的绿帘石矽卡岩中,长 10m,宽 1m,呈脉状,沿 20°方向延伸;1-2,矿体赋存部位同 1-1,长 1m,宽 0.5m,呈不规则状、团块状;1-3,围岩特征同上,长 3m,宽 1m,呈不规则团块状;1-4,矿体赋存于混合岩化黑云斜长片岩与花岗斑岩岩脉和花岗脉接触带附近的绿帘石矽卡岩中,长 4m,宽 2m,呈不规则团块状;1-5,围岩特征同 1-4,局部见花岗伟晶岩脉,长 3m,宽 0.2~1m,呈不规则脉状。矿石类型为浸染状晶质石墨矿石,矿物成分有石墨、黄铁矿、绿帘石、石英、方解石	接触变质型	矿化点	预查
柴南缘祁漫塔格石墨成矿带	格尔木市莫斯图东石墨矿床	石墨矿受控于古元古界金水口岩群白沙河岩组大理岩,含矿围岩一般为片麻岩、大理岩。在区内圈定石墨矿带 1 条,石墨矿化大理岩带 3 条,圈出石墨矿(化)体 11 条;矿长 400~2750m,厚 2.08~9.06m,固定碳品位 2.17%~6.25%。大于+100 目的石墨平均含量达 51.58%。该区圈定的石墨矿石墨鳞片大,质量较好,属晶质石墨。总体上,石墨矿体品位整体不高,矿(化)体数量较多,在倾向、走向上延伸较好,石墨片径大,品质较好	区域变质型	中型	预查
	格尔木市红水河东石墨矿床	石墨矿体均为盲矿体,2011 年发现 2 条黑色的鳞片状石墨矿体。其中 M1 矿体,真厚度 17.92m,固定碳平均品位约 25.61%;M2 矿体,真厚度 1.12m,固定碳平均品位 11.10%;产状 210°~250°∠75°,铁黑色、压碎结构、鳞片变晶结构,片麻状构造,染手、滑腻感,光学显微镜下石墨呈细小鳞片状变晶,片径 0.001~0.012mm。2014 年初步控制 M1 走向延伸 1.6km,厚 2~46m。其中 ZK001 孔圈定 3 层矿体,厚分别为 2m、4m、46m,固定碳的平均品位分别为 3.90%、4.2%、6.68%;ZK301 孔圈定矿体 1 条,厚 39m,固定碳平均品位 4.75%;ZK1101 孔圈定矿体 1 条,厚 31m,固定碳平均品位 4.84%	区域变质型	中型	预查

续表 3-3

成矿带	矿产地名称	矿床地质特征	矿床类型	矿床规模	勘查程度
柴南缘祁漫塔格石墨成矿带	格尔木市口口尔图石墨矿床	石墨矿体主要赋存于古元古界金水口岩群白沙河岩组的片岩段中,少量赋存于大理岩段中。采用工业矿体品位≥8%、3.5%≤低品位工业矿体品位<8%的标准,圈定了3条矿化带,1条晶质石墨工业矿体,13条晶质石墨低品位矿体。矿化带长470~2778m,宽5~195m,带中石墨矿体走向上长86~1015m,倾向上控制斜深34~280m,真厚度2.00~9.59m,固定碳品位3.65%~8.76%。矿石为晶质石墨矿,片径以0.002~0.06mm为主,正目石墨(片径大于0.147mm)含量占2%~10%	区域变质型	中型	预查
	格尔木市细细特郭勒石墨矿床	区内共圈定石墨矿体8条,矿体长100~605m,单工程真厚度1.22~9.03m,固定碳平均品位3.32%~4.48%,含矿岩石为金水口岩群大理岩,全区固定碳平均品位4.08%。石墨多呈鳞片状沿大理岩层理分布,片径多数在0.015~0.8mm之间,含量在2%~4%之间	区域变质型	小型	预查
	格尔木市努可图郭勒东石墨矿	发现石墨矿化带3条,矿化带长1430~2350m,宽5~110m,呈北西西向展布,两端多被第四系风成沙土覆盖;圈定工业石墨矿体1条、低品位石墨矿体12条,矿体长400~1772m,平均真厚度2.07~8.43m,固定碳平均品位3.73%~11.68%,矿体均赋存于大理岩中,呈层状、似层状产出。区内石墨粒径一般0.01~0.07mm,最大粒径0.2mm,其中粒径<0.147mm的石墨含量约为90%,粒径介于0.147~0.175mm的石墨含量约为9%,粒径介于0.175~0.287mm的石墨含量为1%,由此说明区石墨矿粒径较小,品级较差,目前开发利用的价值较低	区域变质型	小型	预查
	格尔木市那西郭勒地区石墨矿	共圈出4条石墨矿带,圈定了25条石墨矿体。石墨矿体长400~1770m,厚2.52~47.99m,最大控制斜深1054m,固定碳品位2.53%~8.69%。石墨矿体的含矿岩性为石英片岩和大理岩。	区域变质型	大型	预查
	格尔木市敦德贴皮希地区石墨矿	共圈定4条石墨矿体;石墨矿体赋存于古元古界金水口岩群白沙河岩组大理岩段,矿体呈北西向分布,产状185°~245°∠64°~85°,矿体厚度3.01~6.66m,固定碳平均品位3.15%,最高品位6.54%	区域变质型	中型	预查

续表 3-3

成矿带	矿产地名称	矿床地质特征	矿床类型	矿床规模	勘查程度
柴南缘祁漫塔格石墨成矿带	格尔木市呼热郭勒沟石墨矿	矿体位于金水口岩群大理岩与黑云斜长片麻岩的层间部位,初步圈定晶质石墨矿体 2 条。其中,Ⅰ号石墨矿体长 2km,层宽 10～30m 不等,平均厚 11.84m,固定碳平均品位 8.82%(是最低工业品位的 2 倍之多),属工业品级晶质石墨矿体。赋矿岩性为石墨片麻岩。Ⅱ号石墨矿层长约 400m,宽 7～15m,规模较小,北西-南东向延伸,倾向南西,1 件拣块样固定碳品位高达 20.24%,赋矿岩石为石墨片麻岩。石墨片径:长轴 0.66～0.02mm,短轴 0.15～0.02mm,其中正目石墨(片径大于 0.147mm)含量在 47%～97%之间,具有较高的经济价值,初步估算达到中型石墨矿床级别	区域变质型	中型	预查
	格尔木市哈西亚图石墨矿点	仅发现 1 个矿体,赋存于石英脉和大理岩的接触部位,呈透镜状,长约 3m,宽 1m 左右,走向与石英脉一致。矿石类型为细—粗鳞片状显晶石墨矿石,呈他形—半自形鳞片变晶结构,填隙构造。石墨为半自形—自形片状晶体,晶片直径 0.1～0.45mm,含量 10%～15%,已达到工业要求;褐铁矿含量 20%～25%;脉石矿物占 65%。伴生元素:Cu(0.17%)、Pb(0.15%)、Zn(0.25%)、Ti(0.35%)、Mn(0.7%)、Ag(0.000 2%)。成因:由碳酸盐岩经区域变质和变质热液活动的促进作用而形成	区域变质叠加接触变质	矿点	预查
	格尔木市查可勒图石墨矿点	石墨矿体产于白沙河岩组的片麻岩与大理岩的构造接触带两侧,呈夹层状、透镜状、串珠状产出,石墨矿体与围岩(片麻岩)界线清晰。该区共圈出 3 条石墨矿体,矿石呈中—细粒鳞片粒状变晶结构,片状构造,矿石矿物为片状石墨,脉石矿物为石英、长石等。Ⅰ-1 号石墨矿体长 100m,宽 20m,目估石墨含量 60%～85%,呈透镜状,产状 5°∠65°;Ⅰ-2 号石墨矿体长 120m,宽 16m,目估石墨含量 70%～90%,呈透镜状,产状 3°∠60°;Ⅰ-3 号石墨矿体长 60m,宽 15m,目估石墨含量 60%～80%,呈透镜状,产状 8°∠62°	区域变质型	矿点	预查
	妥拉海河石墨矿床	矿区内共圈出 10 条矿化带,共圈定矿体 181 条,石墨矿体赋存于古元古代金水口岩群下岩组大理岩中,赋矿岩性片麻岩。本区矿石类型较单一,矿石类型主要为含石墨(钙质)片麻岩型。工业类型属晶质(鳞片状)石墨矿石。平均品位 5.21%,矿床达超大型规模	区域变质型	超大型	普查

续表 3-3

成矿带	矿产地名称	矿床地质特征	矿床类型	矿床规模	勘查程度
柴南缘五龙沟-巴隆石墨成矿带	都兰县小干沟石墨矿	矿体赋存于海西期灰白色花岗岩与下震旦统第一岩组的片麻岩及大理岩接触部位。共有石墨矿体 5 个,其中 C1、C2 矿体较大,长 100~130m,宽 5.73~17m 不等。其余矿体较小,长 12~35m,宽 0.9~2m。矿石类型有石墨黑云母石英片岩、石墨大理岩和石墨石榴透辉矽卡岩。矿石矿物为晶质鳞片状石墨。石墨鳞片主要为大于 50 目的大鳞片,石墨平均含量达 70.92%,而小于 100 目的石墨鳞片占 15.75%,故矿区石墨鳞片大,质量较好。石墨目估含量 5%~10%	区域变质型	小型	预查
	都兰县金水口石墨矿化点	矿区地层中均含有石墨,较富集者有两层:下部矿层位于(TC4 探槽)南端,长约 100m,宽 3.2m,由石墨金云母大理岩及石墨钙质石英片岩组成。上部矿层长约 625m,宽 2~25m,含石墨钙质石英片岩为主,含石墨透闪大理岩次之。石墨钙质石英片岩:具鳞片花岗岩变晶结构,片状构造,浅灰色—灰色,由石墨、方解石、石英、斜长石、黑云母等组成。石墨为钢灰色、半金属光泽,以鳞片状为主,粉末状者次之,鳞片直径 0.3~1mm。含量 2%~5%。石墨大理岩:往往成石墨钙质石英片岩的夹层,较少单独产出。灰白色,由方解石、透闪石、金云母及石墨组成。含石墨量少,一般 1%~2%。经采样分析石墨矿层含纯碳 1.86%~6.68%	区域变质型	矿化点	预查
	都兰县小庙石墨矿点	共见 3 个矿层:Ⅰ矿层为石墨黑云母石英片岩,出露长 30m,宽 5~6m,石墨为鳞片状,含量 8%;Ⅱ矿层为石墨二云母石英片岩,出露长 60m,宽 7~8m,石墨为鳞片状,与黑云母、白云母、夕线石伴生,含量 5%~7%;Ⅲ矿层为石墨白云母石英片岩,断续长 150m,宽 4~10m,目估石墨含量 5%~10%。矿石质量良好,鳞片直径一般 0.5~1mm	区域变质型	矿点	预查
	都兰县三通沟石墨矿点	圈定出石墨矿化带 3 条,其中ＫⅠ、ＫⅡ规模较大,ＫⅢ规模较小。矿化带呈似层状分布,局部呈囊状,呈近东西向顺层产出,矿化沿走向延伸,较为稳定,地表出露宽度 5~500m,分布极不均匀,产状大致为 330°~10°∠50°~70°。顶底板、夹层为灰白色—浅灰色糜棱岩化大理岩,局部为蛇纹石化大理岩、条带状大理岩等。大多为隐晶质石墨,片径<1μm,固定碳品位一般 3%~10%,在大理岩层面和裂隙中较富集。局部地带偶见晶质石墨发育于构造裂隙中,鳞片大小在 0.03~0.11mm 之间,分布无规律,且不成规模,进一步工作价值较小	区域变质型	矿点	预查

续表 3-3

成矿带	矿产地名称	矿床地质特征	矿床类型	矿床规模	勘查程度
柴南缘香日德-沟里石墨成矿带	都兰县清水泉石墨矿化点	石墨矿化层赋存于奥陶系—志留系中的白云质大理岩及复成分大理岩中。矿化层断续出露长 1.8km,南北宽 140～240m,沿东西向延伸,其内有较多闪长岩脉的穿插。含石墨大理岩呈块状构造,粒状镶嵌变晶结构。主要矿物成分为方解石、白云石、云母及少量石墨等。有用矿物为鳞片状晶质石墨,片径 0.5mm×0.17mm～0.37mm×0.12mm。经探槽揭露和采样线控制与采样,近 300 件化学样,固定碳品位一般小于 1%,仅个别样品达 2%,达不到矿体的边界品位(2.5%～3.5%),故未圈出矿体。 2010 年中国建筑材料工业地质勘查中心青海总队报告资料:矿化体为石墨大理岩,矿化体走向 145°,矿化体宽 5～8m,石墨呈鳞片状赋存于大理岩中,分布不均匀,鳞片直径 0.5～1mm,固定碳品位 2.84%	区域变质型	矿化点	预查
	都兰县泽立坑东石墨矿床	含矿岩层为金水口岩群下岩组大理岩。矿(化)体断续出露,长 2000m 以上,矿化带宽 200～300m,矿石为含石墨大理岩。石墨呈鳞片状赋存于大理岩中,片径 0.5～2mm,分布不均匀,石墨矿体走向 40°,共圈定了 12 个矿体,9 个矿点外围零星矿体,固定碳平均品位 3.49%～15.14%	区域变质型	小型	普查
	都兰县也日更地区石墨矿点	在区内共圈出多金属矿(化)体 6 条及石墨矿体 1 条	区域变质型	矿点	预查
	都兰县佬格么火儿石墨矿点	矿(化)体为灰色石墨大理岩层,矿(化)体走向 95°,矿化体出露长 150～200m,南北均被第四系覆盖,宽 6～10m,含矿大理岩与闪长岩接触处发生矽卡岩化,为石榴石、透辉石矽卡岩。石墨呈鳞片状赋存于大理岩中,片径 0.5～1.5mm,矿化体水平宽 3～5m,共圈定 10 个矿(化)体,固定碳品位 10%～15%	区域变质叠加接触变质	矿点	普查
	都兰县巴勒木特尔石墨矿床	矿区内共圈出 3 条矿化带,编号 GMb-Ⅰ～GMb-Ⅲ,3 条矿化带中共圈定矿体 7 条,自西向东编号为 Gb1～Gb7。矿化带均赋存于金水口岩群下岩组大理岩层中,赋矿岩性为大理岩-石墨大理岩。本区矿石类型较单一,自然类型属大理岩石墨矿石。工业类型属晶质(鳞片状)石墨矿石。各矿体顶底板均为透辉石橄榄石大理岩,局部为石英大理岩、透辉岩、闪长岩等	区域变质叠加接触变质	中型	详查

续表 3-3

成矿带	矿产地名称	矿床地质特征	矿床类型	矿床规模	勘查程度
柴南缘香日德-沟里石墨成矿带	都兰县敦德郭勒石墨矿	圈定出 7 条石墨矿化带,5 条石墨矿体,矿体顶底板一般为含石墨大理岩,矿体长 120～130m,真厚度 2～7.48m,固定碳平均品位一般 2.76%～3.33%	区域变质型	小型	预查
	都兰县双雪包石墨矿床	含矿岩层为金水口岩群下岩组大理岩。矿(化)体向西断续延伸至看特尔一带。向东断续延伸至清水泉,出露长 1500m 以上。共有 3 个矿化带。矿石中方解石 65%～95%,石墨 2%～28%,透辉石 1%～10%,橄榄石 1%～15%,石英、斜长石、透闪石、金云母、角闪石、绿帘石少量。石墨矿化越好,矿体中硅化、透辉石化就越强。矿区内石墨大鳞片含量较高,大于 50 目的大鳞片含量达 80.35%,而小于 100 目的鳞片仅占 4%。故矿区石墨鳞片大,质量好,局部地段地表石墨发生泥化,片径较小。各矿体的固定碳品位 GS1 为 3.35%,GS2 为 10.29%,GS3 为 3.09%,GS4 为 3.42%,矿区平均为 4.61%;GS2 矿体固定碳品位高且稳定,其他矿体固定碳品位较低,厚度小。矿石自然类型主要为硅化、透辉石化大理岩。各矿体顶底板均为含透辉石橄榄石大理岩,局部为方解石石英岩、石英大理岩、透辉岩、闪长岩等。固定碳品位 4.61%	区域变质型叠加热变质型	小型	普查

第四章 柴周缘典型晶质石墨矿床地质特征及矿床成因

第一节 柴南缘典型晶质石墨矿床

一、口口尔图

矿区位于乌图美仁乡西南部洪水河以东,行政区划隶属青海省格尔木市乌图美仁乡。距西宁市1100km,交通较为便利。

(一)矿床地质

1. 地层

1)金水口岩群白沙河岩组

该组主要包括片麻岩组、片岩组、大理岩组(图4-1、图4-2)。

a.斜长角闪片岩;b.绢云石英片岩;c.灰白色大理岩;d.褐红色硅质大理岩。

图4-1 口口尔图主要岩性照片

第四章 柴周缘典型晶质石墨矿床地质特征及矿床成因

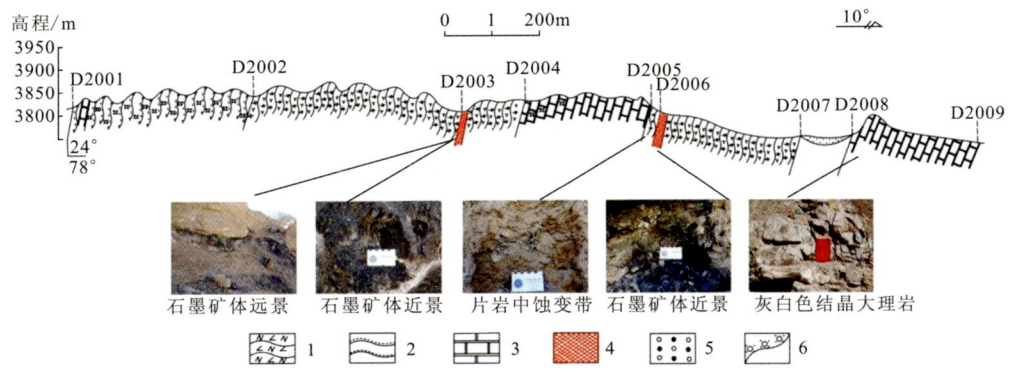

1.斜长角闪片岩;2.片麻岩;3.大理岩;4.石墨矿体;5.洪冲积物;6.硅化。

图 4-2　口口尔图石墨主矿区 L002 线岩性与石墨矿体

片麻岩组主要为黑云斜长片麻岩,颜色为灰色,细粒变晶结构,片麻状构造,局部发育强硅化,主要分布在矿区的西南部和南部,出露宽度80～300m。主要矿物为石英、斜长石、钾长石、黑云母。斜长石为主要矿物,含量约45%;石英他形粒状,含量约20%;黑云母呈片状分布,含量约25%。

片岩组主要为斜长角闪片岩(图 4-1a),绢云石英片岩(图 4-1b)。斜长角闪片岩呈灰黑色,变晶结构或变余泥质结构,片状构造,主要矿物为角闪石、斜长石,局部夹石英脉,片理化发育,破碎程度较高,发育绿泥石化绿帘石化褐铁矿化蚀变带,主要分布在矿区中部、南部和西南部,出露面积较大,宽50～750m。绢云石英片岩呈黄褐色,变晶结构,片状构造,主要矿物为斜长石、角闪石、绢云母,局部夹石英脉,片理化发育,主要分布在矿区北部和西南部,出露面积较大,宽100～1000m。

大理岩组主要为灰白色大理岩(图 4-1c),褐红色硅质大理岩(图 4-1d)。灰白色大理岩,变晶结构,块状构造,局部发育黄铁矿化、褐铁矿化。褐红色硅质大理岩,变晶结构,块状构造,岩石发育强硅化,可见褐铁矿化、绿泥石化、碳酸盐化。

2)第四系

本区第四系覆盖严重,地表露头发育较差;主要发育第四系冲积物,由土黄色砂土、亚砂土、碎石及砾石组成,砾石主要为斜长角闪片岩、大理岩与片麻岩碎块。

2. 构造

矿区内主要构造表现形式为褶皱与脆韧性构造剪切带。

1)褶皱构造

矿区内发育多处褶皱,轴面皆近垂直,局部地区可见石墨矿体产于褶皱两翼地层。现就L005 线出露的褶皱进行描述:背形的核部地层为大理岩,两翼地层为斜长角闪片岩及大理岩。两翼地层倾角较缓,在25°～30°之间;核部大理岩地层一侧产状为20°～64°。向形核部地层为大理岩,两翼地层为大理岩与石英片岩。两翼地层产状较陡,南侧地层产状25°～60°,北侧地层产状62°～357°(图 4-3)。

2)脆韧性构造剪切带

矿区内构造变形带发育,主要发育在石英片岩与斜长角闪片岩中,石英片岩中石英颗粒

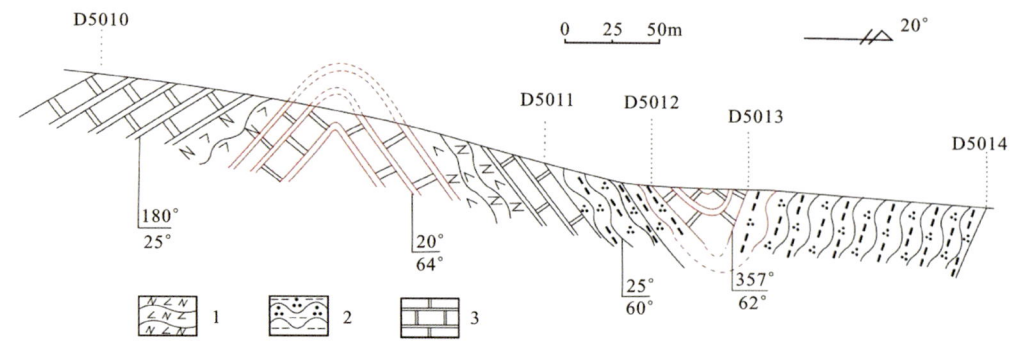

1.斜长角闪片岩；2.石英片岩；3.大理岩。

图4-3 口口尔图矿区西侧L005浅褶皱构造

变形拉长，局部形成旋转碎斑(图4-4a、图4-4b)；斜长角闪片岩中的黑色条带变形，发生弯曲(图4-4c)。

矿区中还发育一些张性裂隙并含有后期充填物，如斜长角闪片岩中充填大量碳酸盐细脉(图4-4d)；片岩中顺层产出一些石英脉和切层产出碳酸盐脉(图4-4e)。

a.糜棱岩、旋转碎斑；b.糜棱岩、旋转碎斑；c.岩层发生弯曲；d.片岩中的碳酸盐细脉；e.片岩中石英脉和碳酸盐脉。

图4-4 口口尔图石墨矿区构造特征照片

3. 岩浆岩

主矿区内岩浆岩不发育。矿区外围北部发育浅肉红色似斑状黑云母花岗闪长岩、灰色中细粒黑云母石英闪长岩、灰色中细粒黑云母花岗闪长岩，南部发育浅肉红色中粗粒二长花岗岩、灰色中细粒石英闪长岩。

(二)矿化带、矿体特征

通过2014—2017年预查工作，在该区圈定了3条矿化带，1条晶质石墨工业矿体、13条晶质石墨低品位矿体(图4-5)。

a.硅化；b.碳酸盐化；c.绿泥石化；d.褐铁矿化。

图 4-7　口口尔图主要蚀变类型照片

Z2 异常：位于矿区西北部金水口岩群片岩段及大理岩段内，呈不规则状北西向展布，走向长 1350m，宽 900m，最大异常值－207mV。因第四系风成沙土覆盖，该处异常的幅值较小，但其规律性相比 Z1 异常较好。根据地质、物探异常特征推测，Z1、Z2 两处自电异常应处在同一条异常带上，呈北西-南东向展布延伸。结合槽探工程，对 Z2 自电区内 1∶5000 激电中梯剖面测量圈定的"低阻高极化"激电异常带进行揭露查证，发现 2 条石墨矿体（M9、M14），异常的展布形态与圈定的石墨矿（化）体的走向基本一致。

综上，本区圈定的石墨矿（化）体基本位于自然电场电位负异常浓集区，局部地段由于第四系浮土覆盖、地形切割等原因影响，对应性有一定的偏差。因此，矿区内自然电位高低值、正负值变化的地段对寻找石墨矿有直接的物探指示意义。

2. 激电异常特征及解释推断

2014—2016 年在 Z1、Z2 自电异常区内共布测了 1∶2000 激电中梯剖面 7 条（JP1～JP7）、1∶5000 激电中梯剖面 18 条（JP8～JP25），总体视电阻率曲线变化平稳，均值 100Ω·m 左右，视极化率曲线跳跃性较大，2％～16％，呈北西-南东向展布。结合地质、物探异常特征，区内圈定的 2 条"低阻高极化"激电异常带（J1～J2），展布形态和自电异常重现性较好，具体位置见图 4-9。各异常带出露岩性主要为金水口岩群斜长角闪片岩、大理岩，岩石较破碎，围岩蚀变以褐铁矿化、绿泥石化为主。

图 4-8 口口尔图地区 1:1万自然电场平面等值线图

1.风成沙土；2.大理岩；3.黑云斜长石英片岩；4.斜长角闪片岩；5.黑云斜长片麻岩；6.实测、推测整合地质界线；7.实测、推测断层；8.工业矿体；9.低品位矿体；10.0值异常范围；11.负值异常范围；12.正值异常范围；13.异常位置及编号。

第四章 柴周缘典型晶质石墨矿床地质特征及矿床成因

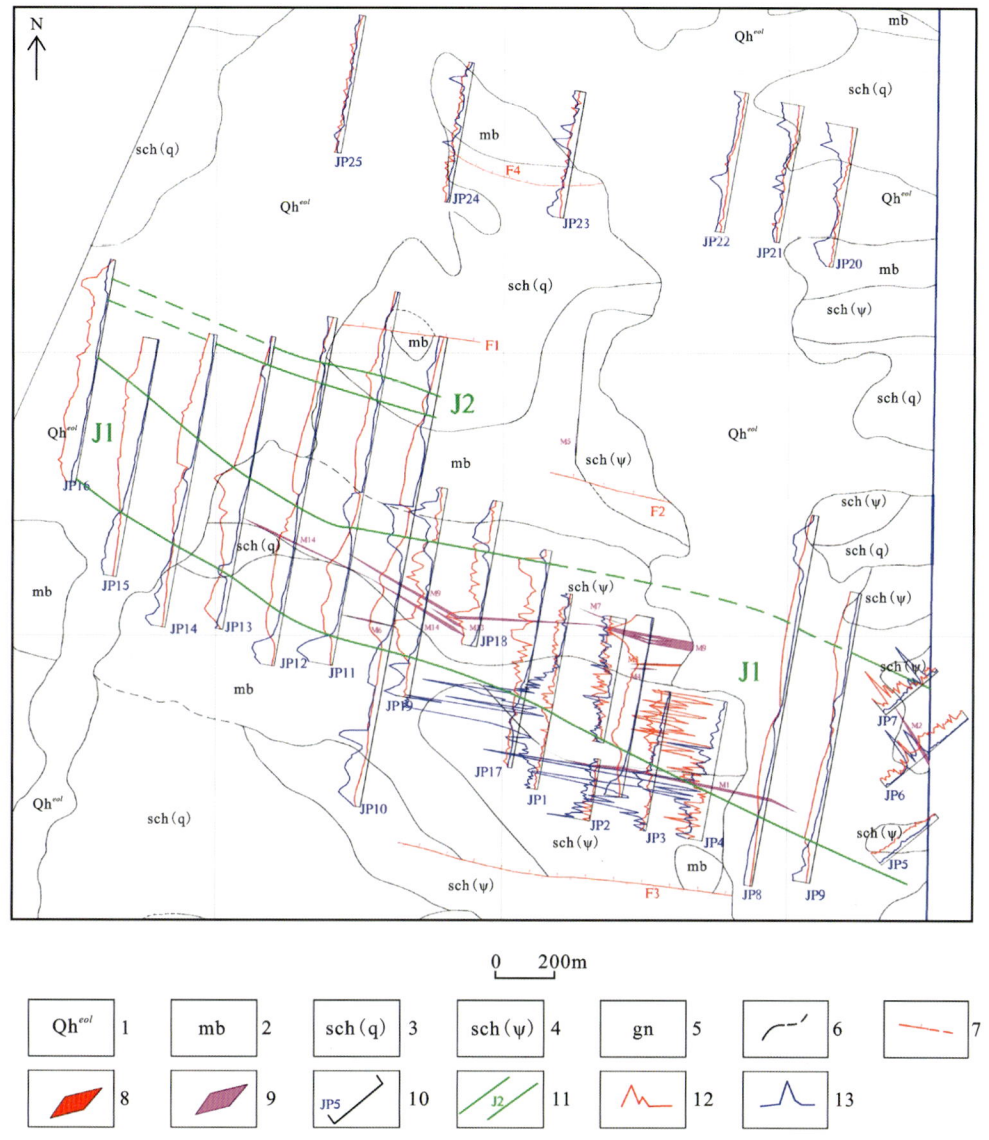

1.风成沙土;2.大理岩;3.黑云斜长石英片岩;4.斜长角闪片岩;5.黑云斜长片麻岩;6.实测、推测整合地质界线;7.实测、推测逆断层;8.工业矿体;9.低品位矿体;10.激电中梯剖面;11.激电中梯剖面;12.视极化率曲线;13.视电阻率曲线。

图 4-9　口口尔图地区激电中梯剖面平面图

1)J1 激电异常带

J1 激电异常带位于矿区中部 JP1~JP19 激电中梯剖面测量区段内,长约 3379m,宽 400~650m,形态规则,呈北西-南东向展布,视电阻率 0~85Ω·m,视极化率 1.6%~15.32%,为本区规模最大、成矿条件较好的激电异常带。异常带出露地层为斜长角闪片岩、大理岩,岩石硅化较强。经探矿工程揭露查证,地表圈定 9 条石墨矿体(M1~M4、M6、M7、M9、M13、M14),矿体走向与激电异常带展布形态基本一致,地表矿体出露地段多数为激电异常尖峰区段,异常中心深部含矿岩石中星点状、片状、细脉状黄铁矿普遍发育,说明此异常带主要为由石墨矿和金属硫化物富集共同引起的叠加异常。

51

2) J2 激电异常带

J2 激电异常带位于矿区中部 JP10～JP13、JP16 激电中梯剖面测量区段内,长约 1220m,宽 70m,呈北西-南东向条带状展布,视电阻率 17～40Ω·m,视极化率 0.55%～12.8%。异常带出露地层为黑云斜长石英片岩、大理岩,褐铁矿化、绿泥石化蚀变强烈。经槽探工程验证,发现两处石墨矿化线索,即为矿致异常。

3. 已知矿体与电法异常的对应关系

矿区内自电异常负值区段范围较广,激电剖面总体视极化率曲线跳跃性强,局部呈尖峰异常。这些地段一方面由地表石墨矿(化)体引起,另一方面由隐伏石墨矿体或深部金属硫化物(黄铁矿为主)导致。同时在已知石墨矿化带、矿体上基本呈"低阻高极化"特征,视极化率曲线从低缓向尖峰过渡,与矿层产状密切相关。

现就 0 号勘探线综合剖面异常特征分析如下(图 4-10)。

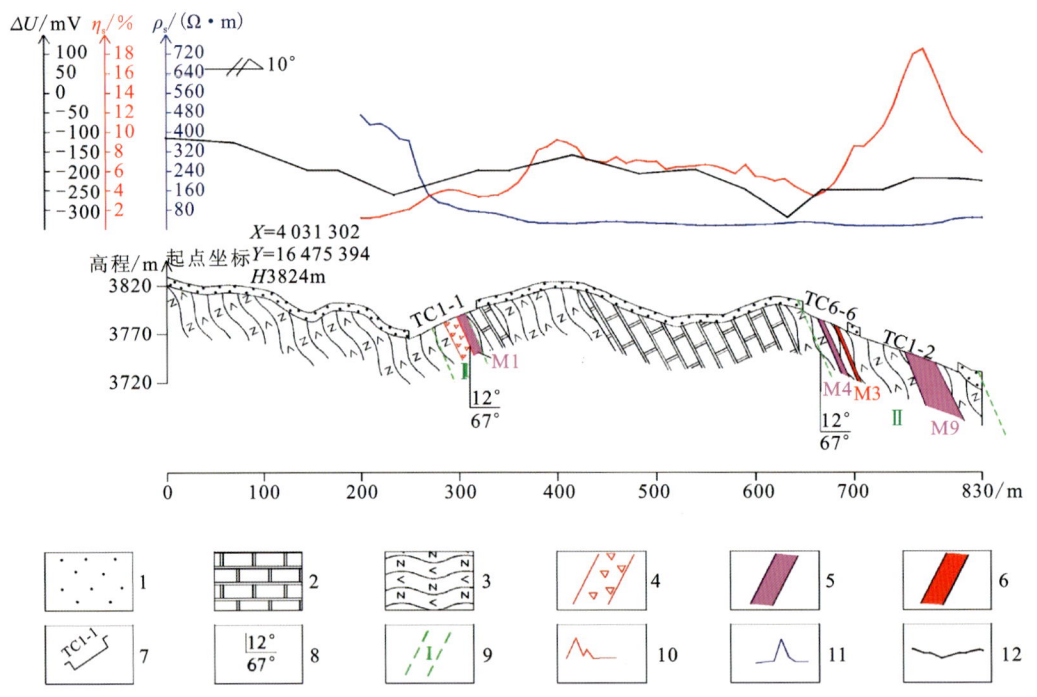

1. 风成沙土;2. 大理岩;3. 斜长角闪片岩;4. 断层;5. 工业矿体;6. 低品位矿体;7. 探槽;8. 产状;9. 矿化带;10. 视极化率;11. 视电阻率;12. 电位。

图 4-10 口口尔图 0 号勘探线综合剖面图

剖面上的 Ⅰ、Ⅱ 号石墨矿化带整体处于激电异常负值区段内,电位值范围 −200～322.80mV,且呈现"低阻高极化"异常特征,分别对应 275～306m 段、640～830m 段激电异常区段,位于 J1 激电异常带内。该剖面内发现两处高值激电异常区段,即 350～420m 段、700～830m 段。其中,350～420m 段视极化率最高达 9.09%,视电阻率最低为 20Ω·m,经 ZK0-1 深部验证,异常与 M1 石墨矿体深部对应性一般,推断受地形影响起伏较大;700～830m 段视极化率最高达 18.4%,视电阻率最低为 9Ω·m,经 ZK0-2 验证,异常为由地表石墨矿体

(M9)、深部隐伏石墨矿体及金属硫化物引起的叠加异常，即矿致异常。

综上，矿区内激电负异常区段由石墨矿化带的碳质成分引起，范围较大，而个别激电异常地段因第四系风成沙土覆盖、地形切割、测线效应及硫化物富集干扰等多种因素的影响，与矿体对应性有一定的偏差，但整体上仍能反映石墨矿（化）体的存在，具有一定的有效性，在视极化率跳跃性强的高值激电异常地段可能存在多层隐伏石墨矿（化）体。

（五）矿床成因、控矿因素及找矿标志

1. 矿床成因

该区晶质石墨矿体主要赋存于古元古界金水口岩群片岩段中，少量赋存于大理岩段中，主要岩性有斜长角闪片岩、大理岩等，原岩为一套浅海陆源碎屑沉积建造的含碳泥质岩、铁泥质岩和碳酸盐岩。含矿岩系的变质程度较高，区域变质作用影响较明显，为区域变质型石墨矿床。

2. 控矿因素

（1）地层因素：石墨矿化主要与金水口岩群斜长角闪片岩密切相关，其次为大理岩。金水口岩群为石墨矿的主要赋矿层位。

（2）变质因素：古元古界金水口岩群为一套中—高级变质岩系及矿物组合，岩石变质程度较高。区域变质作用为区内石墨的重结晶、重组合及活化、运移、富集提供了热动力，可促使石墨矿的重结晶，从而富集成矿。

3. 找矿标志

（1）地层标志：古元古界金水口岩群片岩段、大理岩段变质岩地层可作为晶质石墨矿床的间接找矿标志。

（2）岩性标志：斜长角闪片岩、大理岩为区内寻找石墨矿的重要岩性标志。

（3）异常标志：自电异常与已发现的石墨矿（化）体关系密切，可作为寻找石墨矿的直接标志。而激电异常与石墨矿（化）体对应性一般，可作为间接找矿标志。

（4）矿化标志：黑色、污手、具滑感的石墨矿化是寻找石墨矿的直接找矿标志。

二、红水河东

矿区位于红水河与那陵郭勒河交汇口以南约6km，行政区划属青海省格尔木市乌图美仁乡，交通较方便。矿区面积39.14km^2。

（一）矿床地质

1. 地层

1）金水口岩群白沙河岩组

金水口岩群白沙河岩组主要岩性为石英片岩、片麻岩、大理岩和角闪片岩等。

石英片岩主要分布在矿区中部靠南的部位，长约3.5km，宽约900m，北部为第四系，南部

为花岗岩和灰色中细粒石英闪长岩,倾向北西或北东,倾角45°～80°。

片麻岩在矿区南部、由东到西都有出现,分布较广,南部出图,北部与第四系、花岗岩、石英闪长岩呈侵入接触,局部混合岩化、呈眼球状构造。主要有黑云斜长片麻岩、混合岩化片麻岩。倾向北东,倾角60°～70°。

大理岩在矿区南部地表仅有零星分布,出露面积较小,多呈透镜体,为灰白色中细粒大理岩。北部被第四系覆盖,经钻探揭露主要为褐红色蛇纹石化大理岩。

角闪片岩主要出露在北部第四系覆盖区,经钻孔揭露位于大理岩、片麻岩下部,层厚约10m。

2)第四系

矿区北部大面积分布第四系,约占矿区总面积的70%。北部平原区为洪积砂土及砂砾堆积,浅山区主要为风成砂覆盖,河沟发育处多为冲积砂砾及卵石堆积。

2. 构造

矿区构造为北西西向断裂构造F_7和F_8。F_7断层位于矿区南部金水口岩群片麻岩内,向东延伸到石英闪长岩内,断层长约4.78km,走向300°,倾向北,倾角50°～60°,逆断层,破碎带宽约10m。F_8断层位于矿区南部偏东石英片岩内,在F_7断层的北侧约380m,靠近石英闪长岩的北侧,断层长约350m,走向285°,倾向北,倾角50°,逆断层。

3. 岩浆岩

区内岩浆活动不太强烈,南部东侧有小范围的灰色中细粒石英闪长岩和花岗岩出露,与金水口岩群呈侵入接触。接触带上多受变质作用的影响往往呈渐变过渡,无明显矿化现象。灰色中细粒石英闪长岩主要分布在片麻岩和石英片岩接触带上的东部地段,长约1.7km,宽约700m。花岗岩出露在片麻岩和石英片岩接触带上的中部地段和石英片岩内,北西向脉状、透镜状产出,规模较大的脉体长约2km,宽约90m。其余3条呈透镜体产于石英片岩中(透镜体长轴200～300m,短轴30～100m)。北部钻孔揭露为一套超基性岩体,主要为蚀变的橄榄岩,分布较厚,多具铁、钴、镍矿化,地表被第四系覆盖,上部有区域变质岩。

4. 变质岩

区内主要的变质岩有区域变质岩、接触交代变质岩、气-液变质岩。区域变质岩在区内分布较广,主要在地表和浅地表分布,南部地表有片麻岩、石英片岩等,主要为中酸性岩浆岩经变质后产生;北部第四系以下,浅地表处有片麻岩、千枚岩、大理岩、角闪片岩等,中深部橄榄岩内受气-液变质作用的影响,存在较厚的蛇纹岩,与橄榄岩交替出现,深部受接触交代作用影响出现较厚的透闪石岩、透闪-阳起石岩、少量的矽卡岩等。

(二)矿体特征

矿区内目前共发现晶质石墨矿体3条,均是盲矿体(图4-11)。含矿岩性均为大理岩,矿体呈层状、似层状产于大理岩中,矿体与围岩产状一致。矿体围岩主要为大理岩和斜长角闪片岩,对规模较大的M2矿体进行了深部钻探验证。根据石墨矿体的成矿地质特征分析认为其成因类型属于区域变质型,该石墨矿体规模较大,且受构造破坏程度小,品位均达到工业品位以上。

第四章 柴周缘典型晶质石墨矿床地质特征及矿床成因

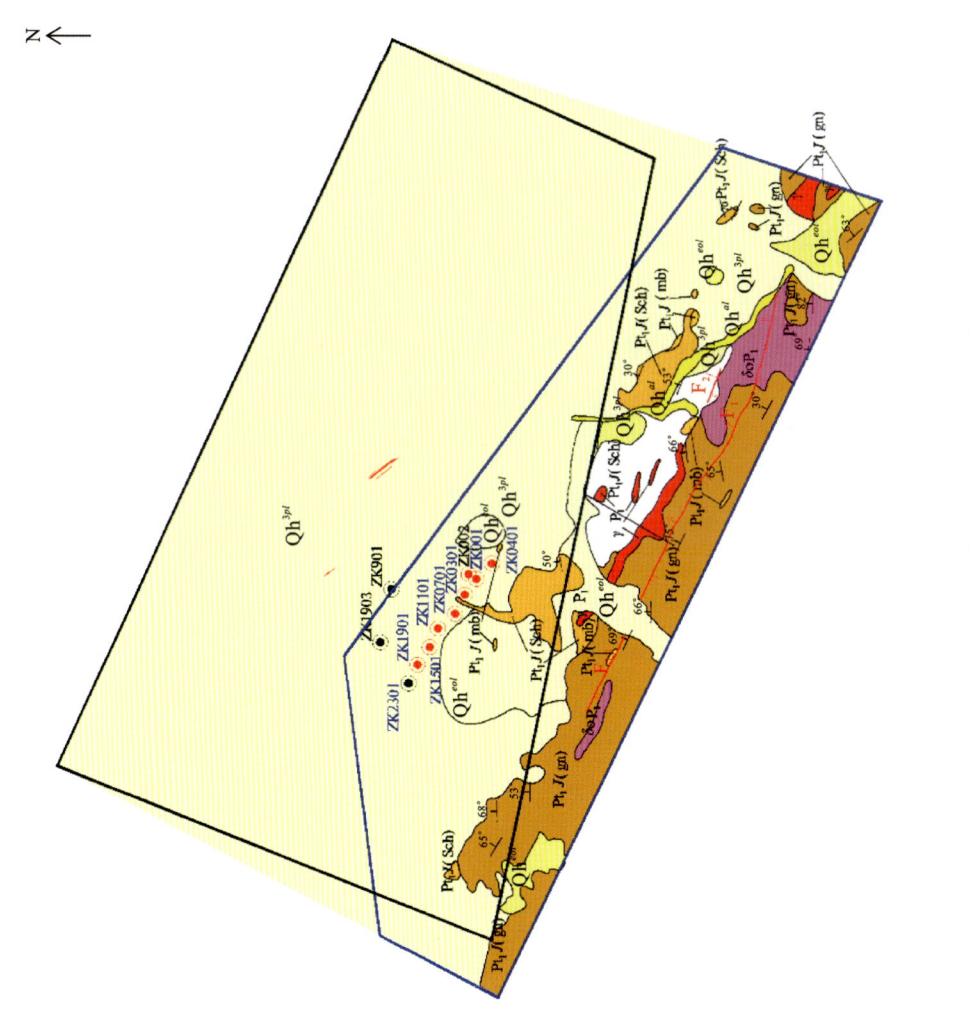

图4-11 柴南缘红水河东石墨矿区地质图

M1矿体：由3个钻孔控制，工程控制间距为200m，控制M1矿体长达0.6km。矿体形态简单，呈层状、似层状，钻孔中矿体真厚度1.41~3.91m，矿体固定碳平均品位25.61%，最高8.44%。3个钻孔控制矿体斜深200m。

M2矿体：由6个钻孔控制，工程控制间距200m，控制M2矿体长达1.2km。矿体形态简单，呈层状、似层状，矿体产状变化不大，为185°~225°∠47°~70°，钻孔中矿体真厚度1.41~26.47m，矿体固定碳平均品位7.88%，最高33.23%。6个钻孔控制矿体斜深200m，其中ZK0301钻孔控制矿体斜深301m。根据钻探工程验证，钻孔中矿体厚度变化不大，局部有向下变厚的趋势。

M3矿体：由3个钻孔控制，工程控制间距200m，控制M3矿体长达0.6km。矿体形态简单，呈层状、似层状，钻孔中矿体真厚度0.52~3.6m，矿体固定碳平均品位4.64%，最高11.1%。3个钻孔控制矿体斜深200m。

红水河东石墨矿区目前控制的程度和圈出的矿体，经两侧矿体50m平推，初步估算资源量达68.78万t，M2矿体为本次资源量的主矿体，固定碳平均品位7.88%。已达到中型矿床规模。经过进一步的工作，有望达大型石墨矿床。

（三）矿石特征

1. 矿石物质组成

矿石的矿石矿物为石墨，另外有少量黄铁矿等，特征如下。

石墨：含量很低，呈鳞片状变晶，鳞片长在0.01~0.03mm之间，粒径较均匀，零星均匀分布在脉石矿物中呈断续定向排列，生成早于黄铁矿。

黄铁矿：含量很低，呈半自形晶粒状，也有的呈脉状分布在裂隙中，粒径在0.07~0.25mm之间，多在0.05mm以上。

脉石矿物：以透辉石、透闪石、方解石、绿帘石为主。

依据已知矿（化）体情况综合分析，认为该石墨矿按石墨的结晶程度划分为晶质（鳞片状）石墨矿；按其所赋存岩石岩性，属大理岩型。

2. 矿石结构、构造

矿石一般呈半自形—他形粒状结构、粒状鳞片变晶结构，浸染状构造、星点状构造、条带状构造。地表矿石风化，条带状构造明显，深部钻孔中矿石多呈致密块状，条带状构造不太明显。石墨含量一般1%~33%，主要呈鳞片状，多呈0.005~0.25mm的单晶或聚晶，局部呈0.2mm左右的他形团斑浸染于脉石粒间和节理中。

（四）地球物理特征

1. 电物性特征

在该区布置了激电剖面，同时采集并测定电物性标本121块，其中石墨矿30块，斜长角闪片岩31块，硅化大理岩30块，大理岩30块。标本电参数测定结果统计见表4-2。

表 4-2　红水河东石墨矿区标本电参数测定结果统计表

岩性	块数/块	电阻率/(Ω·m)			极化率/%		
		最大值	最小值	平均值	最大值	最小值	平均值
石墨矿	30	116.21	0.63	14.40	57.54	7.66	31.69
斜长角闪片岩	31	1 240.24	426.48	760.14	16.20	0.56	2.53
硅化大理岩	30	1 383.32	341.78	727.65	5.90	0.19	1.99
大理岩	30	1 156.22	275.72	604.79	2.70	0.25	1.02

由表 4-2 可见：本区石墨矿与围岩之间极化率相差很大，石墨矿的极化率平均值 31.69%，最大可达 57.54%，其他岩石极化率平均值分布在 1.02%～2.53% 之间；石墨矿与围岩之间的电阻率值相差亦较大，其中石墨矿的电阻率平均值仅有 14.40Ω·m，其他 3 种岩性的电阻率达到几百欧姆·米。在该区用激电法圈定石墨矿体具有良好的地球物理前提。

2. 1∶1 万激电中梯异常特征

矿区内施工 18 条激电剖面，$\eta_{s,max}=4.36\%$，$\eta_{s,min}=1.06\%$，经计算该地区视极化率背景场值 1.83%。视极化率异常下限 3.14%。本区野外观测视极化率与标本极化率相差甚大，究其原因可能与第四系覆盖较厚有关，虽然视极化率普遍较低，但是仍然发现一处明显的激电异常，该异常呈北西-南东走向，以 2.74% 等值线量算该异常长约 2.59km，宽 0.2～0.5km，等值线南疏北密说明引起激电异常的矿体向南倾斜，异常区内施工钻孔中均发现较好的石墨矿体。

（五）矿床成因、控矿因素及找矿标志

1. 矿床成因

该区晶质石墨矿体主要赋存于古元古界金水口岩群大理岩段中，少量赋存于片岩段中，主要岩性有大理岩、斜长角闪片岩等，原岩为一套浅海陆源碎屑沉积建造的含碳泥质岩、铁泥质岩和碳酸盐岩，含矿岩系的变质程度较高，区域变质作用影响较明显，为区域变质型石墨矿床。

2. 控矿因素

(1) 地层因素：石墨矿化主要与金水口岩群大理岩密切相关，其次为斜长角闪片岩。金水口岩群大理岩为石墨矿的主要赋矿层位。

(2) 变质因素：古元古界金水口岩群为一套中—高级变质岩系及矿物组合，岩石变质程度较高。区域变质作用为区内石墨的重结晶、重组合及活化、运移、富集提供了热动力，可促使石墨矿的重结晶，从而富集成矿。

3. 找矿标志

(1)地层标志:古元古界金水口岩群大理岩段变质岩地层可作为晶质石墨矿床的间接找矿标志。

(2)岩性标志:大理岩为区内寻找石墨矿的重要岩性标志。

(3)异常标志:自电异常与已发现的石墨矿(化)体关系密切,可作为寻找石墨矿的直接标志。而激电异常与石墨矿(化)体对应性一般,可作为间接找矿标志。

(4)遥感影像标志:灰色—灰白色中低山山脉中的灰黑色条带状影像可作为重要的找矿标志。

(5)矿化标志:黑色、污手、具滑感的石墨矿化是寻找石墨矿的直接找矿标志。

三、巴勒木特尔

(一)矿床地质

该矿行政区划属海西州都兰县香加乡。

1. 地层

1)金水口岩群白沙河岩组

矿区出露地层主要为古元古界金水口岩群下岩组,岩性为灰白色—灰色大理岩,局部为斜长角闪岩及黑云母斜长片麻岩。

大理岩主要为灰白色大理岩,变晶结构,块状构造,局部发育黄铁矿化、褐铁矿化。

斜长角闪片岩呈灰黑色,变晶结构或变余泥质结构,片状构造,局部夹石英脉,片理化发育,破碎程度较高,发育绿泥石化绿帘石化褐铁矿化蚀变带。

黑云斜长片麻岩呈灰色,细粒变晶结构,片麻状构造,局部发育强硅化,主要分布在矿区的西南部和南部,出露宽80~300m。

2)第四系

本区第四系覆盖严重,地表露头发育较差。主要发育第四系冲积物,由土黄色砂土、亚砂土、碎石及砾石组成,砾石主要为斜长角闪片岩、大理岩与片麻岩碎块。

2. 构造

矿区的主体构造为一倾向南东的陡倾单斜构造,走向呈北东-南西向,局部产状发生倒转,向南东变为北西倾斜。

3. 岩浆岩

矿区侵入岩为海西期,岩性为灰色—灰绿色闪长岩,局部为闪长玢岩。闪长岩脉分布无规律,地表出露宽3~10m,沿北东-南西向延伸,延伸长度最大者500m,侵入到矿区内的大理岩中。受岩脉侵入影响,岩脉附近的围岩具轻微的矽卡岩化,侵入的闪长岩脉是矿区内热变质作用的主要热量来源,是本矿区石墨矿化的成因之一。

（二）矿化带特征

该矿区共圈出 3 条矿化带（Ⅰ、Ⅱ、Ⅲ），7 条石墨矿体（图 4-12），含矿地层均为古元古界金水口岩群下岩组大理岩，赋矿岩性为大理岩-石墨大理岩，局部富集地段为石墨片岩，是矿区的重要含矿层。各矿体顶底板均为含透辉石橄榄石大理岩，局部为石英大理岩、透辉岩、闪长岩等。

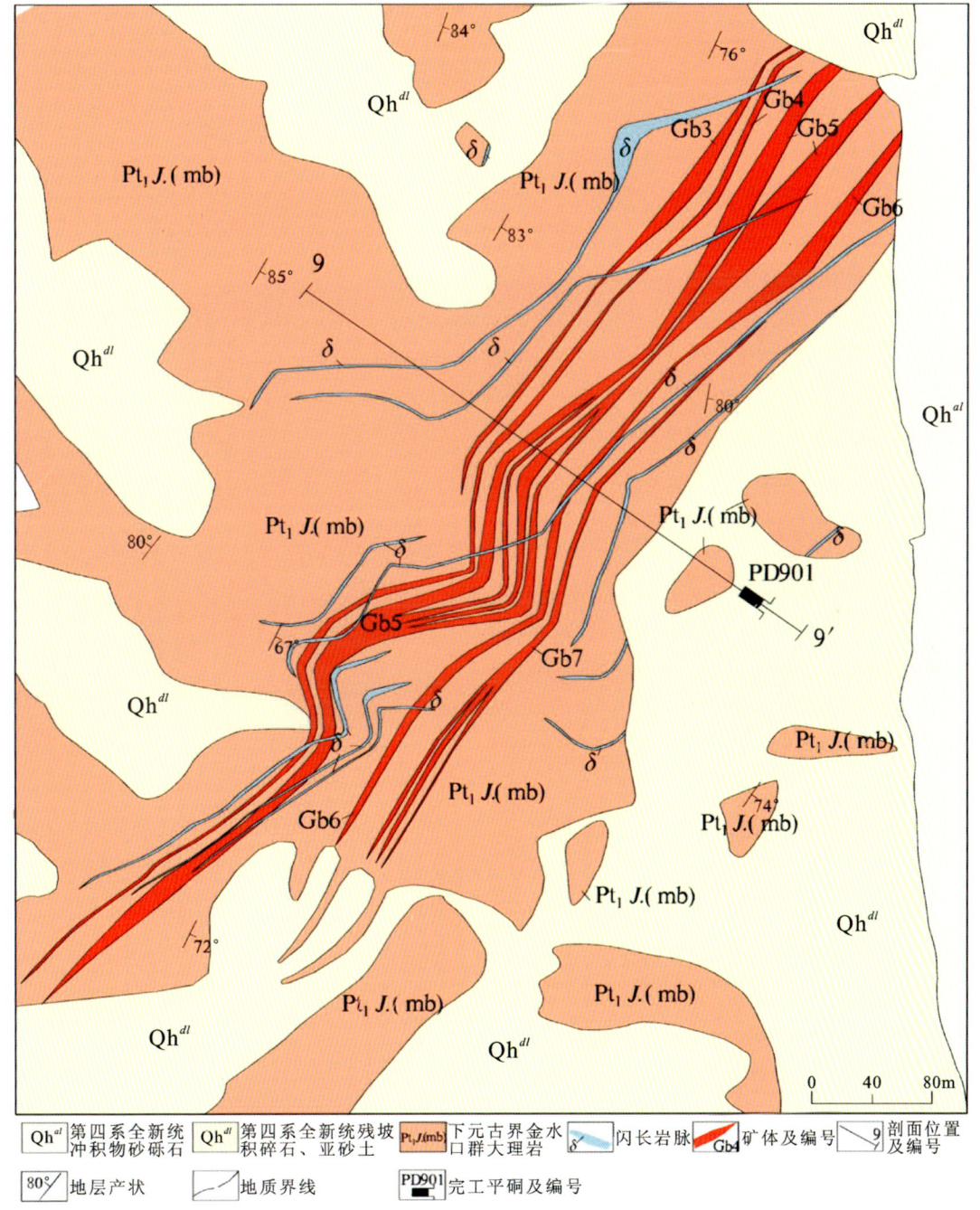

图 4-12　柴南缘巴勒木特尔石墨矿区地质图

(三) 矿体特征

GB1：赋存于第一矿化带中，控制长度 388m，厚 2.45～4.15m，平均厚 3.3m，平均品位 3.46%，矿体呈似层状、单斜层状产出，产状 314°～316°∠71°～72°。

GB2：赋存于第二矿化带中，控制长度 383m，厚 2.70～4.39m，平均厚 3.54m，平均品位 7.26%，矿体呈似层状、单斜层状产出，产状 286°～319°∠71°～72°。

GB3：赋存于第三矿化带中，控制长度 400m，地表工程内厚 1.18～10.40m，平均厚 3.47m，平均品位 3.41%，矿体呈似层状产出，产状 115°～125°∠72°～85°。

GB4：赋存于第三矿化带中，控制长度大于 800m，地表工程内厚 1.12～5.46m，平均厚 2.94m，平均品位 6.26%，矿体呈似层状产出，产状 121°～128°∠76°～85°。

GB5：赋存于第三矿化带中，控制长度大于 800m，地表工程内厚 5.04～29.99m，硐探里厚 12.07～27.07m，平均厚 13.08m，平均品位 6.77%，矿体呈似层状产出，局部出现分支复合现象，产状 116°～125°∠72°～86°。

GB6：赋存于第三矿化带中，控制长度约 650m，地表厚 1.59～9.94m，平硐控制厚 1.87m，平均厚 4.41m，平均品位 6.47%，矿体呈似层状产出，产状 108°～135°∠70°～85°。

GB7：赋存于第三矿化带中，控制长度 442m，厚 1.06～7.53m，平均厚 4.56m，平均品位 6.78%，矿体呈似层状产出，产状 108°～127°∠70°～85°。

(四) 矿石特征

1. 矿石物质组成

石墨矿矿石矿物成分比较简单，主要为晶质石墨，石墨的集合体多呈近等轴他形鳞片状沿平行片理断续、相间定向分布，多与脉石矿物混杂在一起。

1) 脉石矿物

方解石呈半自形粒状变晶，少数呈他形粒状变晶，粒径 0.05～0.35mm，颗粒间多平直接触，晶体多依长轴方向平行定向排列。

长石、石英矿物的粒径多在 0.03～0.35mm 之间，集合体平行片理、片麻理定向分布，显示出良好的流动性。其中长石呈半自形粒状晶，粒径 0.04～0.25mm，分布不太均匀，多数富集成条带状，部分和石英聚集在一起形成长英质条带。石英多呈他形、不规则粒状变晶，少数呈半自形粒状变晶，为同构造或构造后重结晶的产物，粒径 0.05～0.48mm，多聚集呈多晶石英条痕或条带断续分布。

2) 矿石类型

矿石类型主要为硅化、透辉石化石墨大理岩，石墨晶体为鳞片状，呈星点状较均匀地分布于脉石矿物颗粒间，自然类型属大理岩石墨矿石，矿石类型较单一。

2. 矿石结构、构造

本区矿石结构主要为鳞片变晶结构、揉皱状结构，条带状构造，局部有片麻状构造，偶见稀疏浸染状、土状、星点状分布。

条带状构造:石墨与方解石等脉石矿物呈条带状相间分布;浸染状构造:石墨、褐铁矿呈星散浸染状分布在脉石矿物中;鳞片变晶结构:石墨呈鳞片状分布在脉石矿物间,整体具有一定的定向性;揉皱状结构:石墨与脉石矿物因为受后期的构造变形作用影响,发生揉皱。

3. 选矿试验结果

(1)鳞片状石墨原矿中晶体的直径大于$1\mu m$,肉眼或普通光学显微镜下就能看到石墨晶体的形状,石墨多呈鳞片状,均匀散布于矿石中。这种固定碳品位一般较低,不超过10%,局部特别富集地段的固定碳品位则可达20%或更多,但可选性好,浮选矿品位可达85%以上,石墨质量好,工业用途广,是目前最有价值的一种石墨类型。

(2)根据原矿分析,未风化石墨矿原矿固定碳品位5.51%,风化石墨矿石固定碳品位9.21%,与方解石伴生的石墨矿石固定碳品位1.0%。从粒径分布看,3种石墨鳞片均较大,是典型的鳞片石墨,但与方解石伴生的石墨矿固定碳品位较低,给选矿带来了一定的难度。

(3)通过试验,对未风化石墨矿和风化石墨矿的原矿分析、浮选工艺流程、浮选产品进行对比,风化矿与未风化矿的工艺流程一致,浮选产品差别不大,风化矿没有体现出石墨与脉石矿物解离的优点,可同时进行加工生产。因此认为采集的矿样已风化矿(QHA)和未风化矿(QHB)应属于同一种矿石类型,即未经风化的原矿。

(4)风化石墨矿和未风化石墨矿鳞片较大,浮选产品品位较高,具有良好的开发前景。根据国家有关石墨产品的标准,品位94%~95%的产品可用于电碳制品等;品位93%的产品可用于坩埚、耐火材料、染料等;品位90%左右的产品可用于坩埚、耐火材料、铅笔原料、铸造涂料、电池原料等。另外,也可以作为进一步生产高纯度石墨的原料,其中大鳞片部分的产品还可以用作生产膨胀石墨以及石墨密封材料等深加工产品。

(5)与方解石伴生的石墨矿鳞片比普通石墨矿鳞片要大,但原矿品位太低,给选矿带来了一定的难度,工艺流程较为复杂,产率较低,开发利用有一定难度。

(五)地球物理特征

该区13条(10km)自然电场剖面显示石墨大理岩与石墨矿化带上均出现明显自电异常,幅值$-520\sim-205mV$,可分为西带(I_{mV})、东带(II_{mV})与南带(III_{mV})。

(1)西异常带(I_{mV})有6条剖面控制,异常极(小)值为$-520mV$,是规模最大的一条异常带,异常长2300m,宽200~500m,从西往东由东西走向转为北东走向,两端延出测区未封闭。经与已知矿(化)体对比分析,异常带应该由石墨引起,异常的延伸方向反映了石墨矿(化)带的平面展布形态。

(2)东异常带在测区的东北角,编号II_{mV},极(小)值$-205.87mV$,北东-南西向延伸,北端未封闭,推断该异常也由石墨矿(化)引起。

(3)南异常带在测区的东侧,编号III_{mV},极(小)值$-353.71mV$,南北向延伸,北端探槽中揭露出石墨矿(化)体,推断异常带还是与石墨矿(化)有关。

（六）矿床成因、控矿因素及找矿标志

1. 矿床成因

该区晶质石墨矿体主要赋存于古元古界金水口岩群下岩组中，主要岩性有大理岩、含石墨大理岩，局部夹石英片岩、斜长角闪岩及黑云母斜长片麻岩，原岩为一套浅海陆源碎屑沉积建造的含碳泥质岩、铁泥质岩和碳酸盐岩，赋矿岩性为大理岩-石墨大理岩，局部富集地段为石英片岩，含矿岩系的变质程度较高，区域变质作用影响较明显，为区域变质型石墨矿床。

2. 控矿因素

（1）地层因素：石墨矿化主要与金水口岩群大理岩密切相关，其次为石英片岩。金水口岩群大理岩段为石墨矿的主要赋矿层位。

（2）变质因素：古元古界金水口岩群为一套中—高级变质岩系及矿物组合，岩石变质程度较高，区域变质作用为区内石墨的重结晶、重组合以及活化、运移、富集提供了热动力，可促使石墨矿的重结晶，从而富集成矿。

3. 找矿标志

（1）地层标志：古元古界金水口岩群大理岩段、片岩段变质岩地层可作为晶质石墨矿床的间接找矿标志。

（2）岩性标志：大理岩、石英片岩为区内寻找石墨矿的重要岩性标志。

（3）异常标志：自电异常与已发现的石墨矿（化）体关系密切，可作为寻找石墨矿的直接标志。而激电异常与石墨矿（化）体对应性一般，可作为间接找矿标志。

（4）矿化标志：黑色、污手、具滑感的石墨矿化是寻找石墨矿的直接找矿标志。

四、妥拉海河

该矿位于青海省格尔木市以西的妥拉海河一带，行政区划属青海省格尔木市郭勒木德镇管辖。工作区内有便道通行，交通条件尚属便利。

（一）矿床地质

1. 地层

区内主要出露古元古界金水口岩群下岩组和少量中岩组。

1）古元古界金水口岩群下岩组

在区内广泛分布，岩性以黑云斜长片麻岩夹大理岩为主，根据岩性组合特征，可分为片麻岩段和大理岩段。

（1）片麻岩段：分布于矿区中部及西部，在区内厚度大于180m，岩性组合以黑云斜长片麻岩夹薄层状、透镜状大理岩为主，基本呈北西西向条带状分布，产状 180°～230°∠54°～81°。

岩石组合为片麻岩、长石石英岩、石英岩、斜长角闪岩及少量的大理岩。

片麻岩：鳞片粒状变晶结构，片麻状构造。矿物组合有钾长石＋石英＋黑云母＋角闪石＋石榴石。岩石受后期混合岩化作用，有石英脉体呈条痕状贯入。

长石石英岩：中一细粒粒状变晶结构，略具定向构造。由石英＋斜长石＋黑云母组成。其中石英＋长石的含量远远超过黑云母，而石英含量又高于长石含量。

石英岩：中细粒粒状变晶结构，块状构造，主要由石英组成，尚有斜长石、黑云母、石榴石或石墨。

斜长角闪岩：细—中粒粒状变晶结构，块状构造。矿物组合复杂，含量变化较大。由角闪石（±40%）、斜长石（+45%）、黑云母（±10%）等组成。

（2）大理岩段：在区内呈层状、似层状、透镜状分布，出露厚度 20～500m，总体呈北西-南东向展布。岩石组合为大理岩、含石墨大理岩夹（钙质）片麻岩，该套地层受构造影响，产状紊乱，倾向不一致，倾角变化较大，产状 161°～223°∠45°～74°。

大理岩：细粒、细—中粒粒状变晶结构，层状、条带状构造。主要由方解石、白云石组成，方解石含量 50%～98%，白云石含量 10%～60%，还发育少量石英、长石、橄榄石、透辉石、金云母、石墨等。该岩段多见石墨矿化，但品位不高。

（钙质）片麻岩：鳞片粒状变晶结构，片麻状构造。主要矿物成分为长石、石英、方解石、透辉石等，含少量钙铝榴石、白云石、石墨等。该岩段的（钙质）片麻岩多夹于大理岩中，多见石墨矿化，是石墨矿的主要富集成矿层，常形成石墨矿体。

2）古元古代金水口岩群中岩组

主要出露在矿区东南部，岩性主要为混合岩化长石石英岩、麻粒岩、角闪岩、片岩和片麻岩。

3）第四系

冲洪积物：主要分布于冲沟、山前平滩内。地形上呈不规则的条带状、裙带状、树枝状分布，表层多为风积沙，中部为亚砂土，下部砂砾石层堆积。碎石、块石母岩为片麻岩、花岗岩、大理岩等，大小不均，多呈棱角状。

2. 构造

区内的总体构造线为北西-南东向，区内地层多呈倾向南西的单斜层状产出，产状 125°～259°∠31°～79°。区内共发育有 1 条断层。分布于矿区东部片麻岩段地层中，走向约 40°，延伸长约 3km，区内大部被第四系覆盖，故断层断续出露且特征多不大明显，断层经过处地貌为沟谷、鞍部、垭口等负地形，断层处见断层角砾岩、断层泥和 2～8m 宽的破碎带。

3. 岩浆岩

区内岩浆活动较强，主要为海西期中—酸性侵入岩，岩性主要为斜长花岗岩、石英闪长岩等。

斜长花岗岩：主要分布于矿区北部，分布面积较大，颜色为浅灰白色，中粗粒花岗结构，块状构造，主要由斜长石（50%～55%）、石英（20%～25%）、钾长石（10%～15%）及少量黑云母(5%~10%)、普通角闪石(5%)等矿物组成。局部斜长石晶体粒径较大,可达3~6mm。岩石表面风化较严重,节理、裂隙发育,有泥质物充填于裂隙面中,局部见次生长英岩脉分布。

石英闪长岩:分布于矿区北西部,分布面积较小,呈椭圆状的岩株产出。岩石风化面呈土黄色,新鲜面呈浅灰色,中细粒花岗结构,块状构造。主要矿物成分为斜长石(50%~60%)、角闪石(10%~15%)、石英(10%~15%)、黑云母±10%和钾长石±5%,见其他少量矿物。混染作用较弱,边部可见大量的围岩捕掳体。宽100~200m,长500~800m。

(二)矿化带特征

该矿区共发现10条矿化带(Ⅰ~Ⅹ)(图4-13),圈定181条石墨矿体,主要赋存于古元古界金水口岩群大理岩中,少量赋存于黑云斜长片麻岩、石英岩中,赋矿岩性为含石墨片麻岩,局部富集地段为含石墨大理岩等。

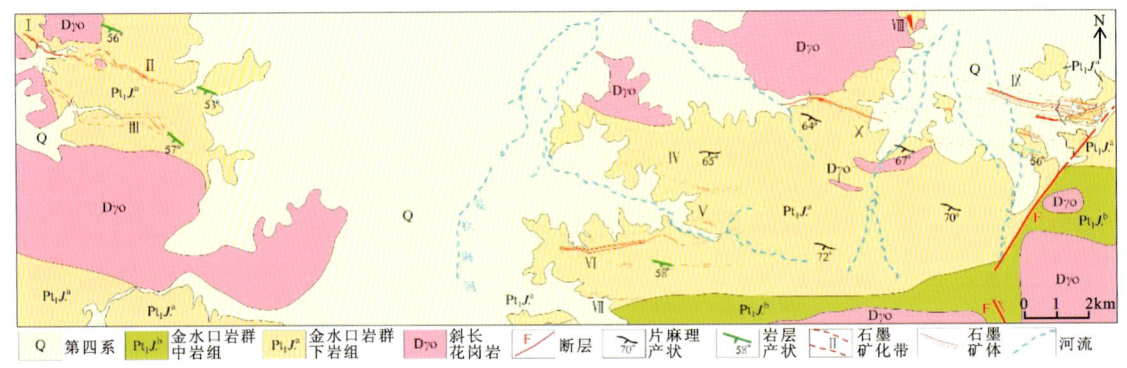

图4-13 妥拉海河石墨矿床矿区地质图

Ⅰ号矿化带位于西区北西部,长2900m,宽100~150m,总体呈北西-南东向,产状194°~221°∠39°~73°。共圈定石墨矿体8条,编号为Ⅰ-01~Ⅰ-06、Ⅰ-04d~Ⅰ-05d,平均真厚度2.05~32.94m,平均品位2.20%~15.23%。根据光片鉴定结果,石墨片径0.04mm×0.05mm~0.06mm×0.24mm,大于100目的占比92.33%。

Ⅱ号矿化带位于西区东部,呈北西-南东展布,长约2200m,宽40~80m,总体呈北西-南东向,产状170°~219°∠32°~68°。共圈定9条石墨矿体,编号Ⅱ-01~Ⅱ-09;平均真厚度2.05~40.74m,平均品位3.48%~14.26%。根据光片鉴定结果,石墨片径0.02mm×0.07mm~0.10mm×0.15mm,大于100目的占比94.00%。

Ⅲ号矿化带位于西区南部,长约3500m,宽100~500m,产状160°~236°∠47°~70°,总体呈北西-南东向。共圈定8条石墨矿体,编号Ⅲ-01~Ⅲ-08,平均真厚度2.42~14.99m,平均品位2.90%~15.42%。石墨片径大于100目的占比78.53%。

Ⅳ号矿化带位于东区中西部,长约4000m,宽50~200m,产状192°~201°∠60°~68°,总体呈北西-南东向。共圈定3条石墨矿体,编号Ⅳ-01~Ⅳ-03,平均真厚度3.18~7.78m,平均品位4.56%~6.08%。石墨片径大于100目的占比88.42%。

Ⅴ号矿化带位于东区中西部,长约800m,宽30~100m,产状170°~176°∠49°~68°,总体呈近东西向。共圈定3条石墨矿体，编号Ⅴ-01～Ⅴ-03，平均真厚度3.24～12.93m，平均品位2.65%～11.31%。石墨片径大于100目的占比91.32%。

Ⅵ号矿化带位于东区南部，呈近东西向展布，长3500～5000m，宽40～700m，产状174°～216°∠39°～76°。共圈定27条石墨矿体，编号Ⅵ-01～Ⅵ-26、Ⅵ-05d，平均真厚度2.04～22.28m，平均品位2.15%～14.19%。根据光片鉴定结果，石墨片径0.06mm×0.12mm～0.11mm×0.17mm，大于100目的占比93.06%。

Ⅶ号矿化带位于东区南部，长约1500m，宽50～80m，产状125°～135°∠55°～68°。总体呈近东西向。共圈定2条石墨矿体，编号Ⅶ-01～Ⅶ-02，平均真厚度3.59～5.42m，平均品位3.60%～9.13%。石墨片径大于100目的占比79.52%。

Ⅷ号矿化带位于东区北部，长约600m，宽100～200m，产状241°～259°∠44°～60°，总体呈近南北向。共圈定6条石墨矿体，编号Ⅷ-01～Ⅷ-06，平均真厚度3.58～96.27m，平均品位2.70%～6.45%。石墨片径大于100目的占比95.13%。

Ⅸ号矿化带位于东区东北部，呈近东西向展布，长7～8.5km，宽150～800m，产状173°～224°∠42°～61°。共圈定82条石墨矿体，编号Ⅸ-01～Ⅸ-54、Ⅸ-04d～Ⅸ-06d、Ⅸ-13d、Ⅸ-20d、Ⅸ-21d、Ⅸ-24d、Ⅸ-25d、Ⅸ-34d～Ⅸ-37d、Ⅸ-49d、Ⅸd-01～Ⅸd-15。平均真厚度2.00～85.06m，平均品位2.01%～12.23%。根据光片鉴定结果，石墨片径0.03mm×0.07mm～0.08mm×0.13mm，大于100目的占比90.95%。

Ⅹ号矿化带位于东区中部，呈近东西向展布，长约8.5km，宽约50～700m，产状183°～223°∠42°～71°。共圈定28条石墨矿体，编号Ⅹ-01～Ⅹ-023、Ⅹd-01～Ⅹd-02、Ⅹ-12d、Ⅹ-17d、Ⅹ-20d，平均真厚度2.01～25.35m，平均品位2.23%～11.78%。根据光片鉴定结果，石墨片径0.04mm×0.06mm～0.11mm×0.64mm，大于100目的占比89.30%。

（三）矿体特征

带内共圈定176条石墨矿体，均为晶质石墨，矿体长138～5597m，真厚度2.0～96.27m，平均品位2.01%～15.23%，石墨片径0.02mm×0.07mm～0.11mm×0.64mm（图4-14），大于100目的占比79.52%～95.13%，矿体特征见表4-3。

图4-14 石墨矿岩芯照片

表 4-3 矿体特征表

矿化带编号	矿体编号	含矿岩性	矿体产状/(°)		矿体规模/m			固定碳品位/%	控制工程
			倾向	倾角	长	延深	真厚度		
I	I-01	(钙质)片麻岩型	200~216	40~57	1266	65~350	3.51~12.88	3.46~11.70	ZK2301、ZK2303、ZK2304、ZK2701~ZK2703、ZK3103、ZK3101、ZK3501、ZK1901
	I-02		200	40	400	130	3.41	9.05	ZK2304、ZK2303、ZK2703、ZK1901
	I-03		200~210	39~62	850	259~324	3.22~8.05	3.20~8.55	ZK1901、ZK2301、ZK2303、ZK2304、ZK2701、ZK2702、ZK2703、ZK3101
	I-04		200~210	39~52	400	318	2.02~2.69	2.97~6.05	ZK1901、ZK2301、ZK2303、ZK2304、ZK2703
	I-05		194~228	42~73	2708	137~334	2.58~32.94	2.52~10.06	ZK1901、ZK2301、ZK2303、ZK2304、ZK2701~ZK2703、ZK3101~ZK3103、ZK3501、ZK3502、ZK3701~ZK3703、TC3701、TC3901、TC4101、ZK4101、ZK4102、ZK4501
	I-06		194~225	55~65	745	195~315	3.52~23.07	4.09~15.23	ZK3502、ZK3701~ZK3703、TC3701、TC3901、TC4101、ZK4101、ZK4102、ZK4501
	I-04$_d$		200	52	400	113	5.52	2.24	ZK1901、ZK2301、ZK2303、ZK2701
	I-05$_d$		200	52	400	105	5.52	2.2	ZK1901、ZK2301、ZK2303、ZK2701
II	II-01		200	54~62	530	地表	3.86~8.36	6.66~11.28	TC1502、TC1702、ZK1101
	II-02		214	58	400	地表	17.83	10.36	TC1701、ZK1501
	II-03		170~219	32~66	1600	295~312	2.05~40.74	3.48~12.53	ZK301、ZK302、ZK701~ZK703、ZK801、ZK1101~ZK1103、ZK1501、LT401、ZK301、TC501、TC401、TC901、
	II-04		219	32	400	82	4.58	8.86	ZK1102、ZK1103、ZK1501
	II-05		219	32	400	82	6.76	6.82	
	II-06		219	48	400	80	2.29	14.26	
	II-07		206	58	262	地表	2.26	4.98	ZK1101、18TC901、TC401
	II-08		197	52	400	100	3.31	4.81	ZK001、ZK301、ZK002、LT401
	II-09		197	68	400	70	5.26	4.23	

续表 4-3

矿化带编号	矿体编号	含矿岩性	矿体产状/(°) 倾向	矿体产状/(°) 倾角	矿体规模/m 长	矿体规模/m 延深	矿体规模/m 真厚度	固定碳品位/%	控制工程
Ⅲ	Ⅲ-01		208	65	400	145	8.76	8.54	TC2301、ZK2302
Ⅲ	Ⅲ-02		215	65	400	100	2.98	10.15	TC2301、ZK2302
Ⅲ	Ⅲ-03		212	67	400	63	14.99	3.68	
Ⅲ	Ⅲ-04		160	53	400	地表	2.64	15.11	TC801
Ⅲ	Ⅲ-05		190	55	180	地表	4.85	8.24	TC402、TC002
Ⅲ	Ⅲ-06		180	43	368	地表	2.42	9.19	TC403、TC002、TC403
Ⅲ	Ⅲ-07		195~210	47—60	732	地表	3.44~11.23	2.90~14.49	TC404、TC405、TC0601、TC1001
Ⅲ	Ⅲ-08		188~223	56~60	400	230	3.24~4.66	4.75~15.42	TC001、ZK003
Ⅳ	Ⅳ-01		201	60	200	单工程	7.78	5.07	TC309
Ⅳ	Ⅳ-02		192	68	200	单工程	3.26	6.08	TC304
Ⅳ	Ⅳ-03		198	60	200	单工程	3.18	4.56	TC304
Ⅴ	Ⅴ-01		170	49	400	100	12.93	3.25	TC303、ZK11601
Ⅴ	Ⅴ-02		170	49	400	100	11.44	11.31	TC303、ZK11601
Ⅴ	Ⅴ-03		176	68	400	单工程	3.24	2.65	ZK11601
Ⅵ	Ⅵ-01	(钙质)片麻岩型	185~214	52~75.7	1678	50~248	2.04~3.18	3.05~5.80	ZK11901、ZK11501、TC10701
Ⅵ	Ⅵ-02	(钙质)片麻岩型	196	68.7	400	37	4.16	3.35	TC11501、ZK11901
Ⅵ	Ⅵ-03	(钙质)片麻岩型	190~214	49~61	978	单工程	4.46~5.19	3.27~2.26	TC11501、ZK11501、TC10701
Ⅵ	Ⅵ-04	(钙质)片麻岩型	181~214	49.0~86.3	1684	单工程	4.00~9.09	5.49~12.21	TC11501、ZK11501、TC10701、ZK11901
Ⅵ	Ⅵ-05	(钙质)片麻岩型	175~214	39.2~74.8	2114	195~295	3.00~13.35	2.77~6.86	ZK11901、ZK11501、ZK11101、TC11301、TC10702、ZK10301、TC10301
Ⅵ	Ⅵ-06	(钙质)片麻岩型	175	54.6	400	单工程	2.42	4.96	ZK11101
Ⅵ	Ⅵ-07	(钙质)片麻岩型	175	54.9	400	单工程	2.74	5.3	ZK11101
Ⅵ	Ⅵ-08	(钙质)片麻岩型	185	53	178	100	7.64	3.54	ZK10301、TC10301
Ⅵ	Ⅵ-09	(钙质)片麻岩型	176~213	52~56.5	1025	78~114	4.81~22.28	2.78~10.67	TC301、TC10302、ZK10001、ZK10301
Ⅵ	Ⅵ-10	(钙质)片麻岩型	176~216	51~52	1014	84~108	2.70~10.84	2.79~5.23	TC301、TC10302、ZK10001、ZK10301
Ⅵ	Ⅵ-11	(钙质)片麻岩型	184~216	47.1~58	957	65~100	2.77~7.85	2.54~8.21	TC301、TC10302、ZK10001、ZK10301
Ⅵ	Ⅵ-12	(钙质)片麻岩型	208	70	400	单工程	2.7	3.36	TC301、ZK10301
Ⅵ	Ⅵ-13	(钙质)片麻岩型	194~196	40.3~55.0	442	230	3.88~17.67	3.13~3.53	TC302、ZK10401、TC10801
Ⅵ	Ⅵ-14	(钙质)片麻岩型	185~196	30.6~62	1224	53~120	3.19~9.22	3.44~10.67	TC302、ZK10401、TC10801、ZK10601、ZK11201
Ⅵ	Ⅵ-15	(钙质)片麻岩型	185~196	50~60	970	46	3.82~10.21	2.76~7.10	ZK10401、TC10801、ZK10601、ZK11201
Ⅵ	Ⅵ-16	(钙质)片麻岩型	196	42.8	400	单工程	8.77	4.16	TC10001、ZK10401、TC10801

续表 4-3

矿化带编号	矿体编号	含矿岩性	矿体产状/(°) 倾向	矿体产状/(°) 倾角	矿体规模/m 长	矿体规模/m 延深	矿体规模/m 真厚度	固定碳品位/%	控制工程
VI	VI-17		196	45.8~57	400	164	5.40~17.70	4.51~10.83	ZK10601、ZK11201
	VI-18		196	45.8~57	400	155	3.22~3.78	2.51~2.66	
	VI-19		196~203	47.2~63	827	290	2.24~6.88	3.55~7.74	ZK10601、TC10601、ZK11201、TC11601
	VI-20		196	41.4~58	400	86	2.41~3.29	2.55~2.67	ZK10601、ZK11201
	VI-21		196	26.6~58	400	82	6.05~9.95	2.87~4.46	
	VI-22		196	62	400	36	3.39	3.42	
	VI-23		175	60	400	单工程	5.71	6.88	TC602
	VI-24		176	72	400	单工程	20.76	14.19	
	VI-25		178	62.5	400	单工程	5.11	8.42	18TC601
	VI-26		183	52	400	单工程	11.92	2.8	18LT501
	VI-05$_d$		174	53	305	单工程	2.69	2.15	TC10301、ZK10301
VII	VII-01		135	55	400	单工程	5.42	9.13	TC305
	VII-02		125	68	400	单工程	3.59	3.6	TC305
VIII	VIII-01	（钙质）片麻岩型	242	60	303	单工程	3.89	4.55	TC10601、TC106
	VIII-02		259	54	303	单工程	3.58	4.57	
	VIII-03		259	54	303	单工程	7.84	4.6	
	VIII-04		249.5~255.5	58.5	636	单工程	31.87~33.62	4.98~6.45	
	VIII-05		240.5~249.7	54.5~58.3	637	单工程	50.76~96.27	3.62~5.42	
	VIII-06		251	58	361	单工程	5.22	2.7	
IX	IX-01		180	60	400	单工程	3.04	3.33	ZK25808
	IX-02		182~206	43~56	866	75~203	3.08~8.60	2.65~4.80	TC101、ZK25806、ZK25808、TC108、ZK26404
	IX-03		164~215	46~64	1263	100~196	2.75~12.02	2.70~6.90	TC114、20ZK26404、TC27201、ZK27201、TC27601、TC27405
	IX-04		182~206	54~68	710	188~206	2.66~8.84	2.75~4.07	TC114、ZK26404、TC27201、ZK2720、TC27405
	IX-05		182~208	40~63	1566	180~436	3.08~49.84	2.61~7.66	ZK25603、ZK25801、ZK25802、ZK25806、TC114、ZK25604、TC27201、ZK27201、ZK27202
	IX-06		183	60	234	单工程	3.28	3.35	TC113、TC114、ZK25806
	IX-07		183	60	470	单工程	3.82	6.4	TC113、ZK25806
	IX-08		196~198	39~44	815	103~148	2.27~7.44	3.44~5.86	ZK24801、ZK24802、ZK25201、ZK25202
	IX-09		195~198	34~59	2378	148~210	3.90~13.04	2.87~4.53	ZK24001、ZK24801、ZK24802、ZK25201、ZK25202、ZK25601、ZK25603、LT101

续表 4-3

矿化带编号	矿体编号	含矿岩性	矿体产状/(°)		矿体规模/m			固定碳品位/%	控制工程
			倾向	倾角	长	延深	真厚度		
Ⅸ	Ⅸ-10	（钙质）片麻岩型	196	38～42	400	136～192	4.00～5.26	3.41～3.53	ZK24801、ZK25603、ZK25204、ZK25205、ZK25202
	Ⅸ-11		182～189	54～62	842	单工程	4.51～21.76	4.69～5.34	LT101、ZK26404、TC202
	Ⅸ-12		182	62	400	单工程	2.83	2.53	ZK26404
	Ⅸ-13		176～216	36～71	3043	42～491	4.00～42.30	2.54～8.23	ZK24001、ZK24801、ZK24802、ZK25201、ZK25202、ZK25204、ZK25205、ZK25601～ZK25603、LT101、ZK25801、ZK26404、ZK27201～ZK27202、TC27204、ZK27601、TC116
	Ⅸ-14		196	48	400	单工程	18.09	2.51	ZK25605
	Ⅸ-15		196	46	400	单工程	7.46	5.48	
	Ⅸ-16		218	55	155	单工程	5.51	5.14	TC116
	Ⅸ-17		220	53	138	单工程	5.76	2.66	
	Ⅸ-18		216	65	400	单工程	5.64	6.4	ZK27601
	Ⅸ-19		201～221	49～68	586	单工程	2.00～24.21	3.80～8.35	TC116、TC27205、TC27202、TC27602
	Ⅸ-20		166～222	36～64	5597	60～496	3.68～41.22	2.92～10.33	ZK22401～ZK24001、ZK24801、ZK24802、ZK25201～ZK25205、ZK25601、ZK25602、TC26402、TC27205、TC27202、TC27602、TC102、LT101
	Ⅸ-21		196	35	400	95	2.54	2.69	ZK25204、ZK25205
	Ⅸ-22		195～198	37～44	1544	100～148	4.91～15.27	2.72～3.14	ZK24001、ZK24801、ZK24802、ZK25202
	Ⅸ-23		197	49～54	1050	91	7.33～21.62	3.21～3.52	ZK25601、TC25801、TC26402、ZK25202
	Ⅸ-24		189～220	31～55	2830	60～639	2.64～9.92	2.64～7.19	ZK24801、ZK24802、ZK25202、ZK25601、ZK25602、TC25801、ZK25801、ZK25802、ZK25805、TC109、TC116、TC27205、TC27202、ZK25204、ZK25807、ZK26401、ZK27202
	Ⅸ-25		196～198	32～55	1220	100～314	3.52～31.71	2.57～4.34	ZK24801、ZK25202、ZK25204、ZK25205、ZK25601、TC25801、ZK25602

续表 4-3

矿化带编号	矿体编号	含矿岩性	矿体产状/(°)		矿体规模/m			固定碳品位/%	控制工程
			倾向	倾角	长	延深	真厚度		
Ⅸ	Ⅸ-26	（钙质）片麻岩型	186～216	32～62	2626	37～298	2.77～17.18	2.56～12.23	ZK25202～ZK25205、ZK25601、TC25801、ZK25801、TC109、TC116、TC27206、TC27403、TC27603、ZK25602、ZK25802、ZK26401、ZK27202、ZK27602
	Ⅸ-27		196	29～38	400	273	10.02～11.70	3.93～4.12	ZK25204、ZK25205、ZK25602、ZK25202
	Ⅸ-28		197	51	400	192	9.11	3.85	ZK25604、ZK25602、ZK25605
	Ⅸ-29		196～197	30～50	822	174～302	4.49～16.30	2.65～6.94	ZK25202～ZK25205、ZK25602～ZK25605、
	Ⅸ-30		187～204	40～63	2342	180～619	2.36～48.31	2.91～5.64	ZK25202～ZK25205、ZK25602～ZK25605、LT103、ZK25801、ZK25802、ZK25805、ZK25807、TC109、ZK26401、ZK26403、TC27206、ZK27202、TC27403、ZK27203、ZK25202
	Ⅸ-31		196	46	400	93m	23.57	3.55	ZK25605、ZK25205、ZK25807、ZK25604
	Ⅸ-32		18～150	42～52	563	单工程	3.22～7.34	2.88～8.13	TC27401～TC27402、TC27603、TC27207
	Ⅸ-33		30～328	40～74	1203	266～328	3.40～18.41	3.36～5.86	TC26401、ZK26401、ZK26403、TC2720、ZK27202、ZK27203、TC27401、TC27402、ZK26405
	Ⅸ-34		185～197	55～65	620	单工程	6.18～27.02	4.05～4.25	LT104、TC26401
	Ⅸ-35		187～234	38～61	2566	100～310	2.16～72.59	2.55～8.03	ZK25205、ZK25604、ZK25605、ZK25805、ZK25807、TC117、ZK26403、ZK26405、TC27203、ZK27203、TC201、TC26404、ZK25204、ZK25801
	Ⅸ-36		189～196	47～49	924	186～200	5.83～7.18	3.47～5.29	ZK25805、ZK25605、TC117、ZK25604、ZK25802、ZK25807
	Ⅸ-37		196	41	400	188	23.14	3.89	ZK25605、ZK25805、ZK25604
	Ⅸ-38		189～202	38～51	1296	100～202	3.90～85.06	3.97～7.48	ZK25605、ZK25805、ZK22807、ZK26403、ZK26405、ZK25604
	Ⅸ-39		189～202	45～59	887	185～200	3.33～17.91	3.79～7.43	ZK25805、ZK25807、ZK26403、ZK26405、TC111、ZK25605

第四章　柴周缘典型晶质石墨矿床地质特征及矿床成因

续表 4-3

矿化带编号	矿体编号	含矿岩性	矿体产状/(°) 倾向	矿体产状/(°) 倾角	矿体规模/m 长	矿体规模/m 延深	矿体规模/m 真厚度	固定碳品位/%	控制工程
IX	IX-40		202	50	400	92	2.94	4.93	ZK26403、ZK26405、TC111
	IX-41		196	30	400	单工程	2.94	2.78	ZK25605
	IX-42		178	47	400	单工程	6.47	6.21	20TC27605
	IX-43		178	47	400	单工程	5.82	6.73	20TC27605
	IX-44		180	49	400	单工程	14.59	7.8	
	IX-45		242	53	400	单工程	11.56	4.22	20TC27606
	IX-46		233	56	400	单工程	11.01	6.96	
	IX-47		201～209	46～60	1210	单工程	4.59～11.57	2.83～3.48	ZK22401、ZK23201
	IX-48		209	47	400	单工程	4.56	3.16	ZK22401
	IX-49		195	44	400	单工程	3.86	2.52	ZK24001
	IX-50		209	47～59	1205	单工程	4.34～7.96	2.83～4.46	ZK22401、ZK23201
	IX-51		209	47～59	1205	单工程	2.96～3.98	2.58～3.41	
	IX-52		209	59	400	单工程	2	3.86	ZK23201
	IX-53		209	46	400	单工程	3.29	6.95	ZK22401
	IX-54		223	55	400	单工程	5.67	3.76	ZK20801
	IX-04$_d$	（钙质）片麻岩型	196	56	290	303	5.85	2.01	ZK27201、TC108、TC27405
	IX-05$_d$		196	56	268	289	4.68	2.31	ZK27201、TC108、、TC27405
	IX-06$_d$		192～202	36～55	584	348	3.38～4.52	2.06～2.26	ZK2801、ZK25806、TC114
	IX-13$_d$		182	66	452	单工程	6.37	2.04	ZK26404、LT101、TC116
	IX-20$_d$		192	53	200	284	21.5	2.07	ZK25801、ZK25601、TC26402
	IX-21$_d$		196	38	400	95	5.85	2.12	ZK25204、ZK25205
	IX-24$_d$		196	31	400	165	11.91	2.1	ZK25202、ZK24801、ZK25601、ZK25201、ZK25204
	IX-25$_d$		196	41	400	173	4.95	2.26	ZK24801、ZK256013、ZK25204
	IX-34$_d$		202	50	308	304	2.42	2.14	ZK26403、TC26401、ZK26405、LT104
	IX-35$_d$		198	51	400	152	10.35	2.22	ZK26405、TC27203、ZK25805、ZK26403
	IX-36$_d$		197	55	627	188	6.04	2.31	ZK25604、ZK25805、ZK25605
	IX-37$_d$		197	45	400	190	7.21	2.32	ZK25605、ZK25805、ZK25604
	IX-49$_d$		195	44	400	单工程	3.86	2.28	ZK24001
	IX$_d$-01		164	45	356	单工程	2.98	2.46	TC27601
	IX$_d$-02		185	46	400	单工程	2.2	2.46	LT101、ZK25603、ZK26404
	IX$_d$-03		216	66	400	单工程	5.31	2.47	ZK27601
	IX$_d$-04		162～212	52～68	574	单工程	3.06～4.86	2.42～2.43	TC272、TC27602、TC275

续表 4-3

矿化带编号	矿体编号	含矿岩性	矿体产状/(°)		矿体规模/m			固定碳品位/%	控制工程
			倾向	倾角	长	延深	真厚度		
Ⅸ	Ⅸ$_d$-05		196~197	32~57	832	91~96	4.32~5.94	2.24~2.32	ZK25202、ZK25601、ZK24801、TC25801、ZK25201、ZK25204、ZK25602
	Ⅸ$_d$-06		196	31	400	117	2	2.34	ZK25204、ZK25202、ZK25205
	Ⅸ$_d$-07		187	44	400	单工程	3.39	2.26	ZK27203、TC26403
	Ⅸ$_d$-08		196	35	400	单工程	2	2.38	ZK25605
	Ⅸ$_d$-09		195	49	400	单工程	6.99	2.33	ZK24001
	Ⅸ$_d$-10		195	49	400	单工程	10.56	2.27	
	Ⅸ$_d$-11		195~201	44~60	1195	单工程	3.70~5.01	2.22~2.30	ZK24001、ZK23201
	Ⅸ$_d$-12		195	44	400	单工程	12.8	2.26	ZK24001
	Ⅸ$_d$-13		195	44	400	单工程	3.47	2.45	
	Ⅸ$_d$-14		209	47	400	单工程	5.97	2.24	ZK22401
	Ⅸ$_d$-15		212	68	316	单工程	2.09	2.16	TC27202、TC27205、TC07602
Ⅹ	Ⅹ-01	（钙质）片麻岩型	183~212	51~61	1671	100~216	2.42~17.71	2.5~5.96	ZK20001、TC20301、ZK20301、ZK20401、LT207、TC112、ZK20802
	Ⅹ-02		223	55	400	单工程	3.22	2.54	ZK21201、ZK20802
	Ⅹ-03		183~223	47~64	1523	92	3.25~5.99	2.65~5.02	ZK20001、TC20301、ZK20301、ZK20401、LT207、TC112、ZK20802、ZK21201
	Ⅹ-04		185~210	53~71	1563	200	8.21~16.63	2.63~11.78	17LT102、ZK21501、ZK21502、ZK21101、LT207、TC112、ZK20301
	Ⅹ-05		192	65	400	单工程	2.42	3.01	ZK21502
	Ⅹ-06		210	53	217	单工程	3.58	10.6	LT207、TC112、ZK20301
	Ⅹ-07		200~207	55~63	448	157	3.27~19.23	2.50~8.67	LT207、TC112、ZK20301、ZK20701
	Ⅹ-08		199~218	51~67	1220	58~100	2.01~13.46	2.51~7.18	TC112、LT207、ZK20301、ZK20001、ZK20701
	Ⅹ-09		202	45	400	136	15.37	2.74	TC103、ZK23201
	Ⅹ-10		196~204	48~60	400	211	6.77~11.32	2.65~4.68	
	Ⅹ-11		200	68	400	单工程	6.22	7.45	TC104
	Ⅹ-12		185~210	54~65	400	231	9.94~25.35	3.11~4.4	ZK25203、TC25201、TC25401
	Ⅹ-13		204~213	47~52	917	单工程	3.06~5.04	2.57~2.61	TC25201、TC25401、ZK25804
	Ⅹ-14		213~214	44~54	780	单工程	5.53~7.36	2.61~4.59	TC25601、ZK25804
	Ⅹ-15						9.21~10.38	2.84~3.07	
	Ⅹ-16		213	44~55	400	198	1.74~13.61	5.25~5.42	TC25802、ZK25804

续表 4-3

矿化带编号	矿体编号	含矿岩性	倾向	倾角	长	延深	真厚度	固定碳品位/%	控制工程
X	X-17	（钙质）片麻岩型	213	44	400	单工程	3.46	2.51	ZK25804
	X-18		204～213	42～64	1195	单工程	2.18～17.83	2.89～3.06	ZK25804、ZK27204
	X-19		193	58	400	单工程	4.74	3.27	ZK25803
	X-20		204	66	400	单工程	3.36	2.51	ZK27204
	X-21		204	65	400	单工程	5.07	2.6	
	X-22		204	62	400	单工程	13.92	2.68	
	X-23		204	63	400	单工程	4.53	6.71	
	X_d-01		210	57	240	单工程	3.98	2.24	LT207、TC112
	X_d-02		204	66	400	单工程	4.19	2.39	ZK27204
	X-17$_d$		214	54	390	单工程	2.65	2.37	TC25601、ZK25804
	X-12$_d$		213	47	400	单工程	5.04	2.23	ZK25804
	X-20$_d$		213	42	400	单工程	5.46	2.26	

本矿床固定碳平均品位4.93%，经初步估算资源量达超大型矿床规模。

（四）矿石特征

1. 矿石物质组成

矿石矿物：为石墨，石墨呈片状变晶，片径大小在0.03mm×0.05mm～0.22mm×1.14mm之间，强非均质性，反射多色性灰色带棕色—蓝灰色，偏光色橙黄色—暗蓝紫色，呈片麻状构造，局部形成不规则状集合体，晶体具强烈的弯曲变形现象。含量2.23%～11.78%。

脉石矿物：有石英、斜长石、正长石、黑云母。

石英：含量10.5%～52%，呈他形粒状变晶，粒径0.10～0.65mm，以集合体状分布在长石之间。

斜长石：含量15%～35%，呈他形板粒状变晶，粒径0.21～2.22mm，钠长石律聚片双晶发育，次生蚀变后晶体表面发生轻微的绢云母化。

正长石：含量5%～20%，呈他形板粒状变晶，粒径0.20～2.41mm，次生蚀变后晶体表面发生高岭土化，较污浊。

黑云母：含量约1%，呈片状变晶，片径0.04mm×0.12mm～0.30mm×1.58mm，具浅黄棕色—深褐色的多色性，定向分布构成片麻状构造。

脉石矿物中随着石英、长石含量的增加，石墨矿含量也会相应增加。

矿石类型：分为风化矿石和原生矿石，风化矿石主要分布在浅地表1～2m，资源储量较小，石墨较富集，利于石墨矿的分选。原生矿石主要为（钙质）片麻岩型。根据光片统计结果，区内片径大于100目的大鳞片石墨含量较高，平均含量89.30%，矿石工业类型属晶质石墨矿石。矿石品级分为工业矿体和低品位矿体。

2. 矿石结构、构造

矿石结构为鳞片状变晶结构，构造主要为片麻状构造、块状构造。当矿石中石墨、黑云母等片状矿物含量高时，片麻状构造比较明显；片状矿物少时，主要由石墨及柱状矿物定向分布形成弱片麻状构造或块状构造。

3. 选矿试验结果

(1) 1号、2号样品固定碳品位分别为7.03%、4.33%，矿石中有用组分为固定碳，以石墨矿物形态存在，石墨含量越高，SiO_2、Al_2O_3含量相对越高，CaO含量越低，仅少量石墨矿石中CaO含量较高，形成含石墨硅质大理岩，但其主要化学成分与含石墨(钙质)片麻岩型相近，表明两种矿石类型在形态上无明显差别，无需单独分选。主要的脉石矿物为石英、长石等铝硅酸盐矿物和方解石、白云石等碳酸盐矿物，其余有价元素含量低，无综合利用价值。

(2) 通过1号样品条件试验，确定的最佳选别条件：粗选磨矿细度为－0.074mm 49%，捕收剂煤油用量120g/t，起泡剂2号油用量110g/t，分散剂水玻璃用量750g/t。

(3) 通过开路试验确定了"一段粗选、两段扫选、四段再磨、四段精选"的工艺流程，可获得较高品位的精矿且尾矿损失较低。

(4) 对1号样品最终采用"一次粗选、二次扫选、粗精四段再磨、四次精选、中矿顺序返回"的闭路工艺流程，当原矿固定碳品位7.03%时，可获得石墨精矿固定碳品位96.15%，回收率97.23%的选别指标。

(5) 针对品位略低、矿石性质接近的2号样品，采用上述闭路流程进行验证，结果表明当原矿固定碳品位4.33%时，可获得石墨精矿固定碳品位95.26%，回收率96.27%的选别指标。

(6) 选矿试验结果表明该石墨矿可选性能优异，具有较高的经济价值。有必要开展进一步的地质工作。

(五) 地球物理特征

1. 自然电位异常特征

区内共圈出12个自电异常(图4-15)，自西向东分别编号为SP1-1、SP1-2、SP2-1、SP2-2、SP3、SP4、SP5、SP6、SP7、SP8-1、SP8-1、SP9。西区、东区北部自电异常走向为北西向，东区南部自电走向近东西向，异常走向与区内地层走向总体一致，呈条带状分布。自电异常带反映了工作区石墨矿化分布情况。山前、山麓平缓地段及沟谷地带中，第四系分布较广，含矿带上有较厚第四系覆盖时，自电异常表现为低缓异常，在含石墨(钙质)片麻岩裸露地段，自电负异常强度大，峰值高。自电异常强度与石墨矿化质量、品位关系密切，在高品位石墨矿体上自然电位通常有成百上千的负值，含石墨(钙质)片麻岩两端电位差通常达到10～30mV，在低品位含星点状石墨大理岩上,自然电位一般只有几十到一百多毫伏的负值。

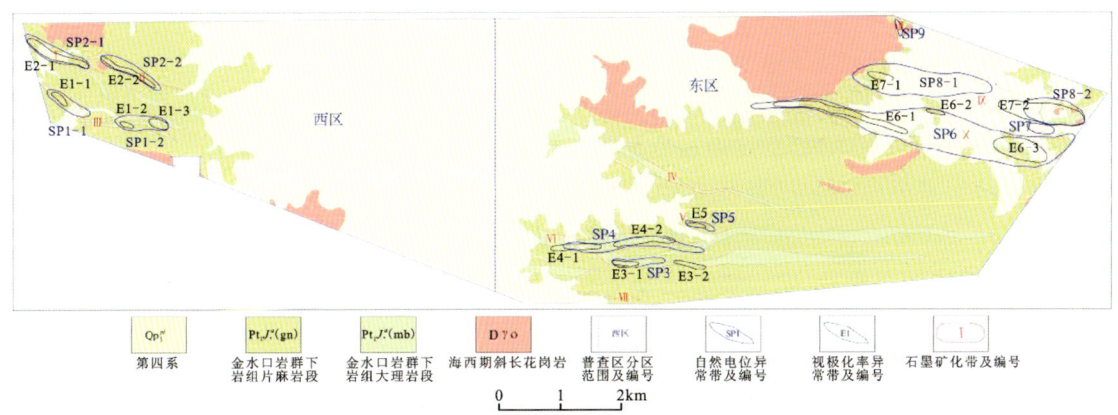

图 4-15 矿区自电、激电异常分布示意图

2. 激电异常特征

矿区共圈出 15 个激电异常,自西向东分别编号为 E1-1、E1-2、E1-3、E2-1、E2-2、E3-1、E3-2、E4-1、E4-2、E5、E6-1、E6-2、E6-3、E7-1、E7-2。石墨矿体上激电表现为明显的低阻高极化特征,且伴有很强的自电负异常,含石墨(钙质)片麻岩的极化率较高,一般为 10%~40%,极大值 47.15%,电阻率一般 10~100Ω·m,具有良好的导电性,而大理岩、片麻岩、斜长花岗岩等围岩极化率一般 1%~5%,电阻率一般 600~2000Ω·m。当第四系覆盖较厚时,因风积沙、洪积物极化率小、电阻率小,而会使视极化率幅值整体有一定减弱,但视电阻率幅值影响不大。区内大理岩、不含黄铁矿化的片麻岩及斜长花岗岩通常呈中高阻低极化特征,但部分片麻岩节理、裂隙中含少量黄铁矿化,激电异常呈中高阻高极化特征。此外,区内个别地段有较破碎的褐铁矿化片麻岩,可能会引起低阻高极化异常,但自然电位值平缓,与矿致异常有一定差异。

(六)矿床成因、控矿因素及找矿标志

1. 矿床成因

古元古界金水口岩群中普遍发育有碳酸盐岩,矿体的顶底板岩性多为大理岩、片麻岩,为一套典型的变质沉积岩组合,其原岩主要为古元古代沉积的杂砂岩、泥质岩、碳酸盐岩等岩石组合,属正常沉积岩,沉积环境为稳定构造背景条件下的浅海-滨海及海陆交互相的含碳砂泥质建造,原始生物大量繁衍,为原始泥砂质、钙泥质沉积提供了碳质来源,为石墨矿的形成提供了良好的物质条件,后期经受中—高级区域变质作用影响,从而形成石墨矿床。区域变质作用形成的石墨矿床主要围绕古老的地台和板块分布,成矿物质来源主要为有机碳。通过对矿床地质特征的系统研究,认为妥拉海河石墨矿床成矿阶段可划分为以下 3 个阶段。

第Ⅰ阶段(成矿物质的沉积):藻类和疑源类聚集在元古宙相对稳定的古地台和板块周围的浅海和潟湖,这些生物体沉积并形成富有机质的泥灰岩、杂砂岩、砂岩等。

第Ⅱ阶段(区域变质作用):由于受到区域变质作用和强烈构造挤压的影响,沉积岩中的含碳物质转化为土状石墨或小尺寸鳞片状石墨。伴随着区域变质作用与动力变质作用的叠加,变质程度可达角闪岩相,最终通过变质作用在富碳地层中形成石墨矿化层。

第Ⅲ阶段(岩浆作用和接触变质作用):东昆仑造山带发育前寒武纪大量的火山沉积地层、长英质侵入体及基性—超基性岩体,其形成与Rodinia超大陆的聚合事件有关。矿区发育海西期灰色斜长花岗岩,这期岩浆活动及岩浆热力影响导致岩体周围发生接触变质作用,使区域变质作用后形成的石墨矿化层再次发生石墨再结晶而形成鳞片状石墨。

综上所述,妥拉海河一带石墨矿矿床成因属区域变质型矿床。

2. 控矿因素

根据野外观察及室内综合分析,矿区内石墨矿体主要赋存在古元古界金水口岩群下岩组的(钙质)片麻岩层中,少量赋存于大理岩中,石墨矿体与不纯大理岩关系密切,往往相伴产出,大理岩中石墨矿化越好,则岩石中硅铝质矿物含量越高,达到工业品位者,则赋矿岩性一般为钙质片麻岩、钙质石英岩、硅质大理岩。金水口岩群为一套变质程度较高,岩性较复杂的地层,区内碳酸盐岩广泛发育,为石墨成矿提供了有利的围岩(物质)条件。石墨矿体主要产出于大理岩段中,故大理岩层为最主要的控矿因素。

3. 找矿标志

(1)地层标志:区内石墨矿化体主要赋存于古元古界金水口岩群下岩组(钙质)片麻岩、大理岩中,含矿层多处于大理岩段中,矿化多顺层发育,矿化围岩多为灰白色大理岩为主,因此古元古界金水口岩群下岩组大理岩所夹的含石墨(钙质)片麻岩、含石墨硅质大理岩可作为该区石墨找矿的重要标志层。

(2)地貌标志:由于区内赋矿岩性多为(钙质)片麻岩、大理岩,钙质、泥质含量较高,抗风化能力弱,通常在地貌上显示出负地形。该特性也为寻找石墨矿化提供了间接的找矿线索。

(3)地表石墨矿(化)体风化后会经雨水冲刷,周围的土壤多被浸染成灰黑色,在野外极易识别,也可作为石墨找矿的直接标志层。

(4)冲沟中的含矿转石往往是上游存在赋矿地层的间接标志,因此,寻找含矿的赋矿转石等也可成为寻找石墨矿化的间接线索。

(5)赋矿地层有极低的电阻率和较高的极化率,是优良的电子导体,同时赋矿地层在一定条件下能产生很强烈的自然电场,激电中梯剖面测量和自然电场测量对石墨找矿具有较好的指导意义。

第二节 柴北缘典型晶质石墨矿床

一、大通沟南山

该矿位于冷湖镇西南约 190km 处，属茫崖市管辖，矿区面积 34.1km²。

（一）矿床地质

1. 地层

1）古元古界达肯大坂岩群

达肯大坂岩群为古元古代发育在柴达木盆地北缘的一套中—深变质岩，该群包括麻粒岩组、片麻岩组和大理岩组及相应的 3 个变质岩建造组合。与区内各时代地层体呈断层接触。呈北西-南东向带状展布。矿区内主要出现片麻岩组、大理岩组和片岩组。主要岩性有大理岩、条带状透辉石大理岩、斜长角闪片岩、含石墨大理岩（图 4-16）。

a.大理岩；b.条带状透辉石大理岩；c.斜长角闪片岩；d.含石墨大理岩。

图 4-16 大通沟南山石墨矿床主要岩性照片

片麻岩组：主要岩性为黑云斜长片麻岩，分布在矿区北部、南部和东南部，出露宽度 100～500m，颜色一般呈灰黄色，粒状变晶结构，片麻状构造，主要矿物为石英、斜长石、钾长石、黑云母。石英呈他形粒状,含量约20%;斜长石为主要矿物,含量约50%;黑云母呈片状分布,含量约20%。

大理岩组:岩性分为透辉石条带状大理岩、含石墨大理岩,主要分布在矿区北部和东部,出露面积较大,宽度可达100～900m。透辉石条带状大理岩主要呈灰黑色,主要矿物为方解石、白云石、透辉石。透辉石呈条带状分布在大理岩中,含量不一,条带宽1～10mm,暗色条带与浅色条带相间,局部发育蛇纹石化、褐铁矿化,重结晶程度较高。含石墨大理岩主要呈灰黑色,主要矿物为方解石、白云石、石墨。两种岩石均为含矿岩性,局部岩石疏松,风化强烈,大理岩与石墨矿体接触界线不清晰,为渐变接触,石墨颜色灰黑色,变晶结构,层状构造,局部石墨矿石片理化发育。

片岩组:岩性主要为斜长角闪片岩,主要分布在矿区西部和南部,面积较小。变晶结构,片状构造,主要矿物为斜长石、角闪石、石英。

2)第四系

矿区主要发育第四系冲积物,由土黄色及褐色砂土、亚砂土、碎石、砾石组成,砾石主要为大理岩、花岗岩与闪长岩碎块。

2. 构造

岩石普遍经历深层次韧性剪切变形和后期脆性变形叠加改造,片理化发育。

矿区东部发育背形构造和向形构造,走向皆为北西向,东南部发育背形构造,走向北北西,可推断区内主要应力方向为北东-南西向,与区域上的构造应力方向一致。

矿区内发育有3条主要的构造破碎带,其中中部的一条长2100m,规模最大,走向近东西,可见含石墨大理岩与矿体被破碎带断开;北部破碎带长约400m,破碎带发育在含石墨大理岩内,可见石墨矿化体;南部破碎带发育在闪长岩体内,走向近东西。

在主矿区内,根据野外观察推测存在一处断层(图4-17),断层附近地层产状变化,未见实际断层面,对矿体具有错断和破坏作用,为成矿后期断裂。

3. 岩浆岩

矿区内岩浆岩基本为侵入岩,主要有早石炭世的黑云母花岗岩、闪长岩、钾长花岗岩,还有泥盆纪的橄榄辉石岩;矿区内火山岩不发育。

钾长花岗岩(图4-18a):主要分布在矿区东北角,出露面积较小,约$0.081km^2$。

黑云花岗岩(图4-18b):主要分布在矿区中部,出露面积较大,约$2.4km^2$,颜色为浅灰白色,主要组成矿物为斜长石、石英、钾长石,暗色矿物主要为黑云母、角闪石。细粒—中粗粒花岗结构,块状构造;与北部大理岩接触附近发育一构造破碎带。

闪长岩(图4-18c、图4-18d):矿区内分布较广泛,主要分布在西侧、南侧和东侧,出露面积较大,颜色为灰黑色,主要组成矿物为斜长石、角闪石、石英、钾长石、黑云母,中细粒结构。

岩体侵入于古元古界达肯大坂岩群大理岩组中的片麻岩、片岩、大理岩中,围岩发生硅化、角岩化等蚀变。

第四章 柴周缘典型晶质石墨矿床地质特征及矿床成因

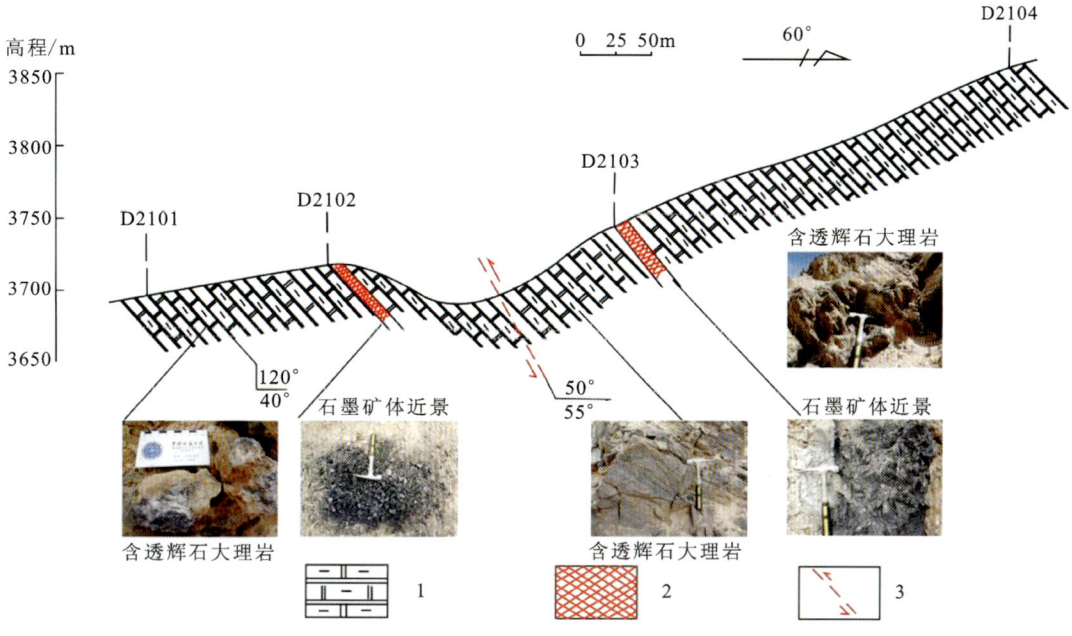

1.含透辉石大理岩；2.石墨矿体；3.推测断层。

图4-17 大通沟南山石墨主矿区L021线出露岩性与石墨矿体

a.钾长花岗岩；b.黑云花岗岩；c.闪长岩；d.英云闪长岩。

图4-18 大通沟南山石墨矿床主要岩浆岩岩性

79

(二)矿带及矿体特征

含矿带由北东向南西分为3个,西南部Ⅰ号矿带规模最大,分两段呈弧形向北东凸出,其中北西段呈北西西向展布、南东段呈北北西向展布,延伸约7km,为主矿区内石墨矿找矿远景地带,在该带南东段范围内,圈定了Ⅰ-M1矿体和Ⅰ-M2矿化体;中部Ⅱ号矿带呈北西向产出,长约800m,圈出了Ⅱ-M1矿体和Ⅱ-M2、Ⅱ-M3矿化体;北部Ⅲ号矿带呈北西向展布,长约300m,圈出Ⅲ-M1矿体和Ⅲ-M2矿化体,3个矿带共圈出工业矿体3条,矿化体4条(图4-19)。

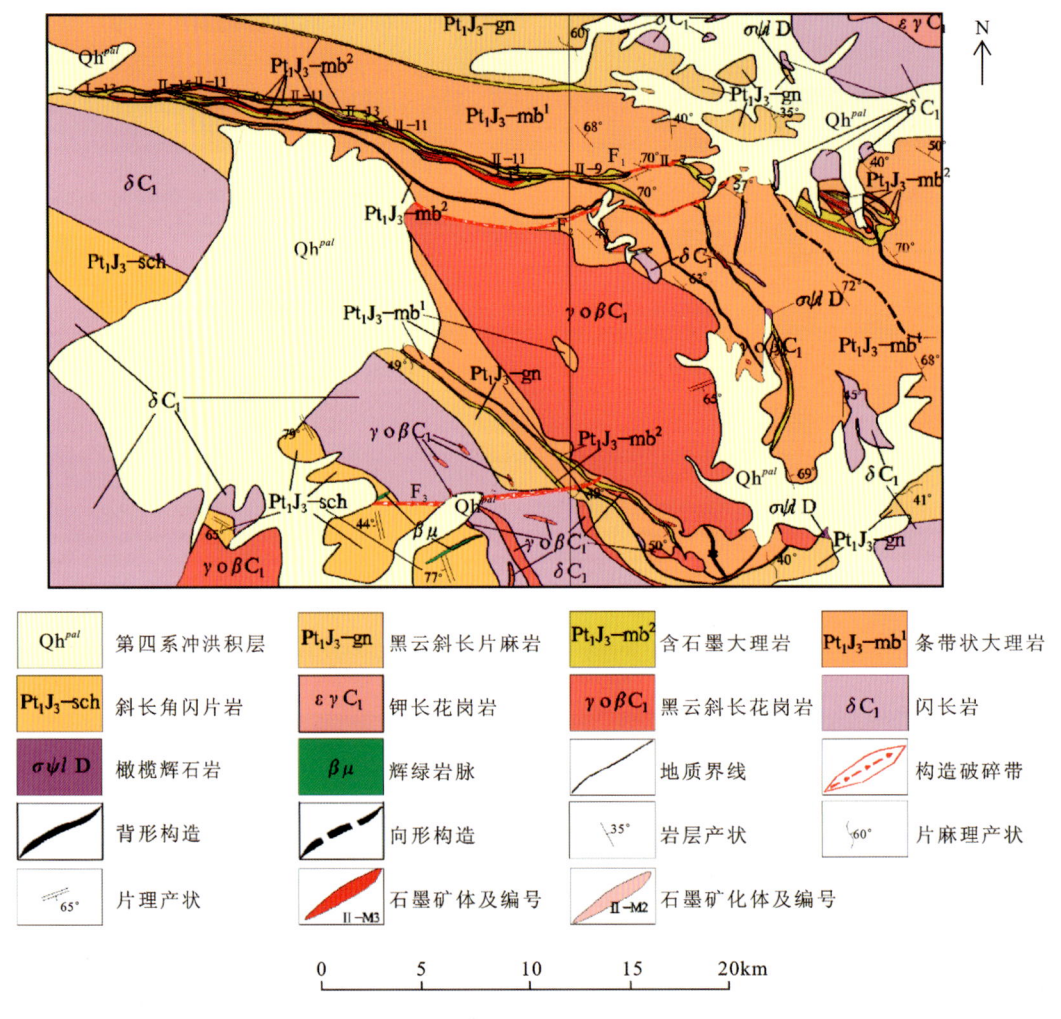

图4-19 大通沟南山石墨矿区地质图

目前发现的矿体的含矿岩性均为透辉石大理岩,矿体呈层状、似层状产于透辉石大理岩中,与岩层产状基本一致,受褶皱构造影响沿走向呈波状弯曲,往延伸方向一般较稳定。矿体围岩主要为透辉石大理岩,目前仅对规模较大的南部Ⅰ号矿带Ⅰ-M1矿体进行了深部钻探控制验证,其余矿体仅为地表槽探工程控制。

Ⅰ-M1 矿体：地表矿体出露比较连续，矿体形态较为简单，呈层状、似层状近水平延伸；地表有分支复合现象，矿体产状变化不大，为 30°～60°∠60°～75°，控制 M1 矿体长达 1.6km，矿体厚 1.41～17.86m，平均厚 8.82m；钻孔中矿体真厚度 2.67～17.05m，局部有向下变厚的趋势，沿走向地表变化较大，深部变化趋向稳定。矿体固定碳单样品位最低 3%，最高 10.07%，平均品位 4.3%，品位变化系数 40.86%。单工程最高品位 5.53%（ZK0401），最低品位 3.01（TC1601），平均品位 4.26%。

Ⅱ号矿带Ⅱ-M1 矿体，长约 728m，矿体真厚度 0.93～19.40m，矿体产状 22°～220°∠69°～83°，单工程固定碳平均品位 3.37%～5.59%，最高品位 7.51%。

Ⅲ-M1 矿体由 2 条探槽控制，控制矿体长约 288m，矿体真厚度 6.34～9.1m，矿体产状 25°～53°∠58°～75°，单工程固定碳平均品位 3.42%～3.71%。

大通沟南山石墨矿普查区 8 号勘探线剖面图见图 4-20。

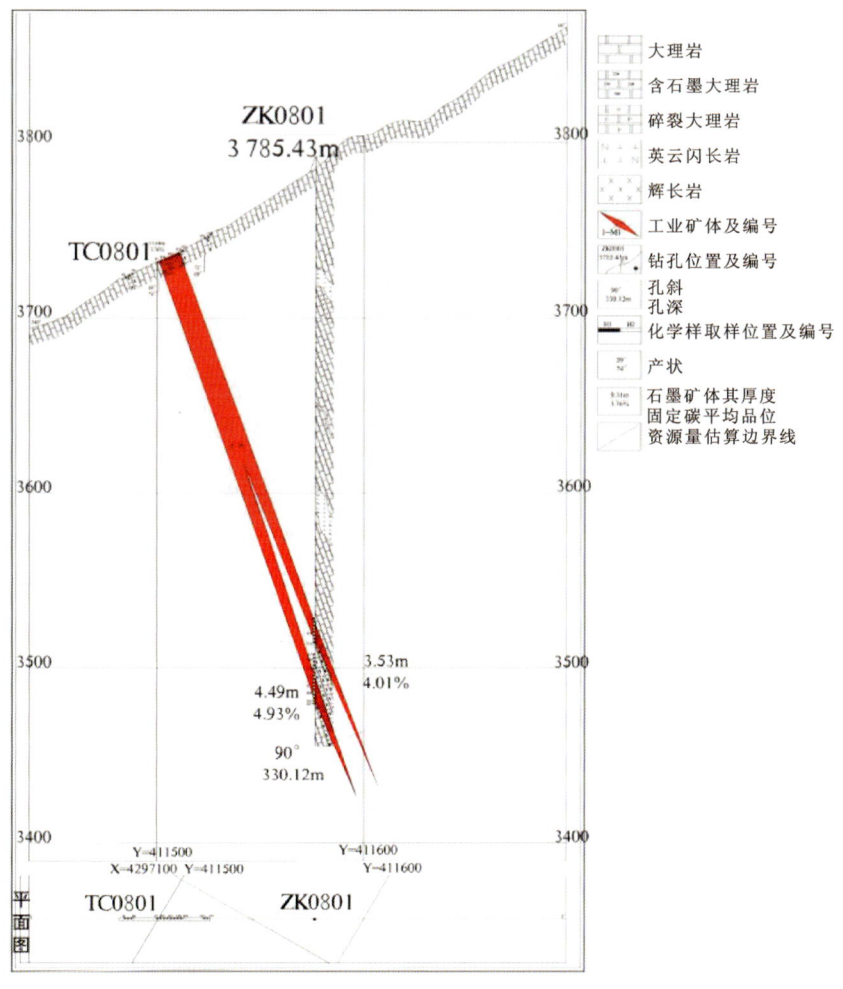

图 4-20　大通沟南山石墨矿普查区 8 号勘探线剖面图

(三) 矿石特征

1. 矿物成分

矿石矿物：主要为石墨（图4-21），呈片状、鳞片状分布，钢灰色，金属—半金属光泽，易污手，手摸具有滑腻感，硬度较低。石墨鳞片长多数在0.01～0.05mm之间，以微细粒嵌布为主，其中大于50μm的仅占7.7%，而小于30μm的占76.81%，石墨部分呈微细粒不规则状，星散分布在脉石矿物中；由于受后期构造作用，部分鳞片状石墨多发生揉皱变形零星状均匀分布在脉石矿物间。

脉石矿物：以方解石、石英、长石、角闪石、白云母、透辉石为主；金属矿物主要为褐铁矿（图4-21f）、黄铁矿；主要有害杂质有铁、硫、磷，本矿床矿石总体来说，有害杂质含量不高，且通过选矿后一般可脱除。

a. 野外石墨矿体；b. 石墨矿石；c. 大理岩型石墨矿石；d. 石墨呈集合体分布；e. 石墨单晶分布在脉石矿物中；f. 褐铁矿化。

图4-21　大通沟南山石墨矿石野外及光学显微镜下特征

2. 矿石结构构造

石墨主要嵌布形式有两种：①呈浸染状分布在方解石、石英等脉石矿物粒间，具定向性，延伸方向与岩石的片理方向一致。结晶粒径相对较粗，粒径一般在0.01～0.05mm之间，结晶较好；②呈极微细粒浸染状分布在矿石中，这部分石墨的粒径一般在0.01mm以下，不具定向性。

石墨矿石主要构造：条带状构造，石墨与方解石等脉石矿物呈条带状相间分布；浸染状构造，石墨、褐铁矿呈星散浸染状分布在脉石矿物中。

石墨矿石主要结构：鳞片状结构，石墨呈鳞片状分布在脉石矿物间，整体具有一定的定向性；揉皱状结构，石墨与脉石矿物因受后期构造变形作用的影响，发生揉皱；星点状结构，石墨单晶孤立分布在脉石矿物中。

3. 化学成分

区内主要矿石类型化学成分如表 4-4 所示,从表 4-4 可见该区矿石呈现高硅钙而低镁铝的特点。晶质石墨矿床矿石中主要有害杂质铁、硫、磷的含量,各个矿床由于矿床类型和矿石类型的区别而不尽相同,一般要求含量为 Fe_2O_3 3‰～10‰,S 1‰～4‰,P_2O_5 0.02‰～0.55‰。从表 4-4 中可以看出,总体来说,本矿床矿石中有害杂质含量不高,且通过选矿后一般可基本脱除。

表 4-4 柴北缘大通沟南山石墨矿床矿石化学成分一览表 单位:10^{-6}

样品号	固定碳	SiO_2	Al_2O_3	TFe_2O_3	CaO	MgO	S
ZK0401-H21	7.52	20.73	2.45	1.36	33.98	2.00	0.20
ZK0401-H22	10.07	24.27	3.96	2.16	28.97	2.01	0.69
ZK0401-H23	9.58	39.59	5.21	2.95	18.95	2.06	0.25
ZK0401-H24	1.15	24.83	4.67	2.07	34.37	2.96	0.27
ZK0401-H25	3.47	12.67	1.54	0.96	42.62	2.96	0.26
ZK0801-H13	4.94	11.76	1.34	0.75	42.42	3.45	0.04
ZK0801-H14	7.80	18.47	2.27	1.51	35.06	2.48	0.03
ZK0801-H15	0.45	12.63	1.65	1.13	44.68	3.51	0.12
ZK0801-H16	0.65	19.06	2.07	1.26	39.57	6.35	0.15
ZK0801-H17	0.88	15.63	2.36	0.80	41.05	6.06	0.07
ZK1201-H33	8.45	13.98	2.15	0.80	40.95	2.50	0.02
ZK1201-H34	7.65	11.43	1.88	0.61	43.11	1.42	0.02
ZK1201-H35	8.75	12.98	2.17	0.76	41.54	2.07	0.02
ZK1201-H36	7.34	11.55	1.81	0.61	43.90	2.10	0.03
ZK1201-H37	1.43	30.69	7.31	1.57	28.87	2.91	0.03
平均值	5.342	18.685	2.856	1.287	37.336	2.99	0.15

4. 围岩蚀变

矿区围岩主要发育强硅化、黄铁矿化、蛇纹石化等蚀变(图 4-22)。

(1)硅化:岩石中普遍硅化较强,石英呈细粒浸染状、斑点、小团块分布在其中,也可见石英细脉充填在围岩中或呈石英脉穿插围岩。

a.蛇纹石化大理岩;b.黄铁矿化;c.石英脉;d.充填石英脉及碳酸盐矿物。

图 4-22 大通沟南山石墨矿床主要围岩蚀变

(2)黄铁矿化:主要出现在大理岩与斜长角闪片岩中,黄铁矿呈自形—半自形分布,大小 0.1~0.5cm,部分已发生褐铁矿化,可见黄铁矿假象。

(3)蛇纹石化:主要分布在大理岩中,推测为热液活动带入的二氧化硅与原岩中的氧化镁反应而来。

(四)矿床成因及找矿标志

本矿床成因类型属于区域变质型石墨矿床,找矿标志如下。

(1)地质标志:①赋矿地层,主要为古元古界金水口岩群大理岩组的一套碳酸盐岩建造组合,其中大理岩为主要赋矿岩性;②变质作用,变质相为低—高角闪岩相,低绿片岩相退变质作用明显;③围岩蚀变,碳酸盐化、硅化、透闪石化、绿泥石化、高岭土化、蛇纹石化等;④主要矿物组合,石墨、石英、斜长石、黑云母、透闪石、透辉石、方解石等;⑤矿化,黑色、污手、具滑感的石墨矿化是寻找石墨矿的直接找矿标志。

(2)地球物理标志:航磁异常为负背景磁场区,其上分布为数不多的北西向低值小型负磁异常。自电异常与已发现的石墨矿(化)体关系密切,可作为寻找石墨矿的直接标志。而激电异常与石墨矿(化)体对应性一般,可作为间接找矿标志。

(3)遥感影像标志:灰色—灰白色色调,中低山山脉中的灰黑色条带状影像。

二、黄矿山北

(一)矿床地质

该矿床位于冷湖镇,青新界山南侧,行政区划隶属冷湖镇,面积14.04km²。

1. 地层

古元古界金水口岩群片麻岩组大面积出露于工作区,岩性主要为灰黑色黑云斜长片麻岩、灰黑色黑云母片岩、灰白色石英片岩及白色大理岩。根据岩石出露特征,将该组岩石划分为片麻岩段、片岩段及大理岩段。

1)古元古界金水口岩群片麻岩组片麻岩段

矿区内大面积出露。岩性主要为灰黑色黑云斜长片麻岩。岩层片麻理多弯曲变形,多见揉皱现象。地层产状变化较大,地表走向一般101°~139°,倾向南或北,倾角较陡。

黑云斜长片麻岩:该套岩层的主体岩性。鳞片粒状变晶结构,片麻状构造。岩石主要由斜长石、黑云母、石英组成,局部含少量角闪石。矿物粒径一般1.5~3mm。斜长石(45%~50%)灰白色,局部带褐色,短柱状,玻璃光泽,具有高岭土化、绢云母化。黑云母(20%~25%)深褐色,鳞片状,玻璃光泽,小刀易刻动,具绢云母化、绿泥石化。石英(20%~25%)烟灰色,粒状,局部略带淡褐色,油脂光泽,硬度大于小刀。黑云母定向排列,长石微具条带状分布于黑云母间,形成片麻理。

2)古元古界金水口岩群片麻岩组片岩段

矿区内主要呈夹层状出露。岩性主要为灰黑色黑云母片岩,局部为灰白色石英片岩。片理多扭曲变形,发育小型揉皱。地层产状变化较大,地表走向一般121°~142°,倾向南北,倾角较陡。

灰黑色黑云母片岩:区内呈带状北西向展布,其余地段多呈条状杂乱分布于片麻岩中。鳞片变晶结构,片状构造;岩石主要由黑云母、石英、斜长石等组成。黑云母(55%~60%)灰黑色,鳞片状,珍珠光泽,强定向。石英(20%~25%)烟灰色,油脂光泽,粒状。斜长石(5%~10%)灰白色,长条状,玻璃光泽。另含少量角闪石及其他暗色矿物。见有绿泥石化、碳酸盐化、硅化等蚀变。

灰黑色石英片岩:灰黑色,粒状鳞片变晶结构,片状构造;石英(35%~40%)烟灰色,他形粒状,粒径约1mm,油脂光泽,硬度大于小刀;黑云母(30%~35%)灰黑色,细鳞片状,珍珠光泽;斜长石(10%~15%)灰白色,粒状,金刚光泽;石墨(5%~10%)鳞片状,局部为隐晶质,小刀易刻动,手搓有滑感,易污手。局部石墨及黑云母含量较高,石英含量偏低,具绢云母化。

3)古元古界金水口岩群片麻岩组大理岩段

出露于矿区北部,呈条带状,北西向展布,面积约1.1km²。主要岩性为灰白色大理岩、灰黑色石英片岩。岩层产状变化较大,倾向一般205°~226°,倾角较陡。该套地层是本区主要的含矿地层。

灰白色大理岩：细粒粒状变晶结构，块状构造，局部具定向构造。岩石主要由方解石组成，局部含少量石英、白云母等矿物。方解石呈灰白色，细粒粒状，玻璃光泽，菱形解理面较发育，硬度小于小刀。地表岩石风化破碎严重，多呈角砾状堆砌于基岩之上。广泛发育硅化、糜棱岩化、碳酸盐化等蚀变，局部见有石墨化、蛇纹石化、褐铁矿化。

2. 构造

区内地层产状局部变化较大，总体上为一套单斜地层。断裂构造比较发育，以北西向为主，近东西向次之。断层性质主要为逆断层。

3. 岩浆岩

区内侵入岩主要分布于南东部。出露面积约 1.83km^2，岩性主要为早三叠世黑云母花岗岩，与古元古界金水口岩群片麻岩组片麻岩段呈侵入接触关系。接触带上岩石具碳酸盐化、弱褐铁矿化、硅化等蚀变。

黑云母花岗岩：浅肉红色—淡肉红色，风化面褐红色，局部灰白色，细—中粒状结构、花岗结构，块状构造。岩石主要由钾长石、石英、斜长石、黑云母及少量褐铁矿和高岭土组成。具高岭土化，局部弱绿帘石化、绢云母化、弱褐铁矿，偶见薄膜状碳酸盐化。

（二）矿化带特征

区内初步圈定石墨矿化带 3 条。

1. Ⅰ号矿化带

Ⅰ号矿化带位于矿区西部，长约 1.1km，宽 20～70m，产于古元古界金水口岩群片麻岩组大理岩段中（图 4-23），带内岩性主要为含石墨石英片岩，该套岩石可能是大理岩经后期变形变质作用及强烈硅化而成的。岩石线理发育，具定向构造，发育小型揉皱、小型背形及向形构造，广泛发育石墨化、碳酸盐化、硅化、褐铁矿化、绢云母化等蚀变。

矿化带内 1∶5000 激电异常呈"低阻高极化"特征，长约 1.1km，宽 25～120m，视极化率一般 4.0%～10.3%，最高 12.3%。视电阻率一般 12～91Ω·m。东段（15HJP4、15HJP5、15HJP6）极化率变化梯度"北缓南陡"，指示石墨矿化带产状往北陡倾，与地表产状基本一致。西段（15HJP3）极化率异常"北陡南缓"，指示矿化带往南陡倾，与地表产状基本一致。据此推断，矿化带西段可能被一断层截切。

2014 年针对Ⅰ号矿化带部署了 1∶2000 自然电场电位剖面进行检查。圈出了较为明显的自电负异常 1 处。异常位于预查区北西部，长约 500m，宽 110～220m，异常值一般－78～102mV，由剖面 ZP03、ZP02、ZP01、ZP07、ZP08 控制，连续性较好，规模可观。异常区出露的岩性主要为白色大理岩、灰白色石英片岩，具强烈的硅化及石墨化，局部见有褐铁矿化、碳酸盐化等蚀变。异常由石墨矿化带的碳质成分引起，范围比初步圈定的石墨矿化带大。以初步圈定的石墨矿化带为界，异常北部负值凸显，且负值区段比南部长，变化梯度较为平缓，由此

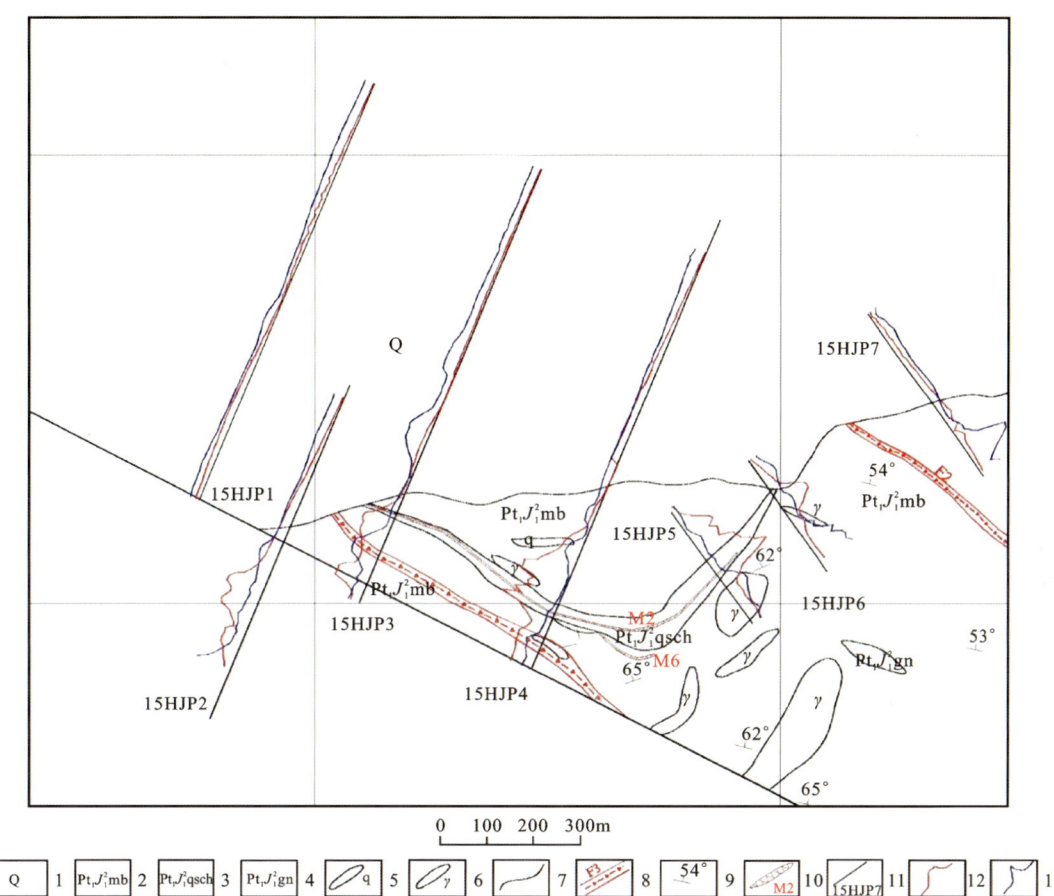

1.第四系;2.金水口岩群片麻岩组大理岩段大理岩;3.金水口岩群片麻岩组大理岩段石英片岩;4.金水口岩群片麻岩组片麻岩段片麻岩;5.石英脉;6.花岗岩;7.地质界线;8.破碎蚀变带;9.地层产状;10.2014年圈定的矿体及编号;11.1:5000激电剖面位置及编号;12.极化率曲线;13.电阻率曲线。

图 4-23　Ⅰ号矿化带综合地质略图

推断矿体产状与区域地层总体产状基本吻合,倾向北北东。对自电异常进行了验证,圈出了晶质石墨矿(化)体。

2.Ⅱ号矿化带

Ⅱ号矿化带位于矿区北东部,地表长约 2.7km,宽 200~400m,产于金水口岩群片麻岩组大理岩段中(图 4-24)。北部主要受糜棱岩化带(f7)控制,带内多见糜棱岩化、硅化及碳酸盐化,偶见蛇纹石化。总体产状南倾,倾向 176°~203°,倾角 72°~80°。南部主要受大理岩与片麻岩接触带控制,带内多见碎裂岩化、硅化、褐铁矿化及碳酸盐化。地表总体产状北倾,倾向 19°~32°,倾角 65°~80°。带内岩层波状弯曲,发育小型揉皱,变形强烈。

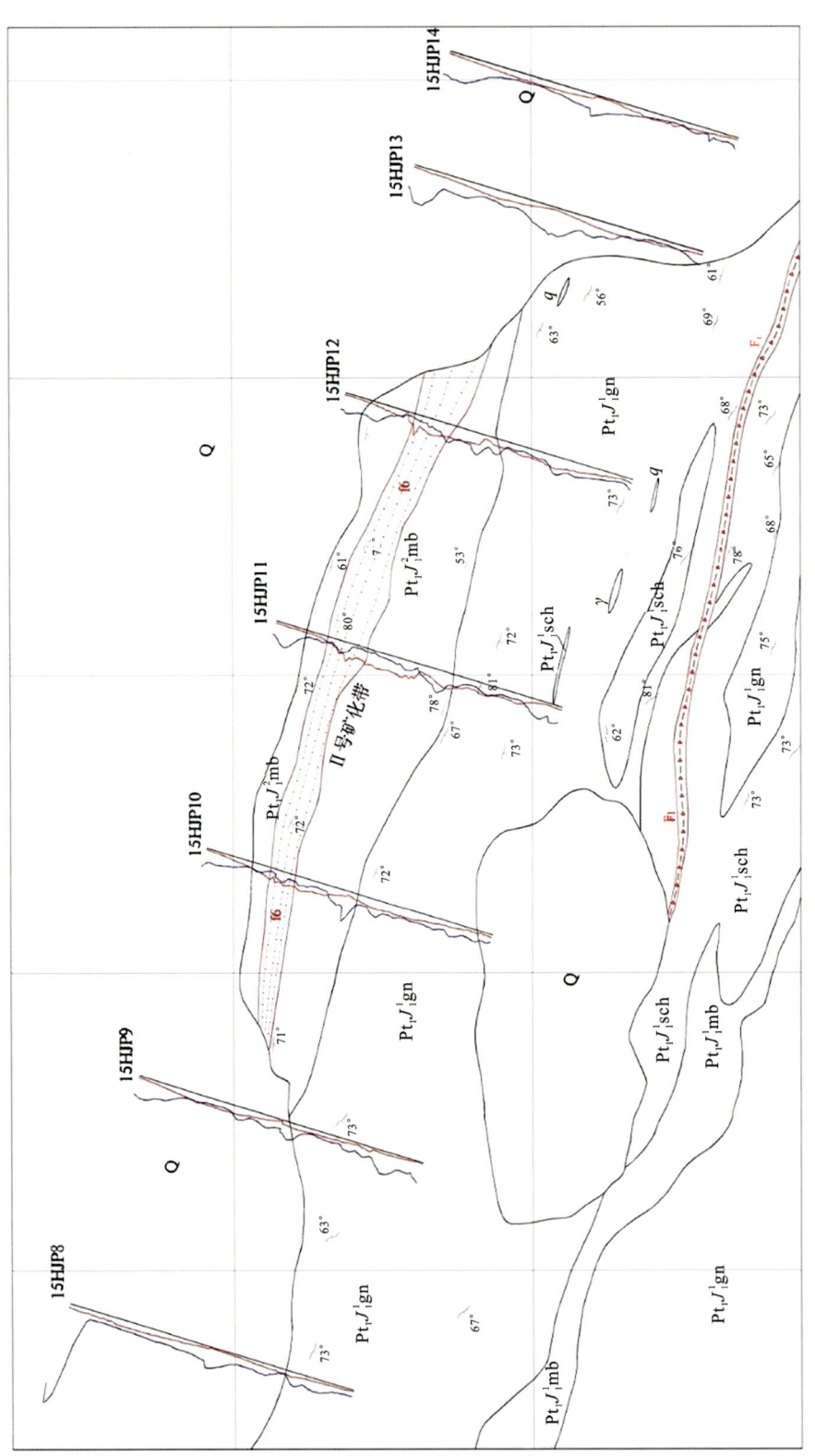

图4-24 Ⅱ号矿化带综合地质图

1.第四系；2.金水口岩群片麻岩组第二段片麻岩；3.金水口岩群片麻岩组大理岩段大理岩；4.金水口岩群片麻岩组片麻岩段片麻岩；5.金水口岩群片麻岩组第一段片麻岩；6.石英脉；7.花岗岩脉；8.地质界线；9.破碎带；10.矿棱岩化带及编号；11.产状；12.1:5000激电剖面及编号；13.极化率曲线；14.电阻率曲线。

矿化带内 1∶5000 激电异常呈"低阻高极化"特征，异常长 2.4km，宽 200～300m，视极化率一般 2.5%～7.3%，视电阻率一般 30～80Ω·m。视极化率异常往矿化带中部偏移。大理岩与片麻岩接触带附近连续出现高电阻异常，可能是由于接触带上岩石强烈硅化所致。

3. Ⅲ号矿化带

Ⅲ号矿化带位于矿区南部，Ⅱ号矿化带南侧 3.7km，地表长约 0.8km，宽 20～50m，产于金水口岩群片麻岩组片麻岩段的大理岩中（图 4-25），受大理岩与片麻岩的接触带控制。

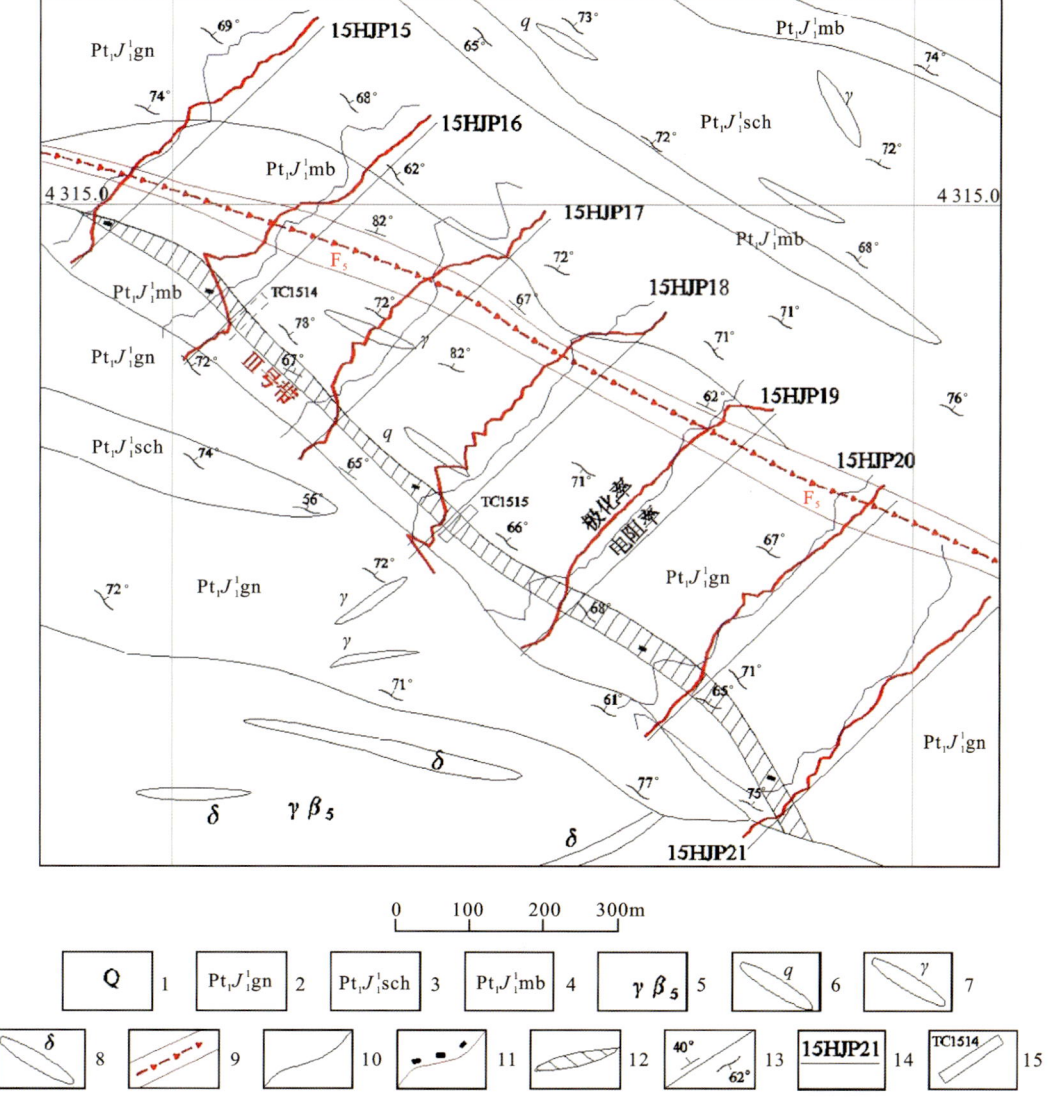

1.第四系；2.金水口岩群片麻岩组片麻岩段片麻岩；3.金水口岩群片麻岩组片麻岩段片岩；4.金水口岩群片麻岩组片麻岩段大理岩；5.印支期黑云母花岗岩；6.石英脉；7.花岗岩脉；8.闪长岩脉；9.破碎蚀变带；10.地质界线；11.石墨化；12.石墨矿化带；13.产状；14.1∶5000 激电剖面；15.2015 年完成施工的探槽。

图 4-25　Ⅲ号矿化带综合地质图

矿化带内1：5000激电异常呈"低阻高极化"特征,长约1.2km,视极化率一般2.5%～8.9%,视电阻率一般50～110Ω·m。极化率变化梯度"北东缓南西陡",指示矿化带往北东方向倾斜。激电异常与地表圈定的石墨矿化带对应性不好,沿地层倾向往北东方向偏移。异常区出露的岩性主要为黑云斜长片麻岩,少量大理岩,发育糜棱岩化、硅化、高岭土化、绿泥石化、石墨化等蚀变。在异常区及附近部署了2条探槽进行初步揭露,圈出石墨矿(化)体1条。

（三）矿体特征

Ⅰ、Ⅱ号矿化带共圈出晶质石墨矿体14条,矿体特征详见表4-5和表4-6。

表4-5 黄矿山地区Ⅰ号矿化带矿体特征一览表

矿体编号	控制工程	长度/m	真厚度/m	斜深/m	品位/%	产状/(°) 倾向	产状/(°) 倾角	赋矿岩性
ⅠM1	TC1401、TC1402、ZKⅠ801	135	3.81	25	12.46	196	68	石英片岩
ⅠM2-1	TC1401、TC1402、ZKⅠ801	175	3.89	25	16.13	198	71	石英片岩
ⅠM2-2	TC1411、TC1408、TC1407、TC1403、TC1404、TC1405、ZKⅠ001、ZKⅠ701	650	5.45	175	10.81	11～28	60～72	石英片岩
ⅠM3	TC1401、TC1402、ZKⅠ801	50	2.83	25	3	199	63	石英片岩
ⅠM4	TC1410、15CYX01	175	3.26	25	5.68	17	68	大理岩
ⅠM5	TC1411、TC1408、TC1407、ZKⅠ001	180	2.41	75	12.23	3～25	71～72	石英片岩
ⅠM6	TC1403、TC1407	135	6.9	25	7.45	3～25	68～79	大理岩

表4-6 黄矿山地区Ⅱ号矿化带矿体特征一览表

矿体编号	控制工程	长度/m	真厚度/m	斜深/m	品位/%	产状/(°) 倾向	产状/(°) 倾角	赋矿岩性
ⅡM1	TC1507、TC1504、TC1510、TC1509、TC1511、ZKⅡ02	1200	6.09	25	2.77	196～221	69～72	大理岩
ⅡM2	TC1507、TC1504	50	4.79	25	2.89	201～214	71～81	大理岩
ⅡM3	TC1508、TC1509、TC1511、TC1512、ZKⅡ02	1200	4.3	60	4.62	201～216	66～83	大理岩
ⅡM4	TC1513、TC1506、TC1414、ZKⅡ01	50	7.42	130	3.1	199	63	大理岩

续表 4-6

矿体编号	控制工程	长度/m	真厚度/m	斜深/m	品位/%	产状/(°) 倾向	产状/(°) 倾角	赋矿岩性
ⅡM5	TC1513、TC1506、TC1414、ZKⅡ01	50	7.7	140	3.69	17	68	大理岩
ⅡM6	TC1513、TC1506、TC1414、ZKⅡ01	50	5.98	200	4.33	3～25	71～72	大理岩
ⅡM7	TC1513、TC1506、TC1414、ZKⅡ01	500	7.72	240	7.14	3～25	68～79	大理岩

现将主要矿体特征分述如下。

ⅠM2-2：位于Ⅰ号矿化带东段北部，由探槽及钻孔控制。矿体长650m，厚5.45m，斜深175m，单工程固定碳品位一般8.12%～15.78%，最高20.02%，平均10.81%。赋矿岩性为含石墨石英片岩（由大理岩变形变质而成），具碳酸盐化、硅化、绢云母化等蚀变。主体产状11°～28°∠60°～72°。矿体厚度、品位总体上变化不大（图4-26），仅水岭附近（TC1403）的矿体厚度增大，品位变低。矿体沿走向往西延伸至断层F_3；往东因覆盖较厚，2015年度未部署工程控制，具有较大的找矿空间。深部矿石质量较好，石墨晶粒较大，呈片状，半金属光泽较强（图4-27）。

ⅡM1：位于向形北翼北部，由探槽TC1507、TC1504、TC1510、TC1509、TC1511及钻孔ZKⅡ02控制。矿体长1200m，厚6.09m，斜深25m，单工程固定碳品位一般为2.51%～2.84%，最高3.14%，平均2.77%。矿体沿走向往西厚度变大，品位稳定，西端为第四系覆盖区，具一定找矿空间；往东由探槽TC1511控制。赋矿岩性为大理岩，具碳酸盐化、硅化、糜棱岩化等蚀变。主体产状196°～221°∠69°～72°。2015年实施的钻孔ZKⅡ02没有揭露到该矿体，可能是向形翼部地层拉伸引起的矿层局部不连续所致，矿体深部品位、规模等特征还需进一步探索。

ⅡM3：位于向形北翼南东段，由探槽TC1508、TC1509、TC1511、TC1512及钻孔ZKⅡ02控制。矿体长1200m，厚4.3m，斜深60m，固定碳品位4.62%。矿体沿走向往西由探槽TC1508控制，往东为第四系覆盖区，厚度、品位稳定，具较大的找矿空间。赋矿岩性为糜棱岩化大理岩，具碳酸盐化、硅化等蚀变。主体产状201°～214°∠71°～81°。该矿体走向上石墨矿化连续出露，地表呈灰黑色狭长条带，与矿体ⅡM2为同一条矿体，因地表局部（分水岭附近）矿物质成分流失，固定碳品位未达边界品位，分段呈2条矿体。

ⅡM7：位于向形南翼南部，由探槽TC1513、TC1506、TC1414及钻孔ZKⅡ01控制。矿体长500m，厚7.72m，斜深240m，固定碳品位7.14%。矿体沿走向往西由探槽TC1513控制，往东由探槽TC1514控制。赋矿岩性为大理岩，具碳酸盐化、硅化、碎裂岩化等蚀变。主体产状3°～25°∠68°～79°。矿体走向上石墨矿化连续出露，深部厚度变厚，品位变高，石墨品质变好，具较大的找矿空间。

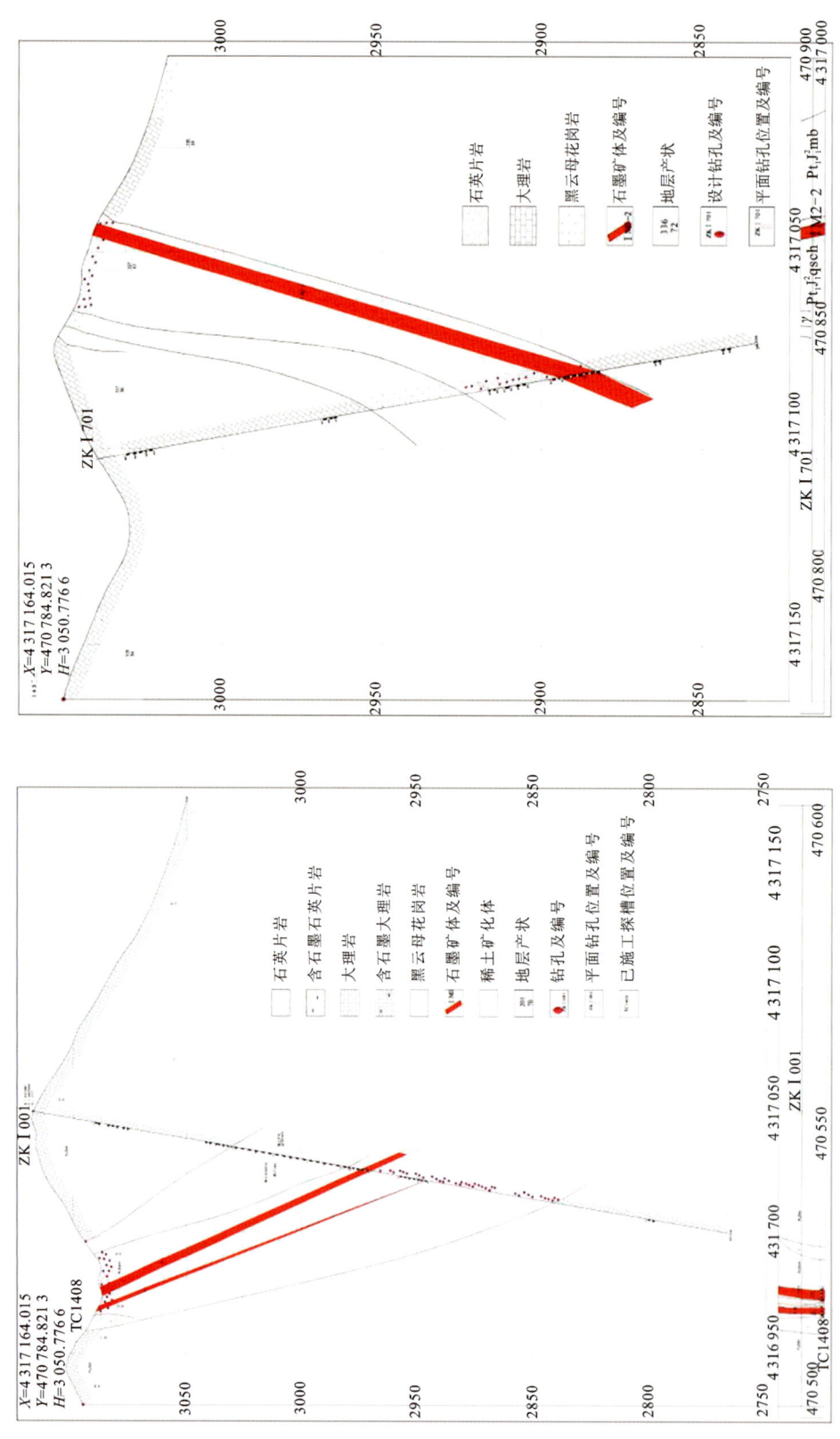

图4-26 黄矿山地区Ⅰ号0号(上)、7号(下)勘探线剖面图

第四章 柴周缘典型晶质石墨矿床地质特征及矿床成因

茫崖北花岗岩岩体稀土总量较为丰富,$\sum REE=347.3\times10^{-6}$。轻重稀土元素含量差别较大,轻稀土元素富集,重稀土元素相对亏损特征。LREE/HREE 为 9.77;$(La/Yb)_N$ 较大,为 12.04×10^{-6},表明轻重稀土分馏较明显,$(Gd/Yb)_N$ 较小,为 1.54,显示花岗闪长岩重稀土元素基本未分异,相对平坦;岩体 $Eu/Eu^*=0.503$,具有较为明显的 Eu 负异常。

微量元素组成上,茫崖北花岗岩不同程度地富集大离子亲石元素 Rb、Th、U、K、Nb,另外 Ba、Nb、Sr、P、Ti 具有明显的负异常,Zr、Hf 具有轻微的亏损,Sr/Y 值为 7.6,显示出岩浆的特征。柴水沟岩体中的辉绿岩岩体相对富集大离子亲石元素 Rb、Ba、K,亏损高场强元素 Nb、Sr、Ti;有弱的 Th、U 异常,Eu 异常不明显。

②构造背景。

通过在微量元素 Rb-(Y+Nb) 和 Rb-(Yb+Ta) 构造环境判别图解中(图 4-31),样品点落入岛弧花岗岩中的后碰撞区域内,显示中奥陶世前南阿尔金存在洋壳的俯冲,形成岛弧型花岗岩。柴北缘阿尔金地区第一期花岗岩类(>450Ma)具有典型的成熟岛弧的花岗岩类组合特征,反映早古生代南阿尔金存在大洋板块的俯冲,与柴北缘和北阿尔金第一期花岗质岩浆作用类似。大约 460Ma 前,南阿尔金地块和柴达木地块之间存在南阿尔金洋,洋壳向北俯冲,形成岛弧火山岩,同时形成奥陶纪沉积物。该时期花岗岩多为岛弧根部岩石发生部分熔融的产物,代表了俯冲的构造背景。

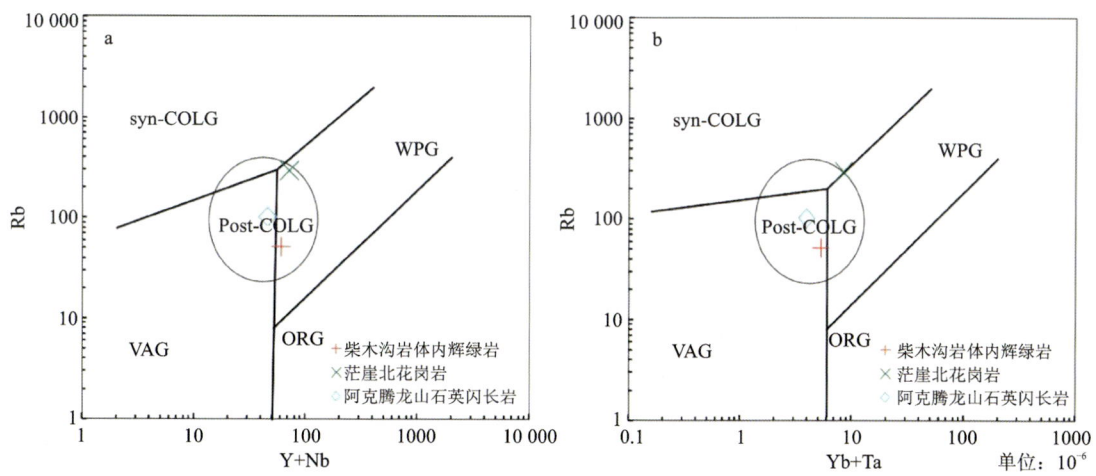

WPG. 板内花岗岩;VAG. 火山弧花岗岩;syn-COLG. 同碰撞花岗岩;ORG. 洋中脊花岗岩;Post-COLG. 后碰撞花岗岩。

图 4-31 柴北缘地区中奥陶世前侵入岩体 Rb-(Y+Nb)(a) 和 Rb-(Yb+Ta) 构造环境判别图解(b)

2)早泥盆世

(1)侵入岩岩石年代学意义。

大通沟南山北区内黑云母花岗岩、闪长岩和花岗闪长岩的锆石 $^{206}Pb/^{238}U$ 加权平均年龄分别为 $(400.3\pm2.6)Ma(MSDW=0.056)$(图 4-32)、$(400.8\pm2.6)Ma(MSDW=0.20)$(图 4-33) 和 $(400.2\pm2.4)Ma(MSDW=0.04)$(图 4-34),表明它们均形成于早泥盆世。

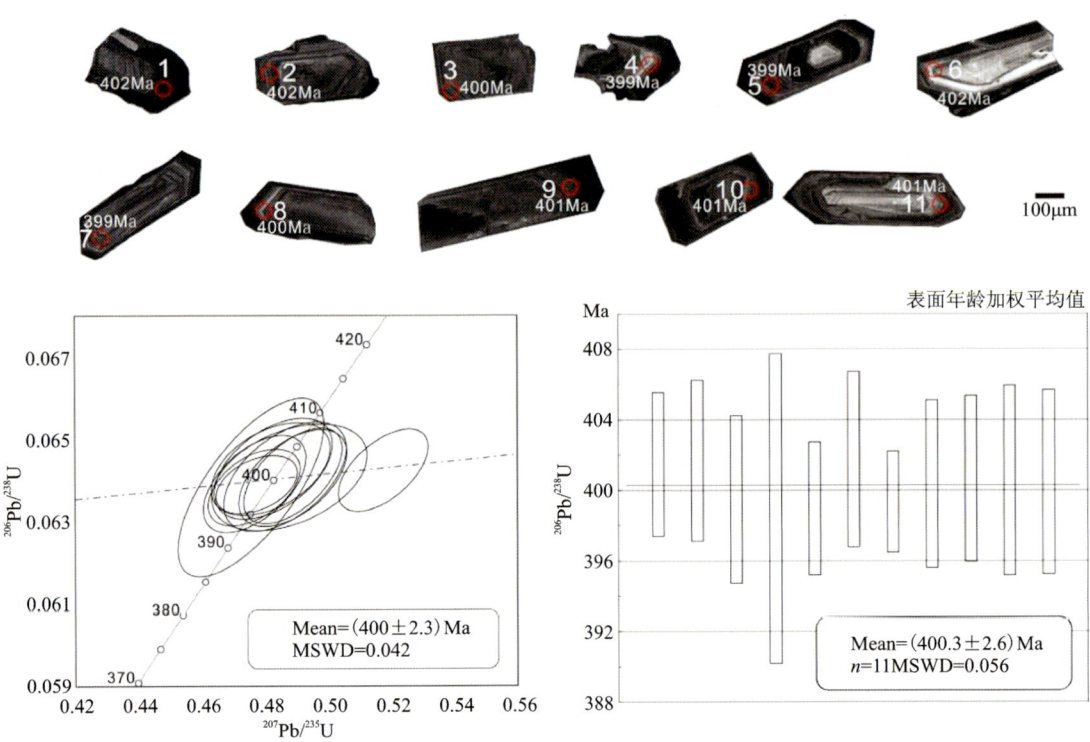

图 4-32 大通沟南山北地区黑云母花岗岩单颗粒锆石阴极发光图像及锆石 U-Pb 年龄谐和图

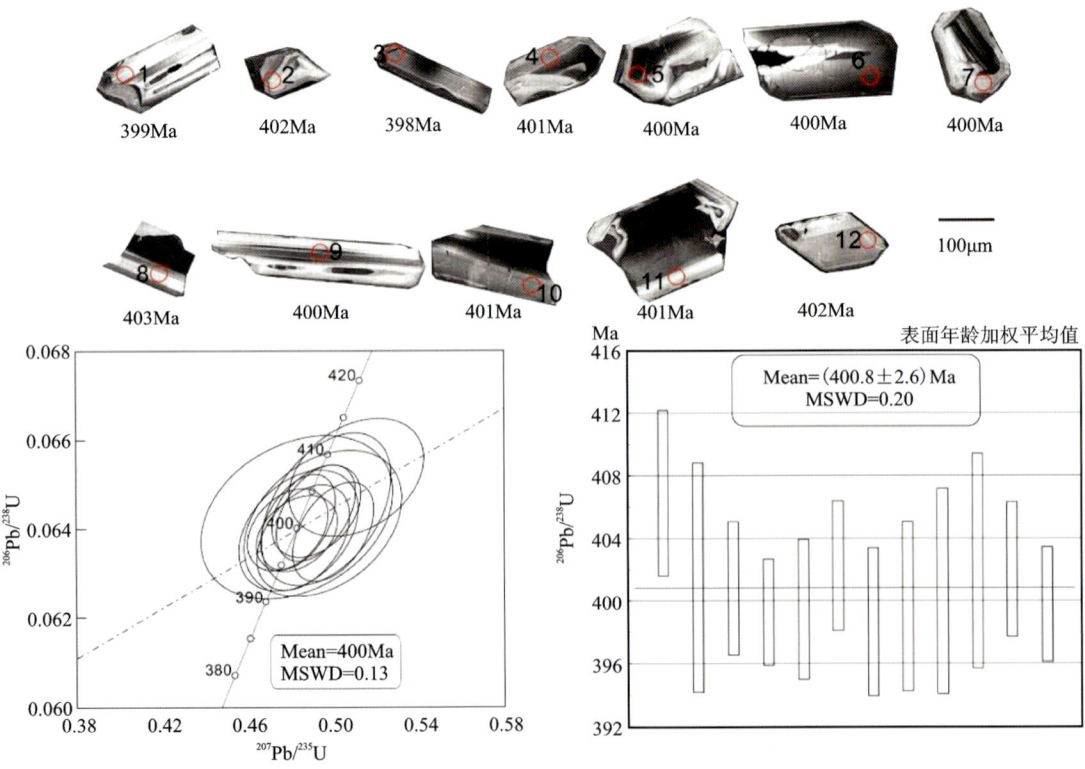

图 4-33 大通沟南山北地区闪长岩单颗粒锆石阴极发光图像及锆石 U-Pb 年龄谐和图

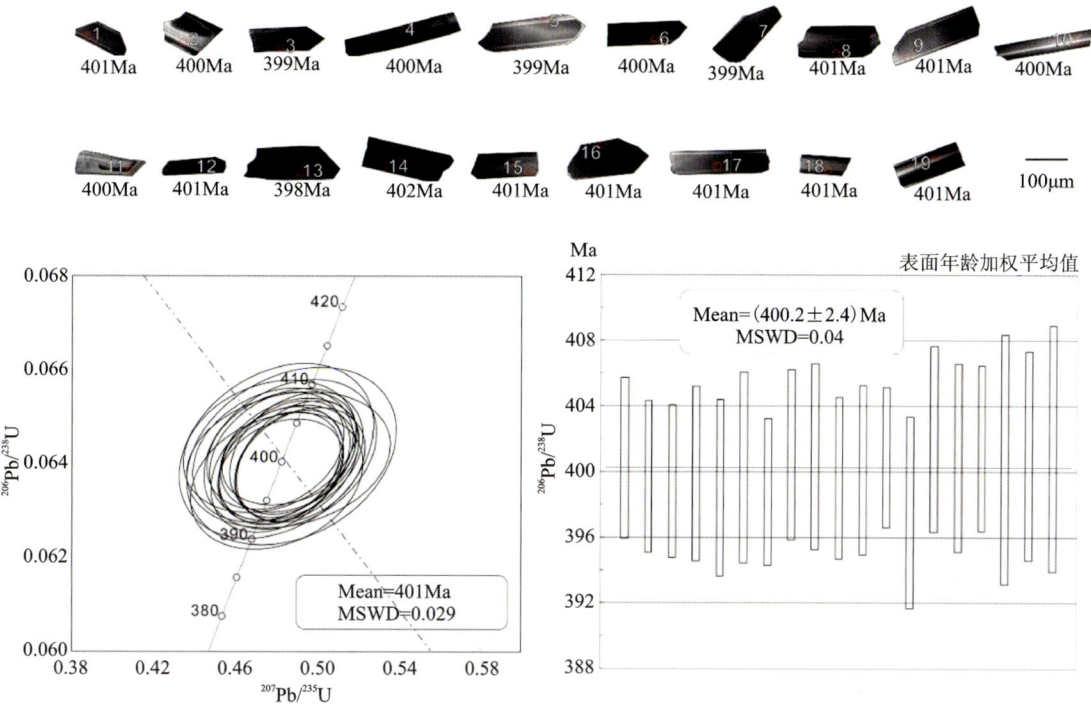

图 4-34　大通沟南山北地区花岗闪长岩单颗粒锆石阴极发光图像及锆石 U-Pb 年龄谐和图

(2)侵入岩岩石地球化学特征。

①元素地球化学。

主量元素:黑云母花岗岩岩体 SiO_2 均值为 73.18%,TiO_2 为 0.25%～0.37%,Al_2O_3 为 12.19%～13.86%,TFe_2O_3 为 2.16%～6.77%,样品点均落在花岗岩区域(图 4-35a),主体属高钾钙碱性岩石系列(图 4-35b)、弱过铝质岩石(图 4-35c)。

花岗闪长岩岩体 SiO_2 均值为 70.77%,TiO_2 为 0.27%～0.41%,Al_2O_3 为 14.76%～15.42%,样品点均落在花岗岩区域(图 4-35a),主体属钙碱性岩石系列(图 4-35b)、弱过铝质岩石(图 4-35c)。

闪长岩体 SiO_2 含量均值为 56.18%,TiO_2 为 0.90%～1.02%,Al_2O_3 为 16.36%～19.26%,TFe_2O_3 为 6.23%～7.12%,样品点落在闪长岩与辉长闪长岩区域,表现为亚碱性特征(图 4-35a),主体属钙碱性岩石系列(图 4-35b)、准铝质岩石(图 4-35c)。

大通沟南山北地区晚志留世—晚泥盆世侵入岩体主量元素 Harker 图解显示(图 4-36),除极少部分点存在偏移外,各氧化物含量与 SiO_2 之间均具有良好的线性关系。整体表现为 I 型花岗岩的特征。

稀土元素和微量元素:稀土元素总量差别较大,花岗闪长岩略低,但均显示轻稀土元素富集、重稀土元素相对亏损特征,轻重稀土分馏较明显。稀土元素球粒陨石标准配分形式呈明显的右倾形式(图 4-37)。花岗闪长岩具有轻微的 Eu 亏损;闪长岩具有轻微的 Eu 富集或者无异常。

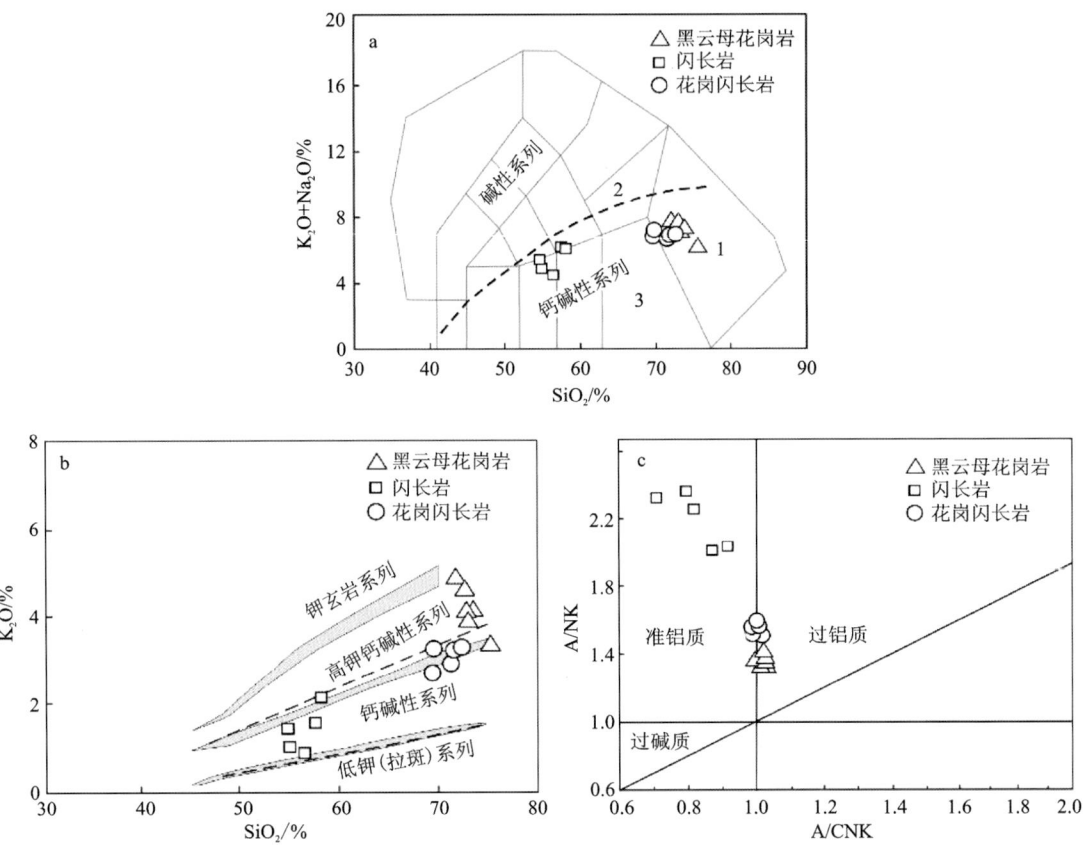

1. 花岗岩；2. 二长岩；3. 花岗闪长岩。

图 4-35 大通沟南山地区侵入岩体全碱-SiO_2（TAS）岩石分类图解（a）、
K_2O-SiO_2 岩石系列划分图解（b）、A/NK-A/CNK 图解（c）

微量元素组成上，大通沟南山地区早泥盆世侵入岩体中黑云母花岗岩、花岗闪长岩与闪长岩微量元素化学组成具有相似的原始地幔标准化微量元素蛛网图曲线分布形式。岩体不同程度地富集大离子亲石元素 Rb、Th、U、K，具有较高的 Pb 元素正异常；亏损高场强元素 Nb、Ba、Sr、P、Ti，且具有明显的负异常。

②锆石 Lu-Hf 同位素。

样品 ZY01（花岗闪长岩）锆石的 $^{176}Hf/^{177}Hf$ 比值变化于 0.282 612～0.282 751 之间，平均为 0.282 693。$\varepsilon_{Hf(t)}$ 值变化范围为 2.8～7.9，平均为 5.6。二阶段模式年龄（t_{DM2}）为 825～1109Ma，平均为 951Ma。其包裹体样品 BT01 锆石的 $^{176}Hf/^{177}Hf$ 比值变化于 0.282 600～0.283 013 之间，平均为 0.282 779。$\varepsilon_{Hf(t)}$ 值变化范围为 2.6～16.6，平均为 8.7。二阶段模式年龄（t_{DM2}）为 339～1123Ma，平均为 781Ma。

大通沟花岗闪长岩及其包裹体锆石 Hf 同位素组成整体显示新生地壳部分熔融及壳幔混合等源区属性特征（图 4-38）。

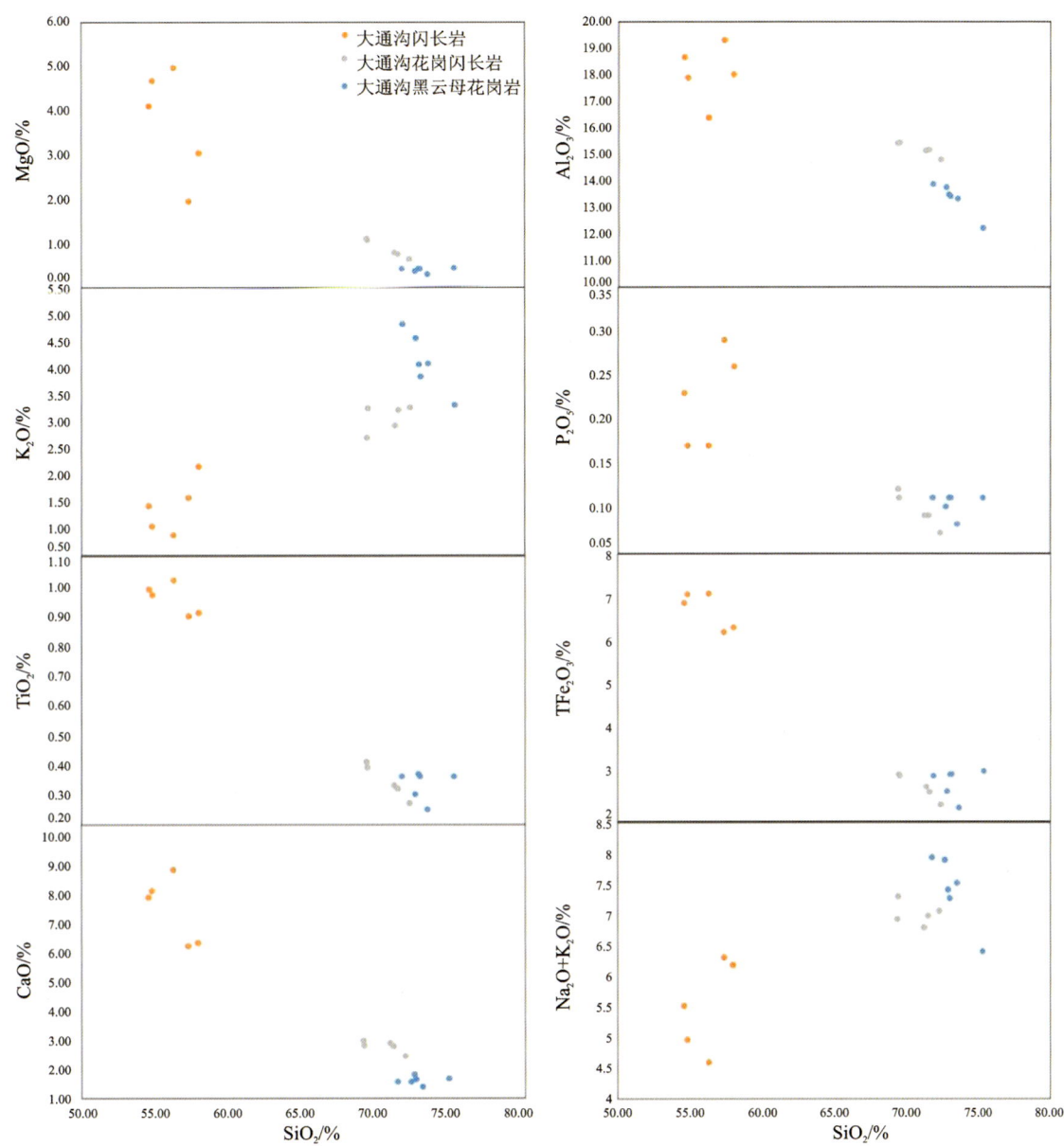

图 4-36 大通沟南山地区侵入岩体主量元素 Harker 图解

③Sr-Nd 同位素。

对黑云母花岗岩及闪长岩进行了 Sr-Nd 同位素测试(图 4-39),黑云母花岗岩的 $\varepsilon_{Nd(t)}$ 值一个为 -6.16,一个为 -0.45,变化较大,推测可能由蚀变引起 Rb-Sr 体系发生变化,相对应的 $t_{DM}(Nd)$ 为 1875Ma 和 2000Ma,$(^{87}Sr/^{86}Sr)_i$ 值为 0.721 725 和 0.704 243;闪长岩的 $\varepsilon_{Nd(t)}$ 值变化范围为 -0.58~1.04,相对应的 $t_{DM}(Nd)$ 为 1188Ma 和 1429Ma,$(^{87}Sr/^{86}Sr)_i$ 值为 0.705 889 和 0.706 253。

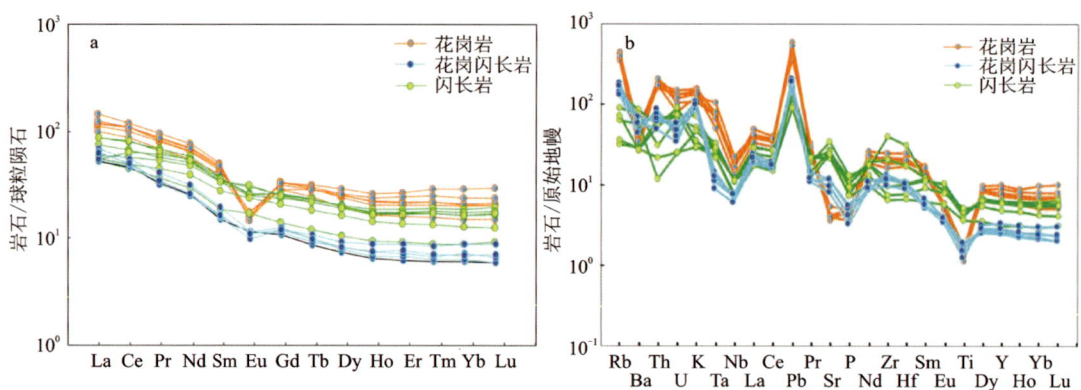

图 4-37 大通沟南山地区早泥盆世侵入体稀土元素球粒陨石标准化配分曲线(a)和微量元素原始地幔标准化蛛网图(b)

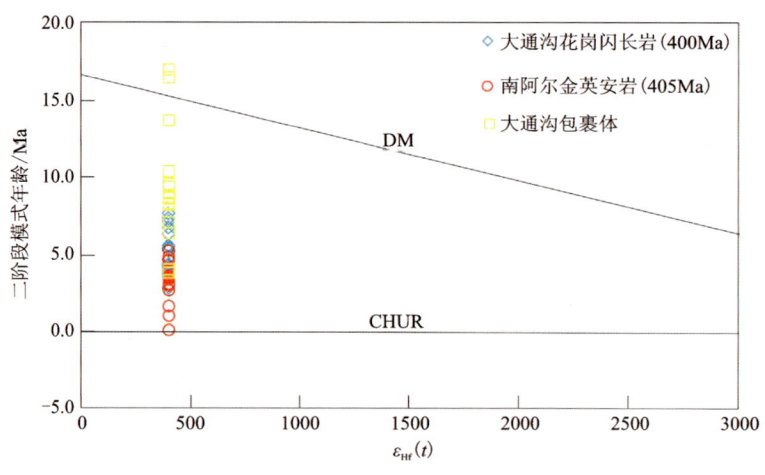

DM.亏损地幔；CHUR.原始地幔。

图 4-38 阿尔金大通沟南山地区花岗闪长岩 Hf 同位素特征

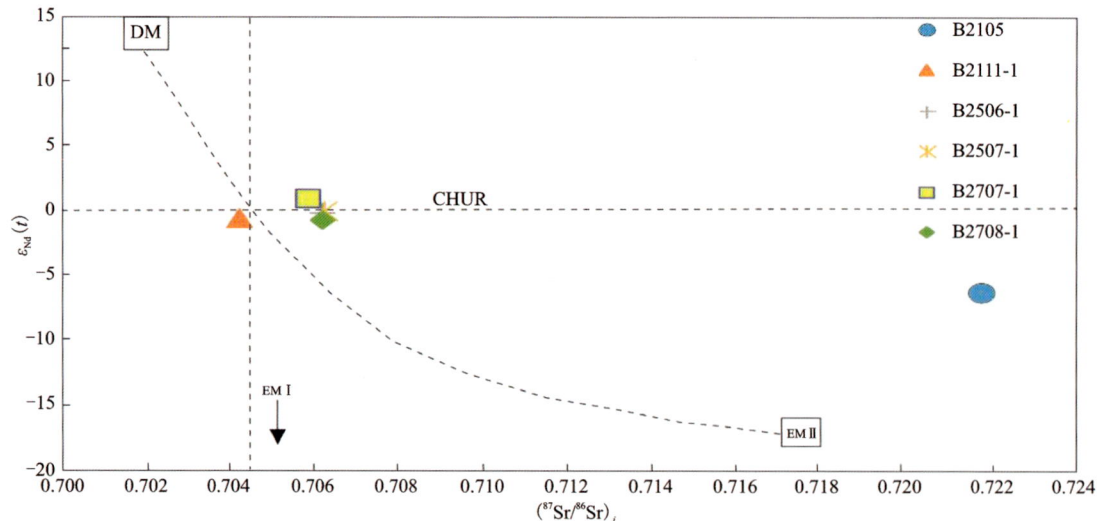

DM.亏损地幔；CHUR.原始地幔；EMⅠ.富集地幔Ⅰ；EMⅡ.富集地幔Ⅱ。

图 4-39 阿尔金大通沟南山地区晚泥盆世$(^{87}Sr/^{86}Sr)_i$-$\varepsilon_{Nd}(t)$图解

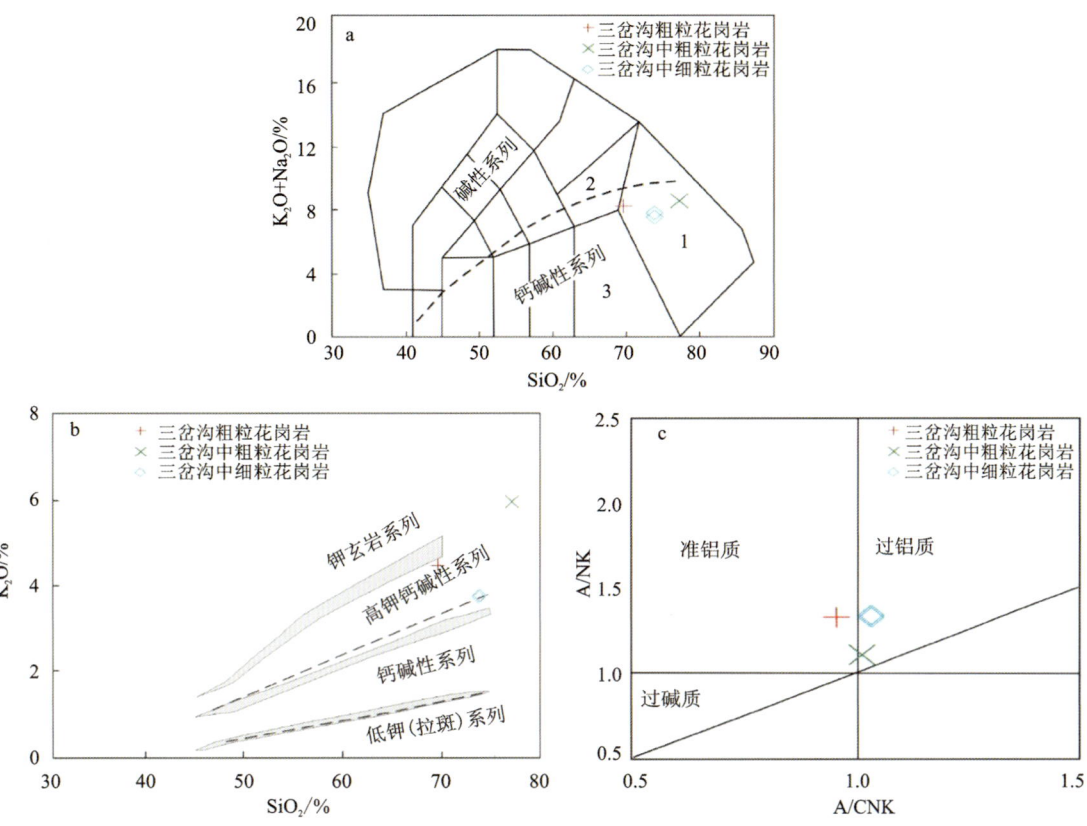

1. 花岗岩；2. 二长岩；3. 花岗闪长岩。

图 4-60　柴北缘中二叠世代表性岩体全碱-SiO_2（TAS）岩石分类图解（a）、K_2O-SiO_2 岩石系列划分图解（b）、A/NK-A/CNK 图解（c）

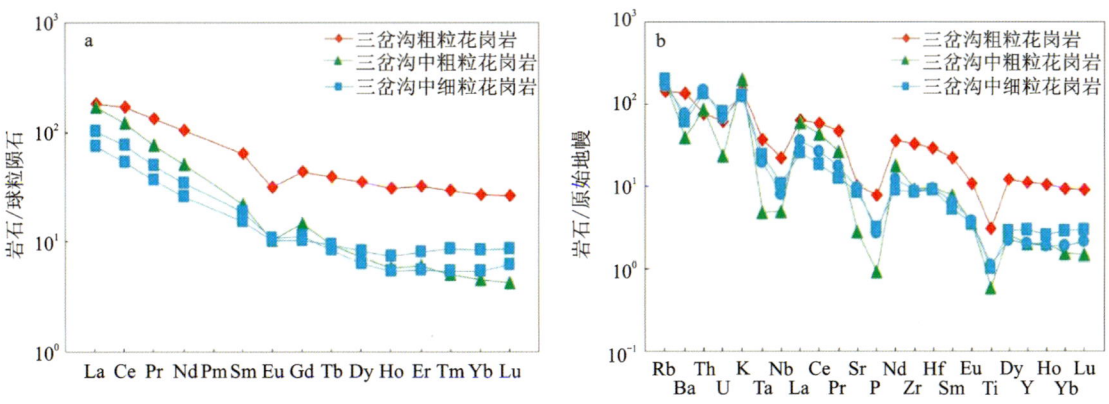

图 4-61　柴北缘地区中二叠世代表性侵入岩体稀土元素球粒陨石标准化配分曲线（a）和微量元素原始地幔标准化蛛网图（b）

1）晚寒武世—早志留世

（1）侵入岩岩石年代学意义。

柴南缘巴勒木特尔石英闪长岩样品锆石的 $^{206}Pb/^{238}U$ 平均加权年龄为 (501.7 ± 3.1) Ma（图 4-62），代表其形成于晚奥陶世。

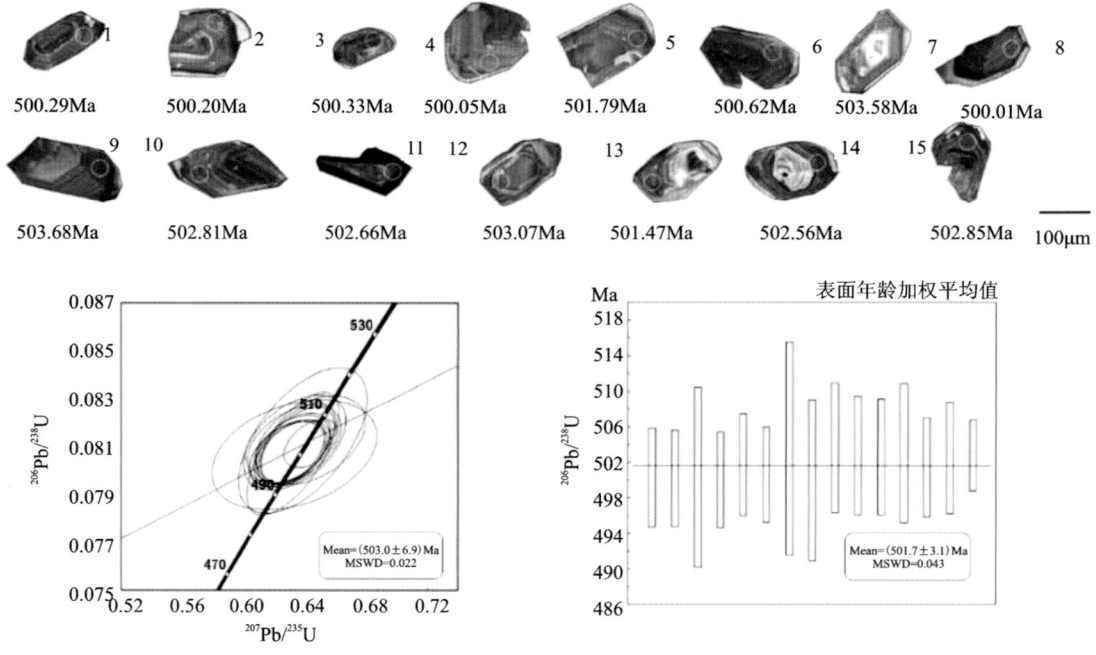

单颗粒锆石阴极发光图像及锆石 U-Pb 年龄谐和图

图 4-62 柴南缘晚奥陶世巴勒木特尔石英闪长岩

(2)侵入岩岩石地球化学特征。

①元素地球化学

主量元素：巴勒木特尔石英闪长岩岩体样品 SiO_2 含量为 $55.08\%\sim59.47\%$，TiO_2 含量为 $0.57\%\sim0.74\%$，Al_2O_3 含量为 $16.14\%\sim18.22\%$，落在辉长闪长岩与闪长岩区域(图 4-63a)，整体属高钾钙碱性岩石系列(图 4-63b)、准铝质岩石(图 4-63c)。

稀土元素和微量元素：柴南缘地区巴勒木特尔石英闪长岩稀土总量中等，轻重稀土含量差别较大，显示轻稀土元素富集，重稀土元素相对亏损特征。无 Eu 异常或具有轻微的负异常(图 4-64a)。

微量元素组成上，柴南缘地区巴勒木特尔石英闪长岩不同程度地富集大离子亲石元素 Rb、Ba、K(图 4-64b)，另外 Th、U、Nb、Ta、P、Ti 具有明显的负异常，Sr、Zr、Hf 具有轻微的亏损，Sr/Y 值为 $15.16\sim36.46$。

Sr-Nd 同位素：柴南缘地区巴勒木特尔石英闪长岩的 $\varepsilon_{Nd}(t)$ 值为 $-6.54\sim-6.46$，相对应的 $t_{DM}(Nd)$ 为 1952Ma 和 1466Ma，$(^{87}Sr/^{86}Sr)_i$ 值为 0.713 220 和 0.714 109，代表它来自壳幔混合的源区(图 4-65)。

②构造背景。

微量元素 Rb-(Y+Nb) 和 Rb-(Yb+Ta) 构造环境判别图解(图 4-66)显示，柴南缘地区巴勒木特尔石英闪长岩样品点落入岛弧花岗岩区，指示其可能形成于岛弧环境。

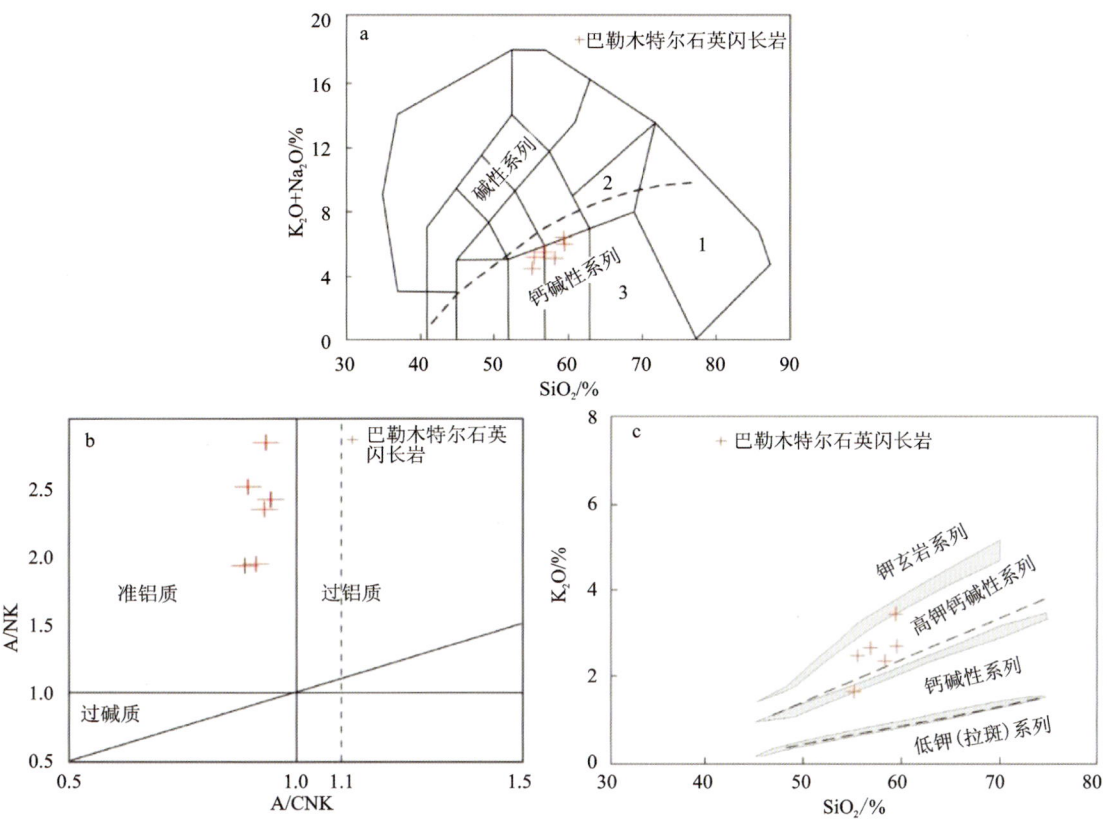

1. 花岗岩；2. 二长岩；3. 花岗闪长岩。

图 4-63 柴南缘晚奥陶世巴勒木特尔石英闪长岩体全碱-SiO_2（TAS）岩石分类图解（a）、A/NK-A/CNK 图解（b）、K_2O-SiO_2 岩石系列划分图解（c）

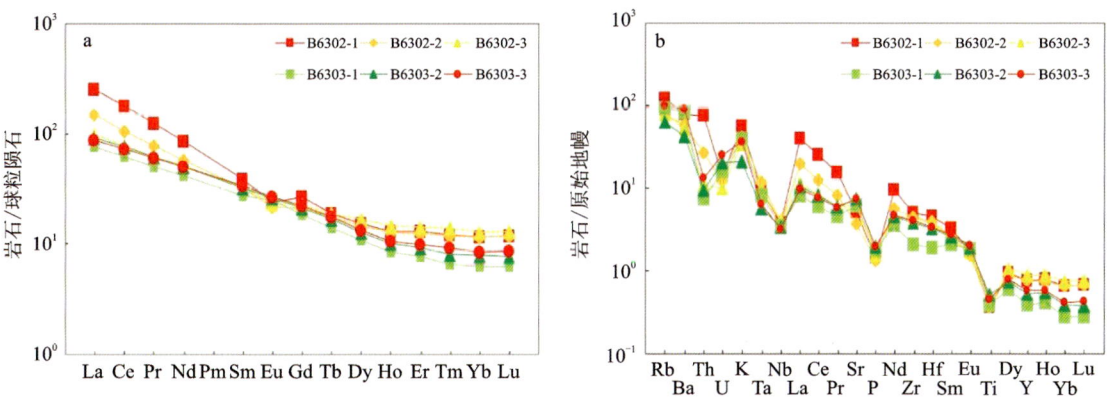

图 4-64 柴南缘地区巴勒木特尔石英闪长岩岩体稀土元素球粒陨石标准化配分曲线（a）和微量元素原始地幔标准化蛛网图（b）

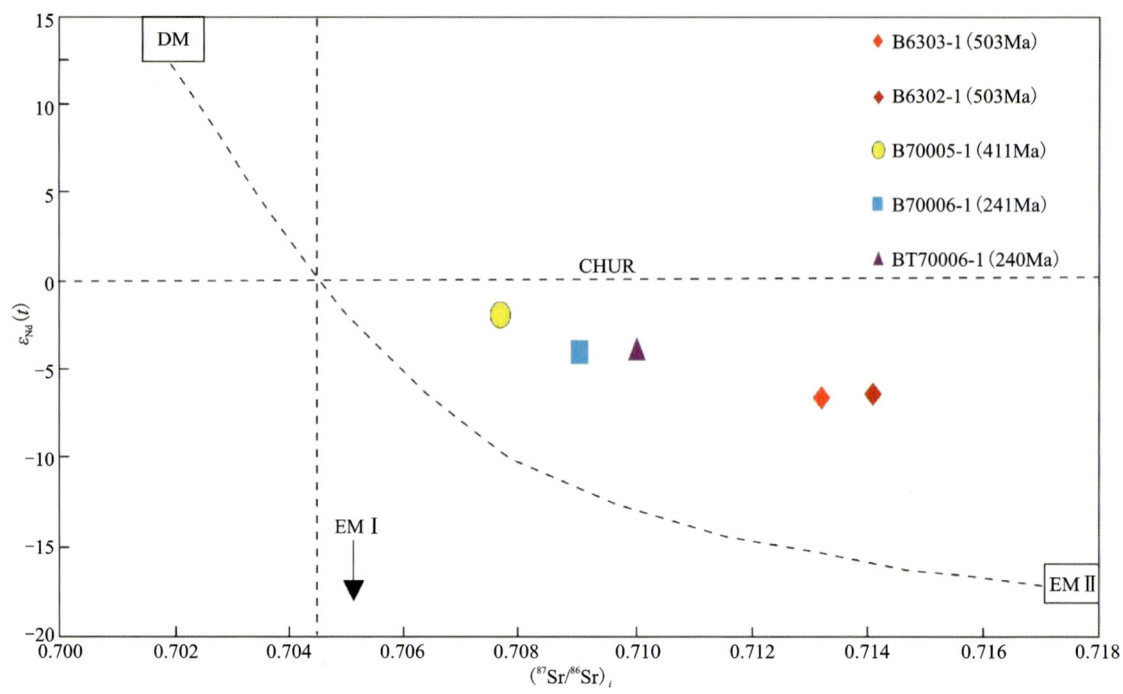

DM. 亏损地幔；CHVR. 原始地幔；EMⅠ. 富集地幔Ⅰ；EMⅡ. 富集地幔Ⅱ。

图 4-65 东昆仑晚寒武世—早三叠世 $(^{87}Sr/^{86}Sr)_i$-$\varepsilon_{Nd}(t)$ 图解

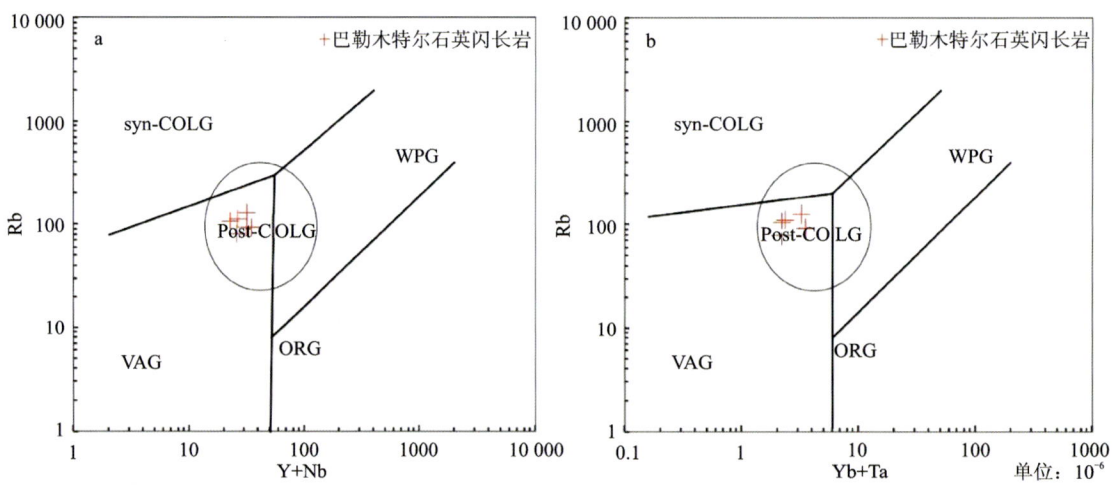

WPG. 板内花岗岩；VAG. 火山弧花岗岩；syn-COLG. 同碰撞花岗岩；ORG. 洋中脊花岗岩；Post-COLG. 后碰撞花岗岩。

图 4-66 柴南缘地区巴勒木特尔石英闪长岩 Rb-(Y+Nb)(a) 和 Rb-(Yb+Ta) 构造环境判别图解 (b)

已有的研究结果表明，东昆仑早古生代洋盆的打开和扩张应发生在早寒武世之前。洋壳俯冲消减可能开始于早寒武世末期，并且伴随着洋盆的向北俯冲，昆中和昆北地区出现了一系列与俯冲有关的岩浆和变质事件记录，例如具岛弧岩浆岩特征岩浆岩组合及与洋壳深俯冲有关的高温中压麻粒岩（李怀坤等，2006；陈能松等，2007；张亚峰等，2010；崔美慧等，2011）。因此，东昆仑早古生代花岗岩在晚寒武世—早志留世处于洋壳俯冲阶段。

2)早志留世

(1)侵入岩岩石年代学意义。

王晓霞等(2012)识别出万宝沟环斑花岗岩(440Ma),高永宝和李文渊(2011)获得祁漫塔格白干湖地区 A 型花岗岩年龄为(429.5±3.2)Ma 和(430.5±1.2)Ma,郝杰等(2003)获得祁漫塔格地区阿牙克岩体年龄为(420±4)Ma。

(2)侵入岩岩石地球化学特征。

①元素地球化学。

主量元素:白干湖二长花岗岩与万宝沟二长花岗岩岩体样品 SiO_2 含量变化范围为 68.23%~73.04%,TiO_2 含量变化范围为 0.08%~0.46%,Al_2O_3 含量变化范围为 13.16%~15.06%,大致落在花岗岩区域(图 4-67a),岩石主体属高钾钙碱性岩石系列(图 4-67b)、准铝质-弱过铝质岩石(图 4-67c)。

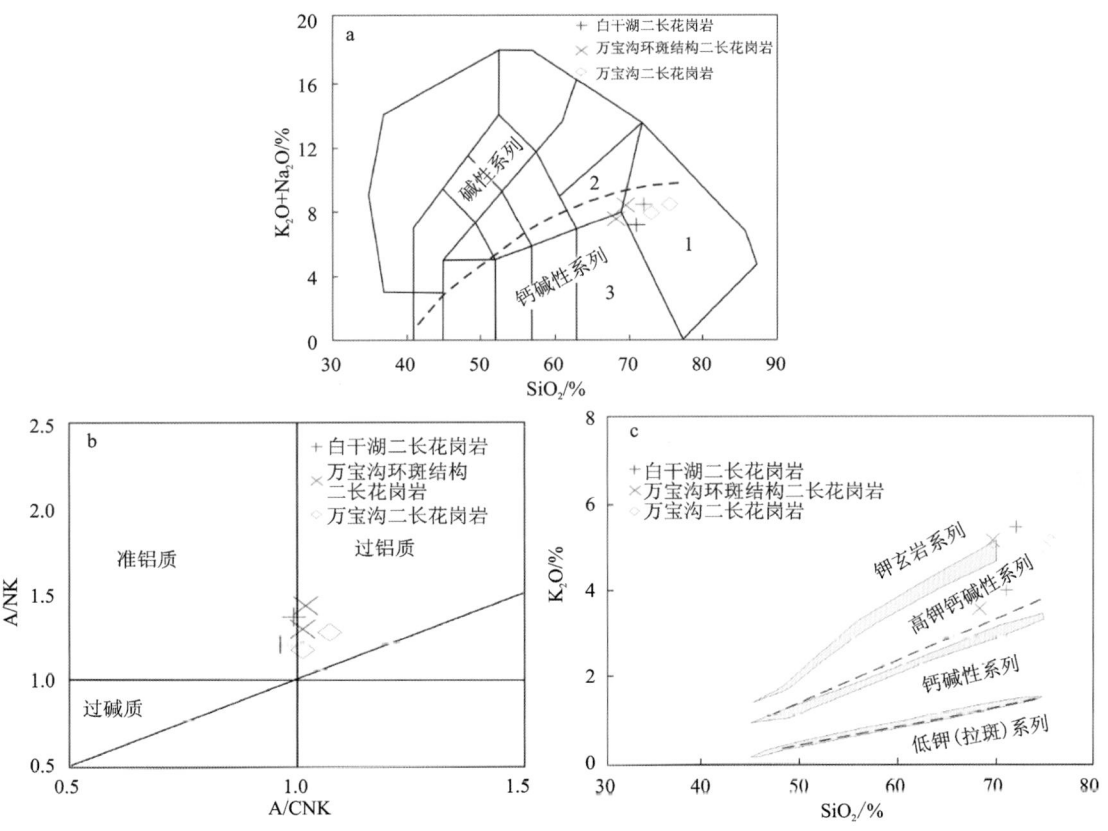

1.花岗岩;2.二长岩;3.花岗闪长岩。

图 4-67 柴南缘早志留世代表性岩体全碱-SiO_2(TAS)岩石分类图解(a)、A/NK-A/CNK 图解(b)、K_2O-SiO_2 岩石系列划分图解(c)

稀土元素和微量元素:柴南缘地区白干湖二长花岗岩与万宝沟二长花岗岩岩体,稀土总量中等,轻重稀土含量差别较大,显示轻稀土元素富集,重稀土元素相对亏损特征(图 4-68a)。岩石具有 Eu 的负异常。

微量元素组成上,柴南缘地区白干湖二长花岗岩与万宝沟二长花岗岩岩体不同程度地富集大离子亲石元素Rb、Th、U、K,另外Ba、Nb、P、Ti具有明显的负异常,Sr、Zr、Hf具有轻微的负亏损(图4-68b),Sr/Y值为2.5~9.3。

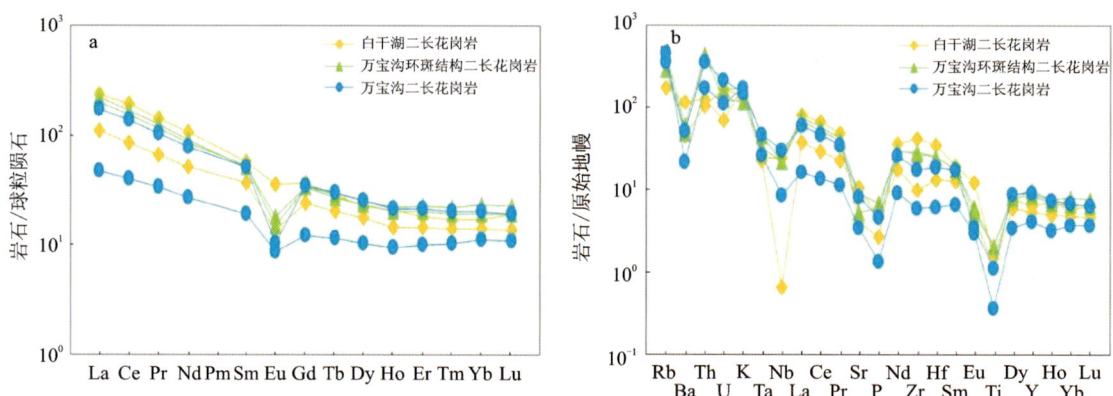

图4-68 柴南缘地区早志留世代表性侵入岩体稀土元素球粒陨石标准化配分曲线(a)和微量元素原始地幔标准化蛛网图(b)

Sr-Nd同位素:花岗闪长岩(411Ma)的$\varepsilon_{Nd}(t)$值为-1.84,相对应的$t_{DM}(Nd)$为1584Ma,$(^{87}Sr/^{86}Sr)_i$值为0.70768,代表了它来自壳幔混合的源区。

②构造背景。

柴南缘地区白干湖二长花岗岩与万宝沟二长花岗岩微量元素Rb-(Y+Nb)和Rb-(Yb+Ta)构造环境判别图解(图4-69)显示,样品点落入岛弧花岗岩与同碰撞交界的后碰撞花岗岩区域,说明晚寒武世—早志留世东昆仑处于后碰撞造山局部拉张的构造环境中。柴南缘地区白干湖二长花岗岩与万宝沟二长花岗岩及区域上同期的A型花岗岩均是后碰撞伸展构造背景下的岩浆活动产物。

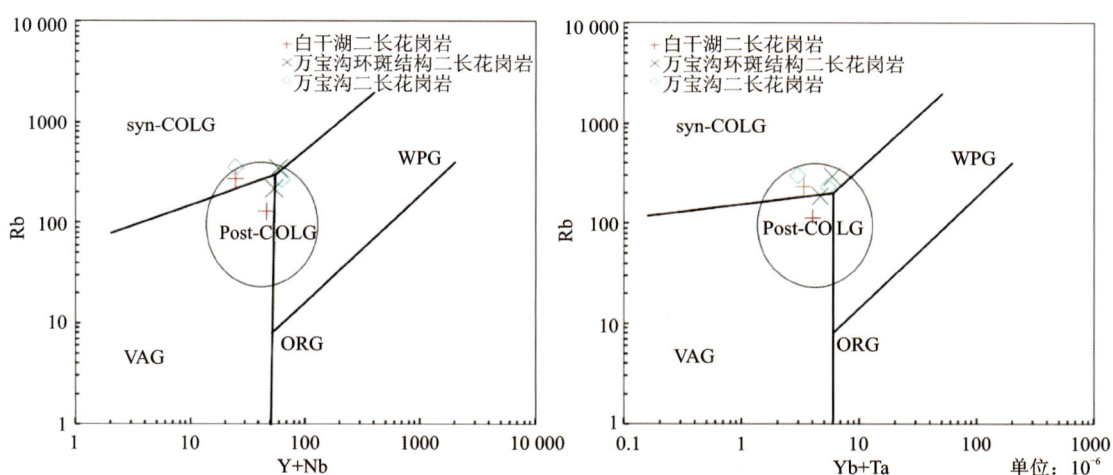

WPG. 板内花岗岩;VAG. 火山弧花岗岩;syn-COLG. 同碰撞花岗岩;ORG. 洋中脊花岗岩;Post-COLG. 后碰撞花岗岩。

图4-69 柴南缘地区早志留世代表性侵入岩体Rb-(Y+Nb)和Rb-(Yb+Ta)构造环境判别图解

3）晚二叠世—早三叠世

（1）侵入岩岩石年代学意义。

约格鲁岩体暗色微粒包裹体样品锆石的 $^{206}Pb/^{238}U$ 平均加权年龄为241Ma（图4-70），代表其形成于早—中三叠世。同时，在东昆仑五龙沟地区也获得大量240Ma左右花岗岩年龄数据。

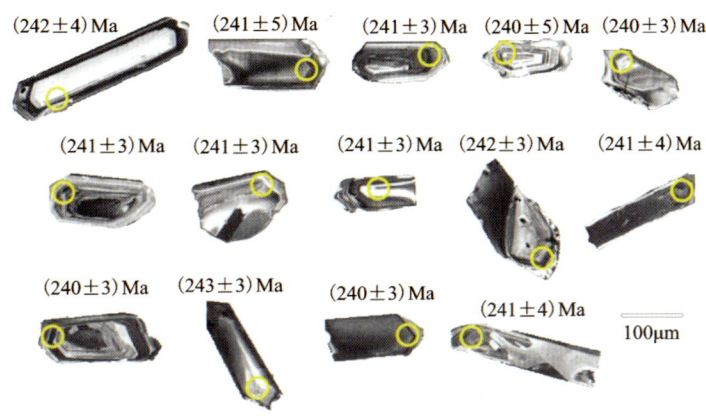

图4-70　约格鲁岩体暗色微粒包裹体单颗粒锆石阴极发光图像及其表面年龄

（2）侵入岩岩石地球化学特征。

①元素地球化学。

主量元素：SiO_2含量为50.92%～67.93%，样品点主要落在花岗闪长岩、闪长岩和辉长岩区域（图4-71a）；A/CNK变化范围为0.79～1.02，以准铝质为主（图4-71b）；岩石中CaO含量为3.38%～8.43%，Na_2O含量为2.63%～3.67%，K_2O含量为1.52%～2.62%，全碱含量（Na_2O+K_2O）为4.15%～6.29%，为中—高钾钙碱性系列岩石（图4-71c）。包裹体的MgO含量为1.54%～4.79%，TFe_2O_3含量为4.26%～9.87%，$Mg^\#$变化范围为38.33～50.65。在MgO-TFeO图解（图4-71d）中，包裹体样品点主要落在岩浆混合趋势线附近。

在Harker图解中（图4-72），与前人（刘成东等，2002；王学良，2012）所测包裹体和寄主花岗闪长岩一起投点，各氧化物与SiO_2呈明显的直线相关关系。其中MgO、CaO、TFe_2O_3、MnO_2、Al_2O_3、TiO_2与SiO_2呈明显的负线性相关，K_2O与SiO_2呈较明显的正线性相关；与寄主岩石相比，包裹体相对富集MgO、Fe_2O_3、CaO、Al_2O_3和TiO_2，而亏损SiO_2、Na_2O和K_2O。

稀土元素和微量元素：约格鲁岩体闪长质包裹体稀土元素总量为(55.05～119.75)×10^{-6}，轻重稀土比值为2.10～7.08，$(La/Yb)_N$比值为1.10～6.63，表现为略微富集轻稀土，但轻重稀土分馏程度不强，为平坦的轻重稀土配分模式。σEu值为0.72～0.98，在配分图（图4-73a）上表现为弱的Eu负异常或无异常；σCe值为0.89～1.06，Ce基本无异常。

闪长质包裹体Ba含量为(432～680)×10^{-6}，Rb含量为(57.10～145.00)×10^{-6}，Nb含量为(9.20～16.50)×10^{-6}，Rb/Sr比值为0.21～0.60，平均值为0.374；Nb/Ta比值为3.54～10.78。原始地幔标准化后微量元素蛛网图（图4-73b）显示包裹体较富集大离子亲石元素（LILEs），如Rb、Ba、Th、U等，较亏损高场强元素（HFSEs），如Nb、Ta、Ti、P等，Sr元素也呈

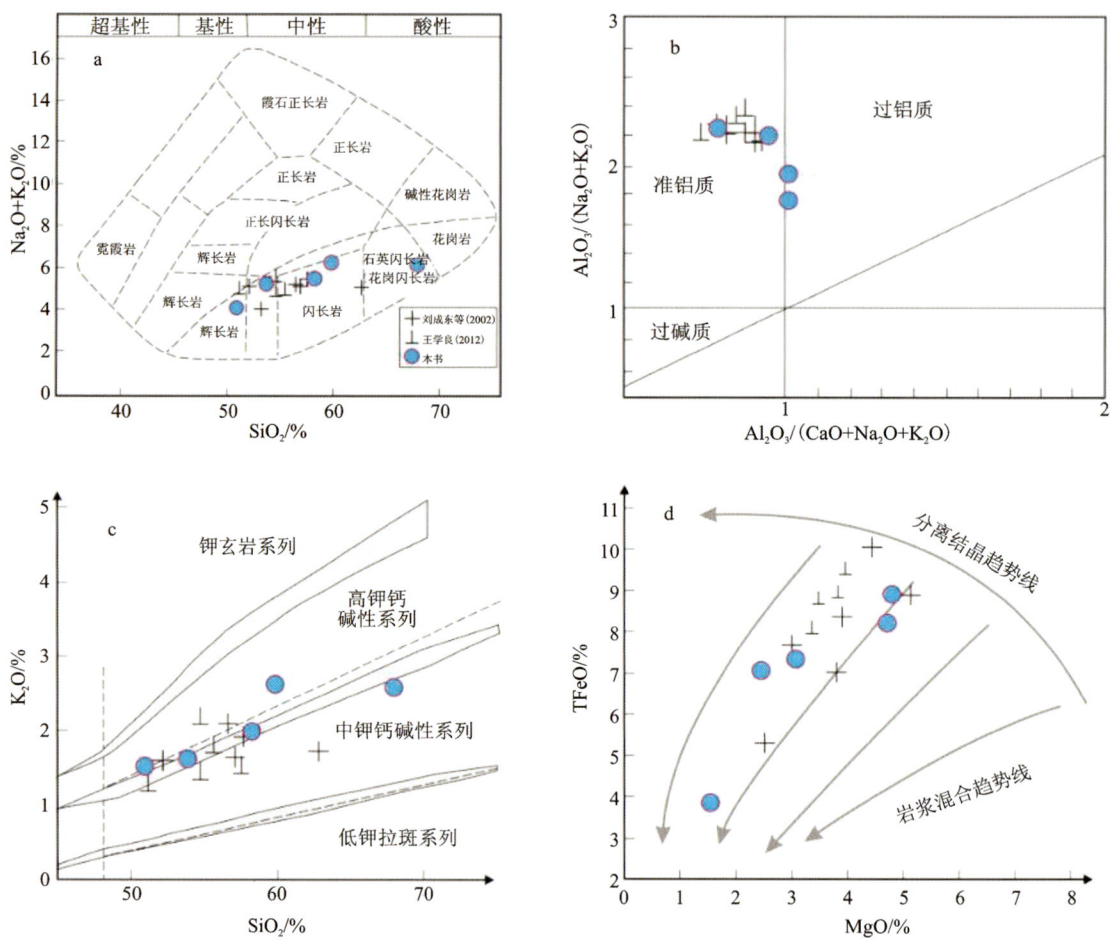

图 4-71 柴南缘晚二叠世—早三叠世约格鲁岩体暗色微粒包裹体主量元素特征

负异常。不同样品的某些元素含量变化较大,如 Th 的含量变化范围为$(1.57\sim11.60)\times10^{-6}$,Ta 的含量为$(0.86\sim2.60)\times10^{-6}$。样品 BT70010-1Th 含量为$11.60\times10^{-6}$,Ta 含量为$2.60\times10^{-6}$,高于其他样品,Sr 元素表现为正异常与其他样品的负异常不同;BT70007-1P 元素的正异常也和其他样品迥异。

Sr-Nd 同位素:对在约格鲁采集的花岗闪长岩(240Ma)及包裹体(240Ma)进行了 Sr-Nd 同位素测试,$(^{87}Sr/^{86}Sr)_i$ 和 ε_{Nd} 值根据锆石 U-Pb 年龄计算,花岗闪长岩的 $\varepsilon_{Nd}(t)$ 值为-4.03,相对应的 $t_{DM}(Nd)$ 为 1154Ma,$(^{87}Sr/^{86}Sr)_i$ 值为 0.70905,代表了它来自壳幔混合的源区;包裹体的 $\varepsilon_{Nd}(t)$ 值为-3.88,相对应的 $t_{DM}(Nd)$ 为 2161Ma,$(^{87}Sr/^{86}Sr)_i$ 值为 0.71004。

②构造背景。

中三叠世(240Ma 左右)形成的五龙沟、哈拉尕吐和香加南山等花岗闪长岩体均具有陆缘弧岩浆岩特征,且均含闪长质包裹体。白日其利和和勒岗那仁地区出露的基性岩墙群同样反映了陆缘弧局部伸展构造环境。在 Th-Hf/3-Ta 判别图解(图 4-74)中,闪长质包裹体大多数落在岛弧钙碱性玄武岩区域(CAB);在 Nb/Yb-Th/Yb 图解中,几乎全部落在大陆弧区域。因此推断约格鲁闪长质包裹体的形成环境可能为活动大陆边缘弧环境。

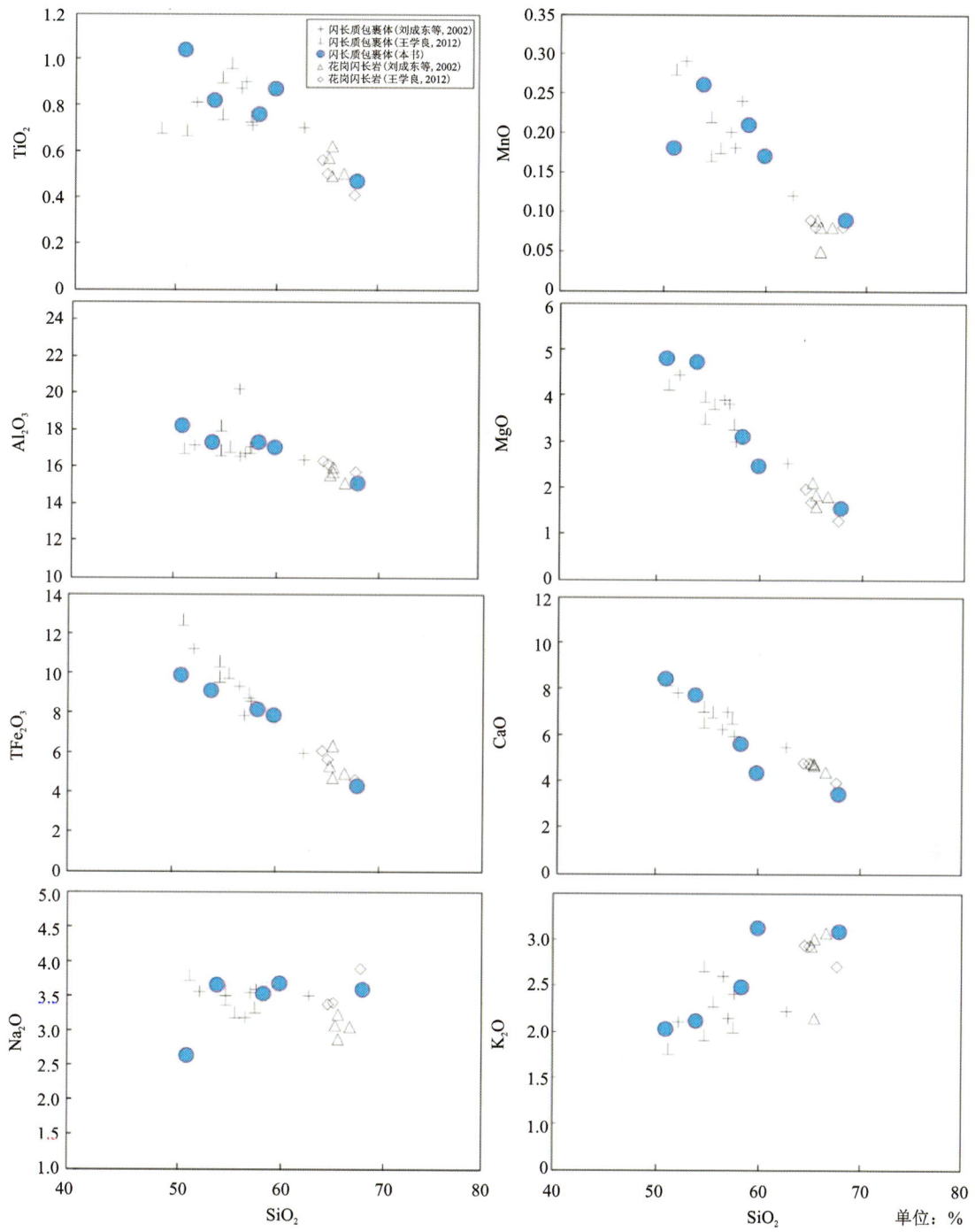

图 4-72 约格鲁岩体暗色微粒包裹体与寄主岩石 Harker 图解

陈国超(2014)、李瑞保(2012)等指出布青山-阿尼玛卿洋俯冲洋壳脱水产生大量流体导致地幔发生部分熔融,产生的幔源岩浆底侵下地壳,促使下地壳发生部分熔融,壳源岩浆上侵形成了香加南山岩体和哈拉尕吐岩体。壳源岩浆与幔源岩浆的混合形成了闪长质包裹体。熊富浩等(2011)指出香日德石英闪长岩和包裹体是由富集岩石圈地幔源区性质的基性岩浆

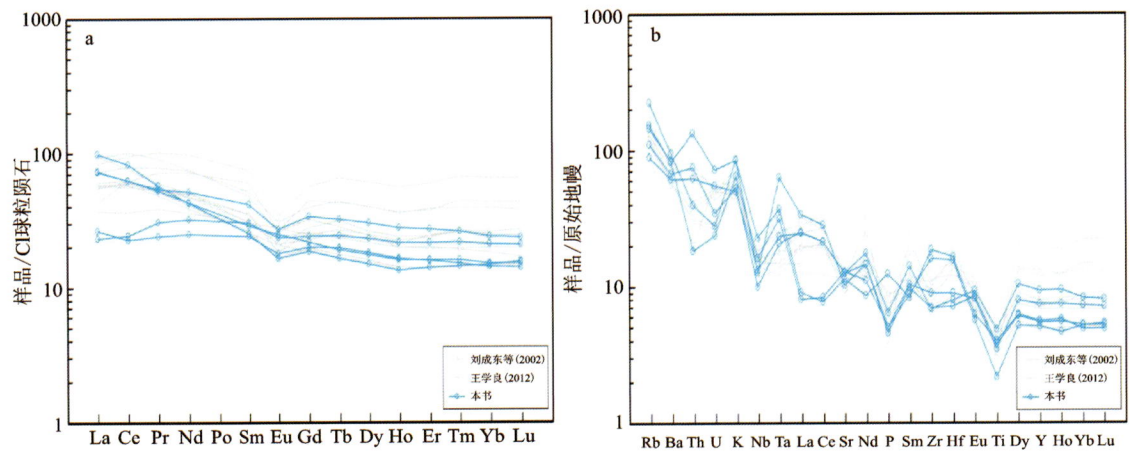

图 4-73 约格鲁岩体暗色微粒包裹体稀土元素配分图(a)和微量元素蛛网图(b)

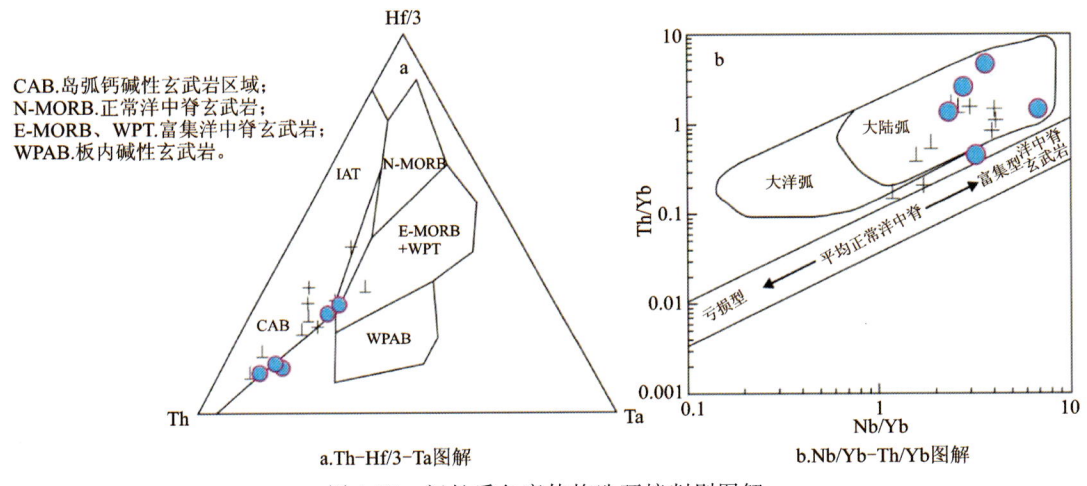

图 4-74 闪长质包裹体构造环境判别图解

与下地壳岩浆混合形成的,只是二者壳幔岩浆比例不同,包裹体比石英闪长岩幔源成分更多。

由此可见,在这一构造体制转换的陆缘弧环境下,容易发生幔源岩浆对下地壳的底侵作用以及壳幔岩浆的混合。在中三叠世,阿尼玛卿-古特提斯洋俯冲末期产生的大量流体使上覆富集岩石圈地幔发生部分熔融并带入了 Rb、Ba、Th、U 等大离子亲石元素,形成的高温基性岩浆底侵下地壳,下地壳由于受热而发生部分熔融产生大量壳源岩浆,壳源岩浆在下地壳及运移途中发生不均匀混合作用,机械混合于酸性岩浆系统中的基性岩浆团冷却形成闪长质包裹体。岩浆在侵位过程中可能受到了昆中断裂等北西-南东向断裂的控制而呈线性分布。

不过,莫宣学等(2007)认为东昆仑中三叠世俯冲结束—碰撞开始时,由于板片断离作用导致软流圈物质上隆并诱发地幔楔的减压熔融,产生的镁铁质岩浆底侵下地壳,促使下地壳部分熔融并发生岩浆混合作用。不均匀混合岩浆最终形成闪长质包裹体和花岗质岩体。这种机制与上述机制的差别仅在于引起地幔楔熔融的原因有所不同。总之,在中三叠世,幔源岩浆底侵作用和壳幔岩浆混合作用是东昆仑东段重要的壳幔相互作用机制。

第四章　柴周缘典型晶质石墨矿床地质特征及矿床成因

（二）柴周缘石墨赋矿地层

1. 柴北缘地层条件

1）柴北缘含石墨地层地质特征、单元划分及岩石组合

柴北缘主要广泛分布着达肯大坂岩群，时代为古元古界，按岩性组合分为 3 个岩组：片麻岩组、片岩组、大理岩组。柴北缘石墨主要赋存在大理岩组和片岩组内，片麻岩组亦有少量分布。该套地层遭受了不同程度的变形变质作用，出现糜棱岩化、碎裂岩化，层序、层位发生了巨大变化，并受到多期次构造叠加改造，表现为一套层状无序的中—深变质岩系。片麻岩组岩石组合为混合岩化的片麻岩、黑云斜长片麻岩、二长片麻岩、斜长浅粒岩等，以黑云斜长片麻岩为主体。岩石普遍受到不同程度变质、变形，沉积构造均无保留，层中广泛发育条纹状、条带状及眼球状构造，黏滞型石香肠、层掩卧褶皱、叠加褶皱。片岩组岩性以斜长角闪片岩、石英片岩、长石石英片岩和石英岩为主。大理岩组主要夹在片麻岩组中间而断续展布，二者主体构造面理平行一致或呈断层接触关系，主要岩性为白云石大理岩、碎裂大理岩等。

2）柴北缘含石墨地层地球化学特征

乌兰地区达肯大坂岩群岩性可划分为四类：片麻岩类、变粒岩类、片岩类和斜长角闪岩类。对该套含石墨地层的地球化学进行了研究，探讨了乌兰地区达肯大坂岩群原岩建造及形成的构造环境。

（1）主量元素地球化学特征及原岩恢复。

片麻岩类在(al+fm)-(c+ALK)-Si 原岩判别图解中主体位于泥质沉积岩和砂质沉积岩之间区域（图 4-75），以富铝、贫钙为特征，该类岩石有较多的云母和石榴石矿物，该类岩石主要包括黑云斜长片麻岩、二云斜长片麻岩等片麻岩类。变粒岩类在(al+fm)-(c+ALK)-Si 原岩判别图解中主体位于火山岩区（图 4-75），该类岩石有变粒岩、浅粒岩和斜长变粒岩等岩石组合。片岩类在(al+fm)-(c+ALK)-Si 原岩判别图解中投到火山岩和砂质沉积岩的交界处（图 4-75），该类岩石有长石石英岩、石英片岩等岩石类型，原岩很可能为长英质的火山岩。斜长角闪岩在(al+fm)-(c+ALK)-Si 原岩判别图解中投到火山岩区域（图 4-75），此类岩石相对贫硅、富钙，属于变质岩系列，原岩为基性火山岩。

判断岩石类型的 SiO_2-(Na_2O+K_2O) 和 AFM 图解中（图 4-76），所有的斜长角闪岩和一件变粒岩落入亚碱性拉斑玄武岩系列。

对于达肯大坂岩群微量元素，片麻岩和变粒岩类的 Ba、Zr 和 Sr 含量较高图 4-77a，变化范围大，分别为 $(22.92 \sim 1653) \times 10^{-6}$、$(37.66 \sim 884.00) \times 10^{-6}$、$(15.72 \sim 430.00) \times 10^{-6}$，显示出达肯大坂岩群物源以近源为主、物源复杂的特点，活泼元素 Cr、Co、Ni 含量变化也比较大，分别为 $(4.93 \sim 301.3) \times 10^{-6}$、$(0.015 \sim 39.46) \times 10^{-6}$、$(2.15 \sim 38.8) \times 10^{-6}$。

达肯大坂岩群的片麻岩、变粒岩和石英片岩等各类岩石稀土元素总量高、差异大，一般 $\Sigma REE=(69.88 \sim 395.53) \times 10^{-6}$。片麻岩、变粒岩和石英片岩的稀土元素球粒陨石标准化配分曲线如图 4-77b 所示，不同岩石类型、不同岩性段同种岩性稀土元素含量及配分模式不同，片麻岩类稀土元素总量较高，$\Sigma REE=(153.51 \sim 395.53) \times 10^{-6}$，LREE/$\Sigma$HREE=5.35～

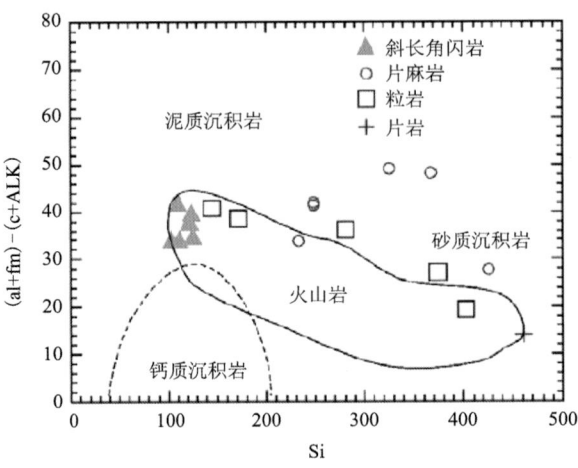

图 4-75 达肯大坂岩群(al+fm)-(c+ALK)-Si 图解

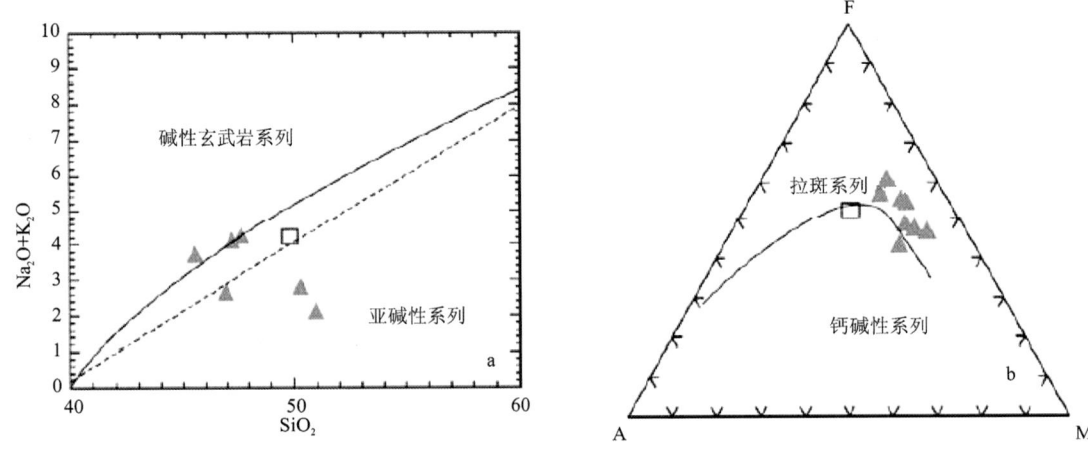

图 4-76 达肯大坂岩群变质基性岩(Na_2O+K_2O)-SiO_2(a)图解和 AFM 图解(b)

18.11,轻重稀土分馏较为明显,Eu=0.17~0.59,Eu 负异常较明显,稀土元素标准化配分曲线呈轻稀土富集型的右倾型,太古宇澳大利亚沉积岩(PAAS)、欧洲页岩(ES)、北美页岩(NASC)稀土元素球粒陨石标准化配分曲线比较一致;变粒岩的稀土元素总体含量较低,ΣREE=(88.85~374.71)×10^{-6},LREE/ΣHREE=7.48~10.89,轻重稀土分馏较为明显,Eu=0.17~0.88,Eu 负异常较明显,稀土元素分配形式呈轻稀土富集型的右倾曲线。

(2)达肯大坂岩群原岩建造与形成构造环境。

达肯大坂岩群片麻岩和变粒岩的原岩为一套泥质岩、含泥质长石石英砂岩,石英岩类为石英砂岩或硅质岩,斜长角闪岩类为玄武岩,石英片岩类为长英质火山岩(表 4-8)。因此,达肯大坂岩群的原岩建造以陆源碎屑沉积岩为主夹基性和中酸性火山岩。达肯大坂岩群 K_2O/Al_2O_3 介于 0.05~0.32,平均 0.18,Al_2O_3/TiO_2 介于 3.79~78.06,平均 23.71,Cr/Zr<1,均表明母岩中碱性长石含量较低,物源主要来自长英质岩石。达肯大坂岩群变沉积岩平均化学成分与陆缘碎屑沉积岩比较接近,而其物源区类型复杂,显示很可能来源于复杂的物源区。

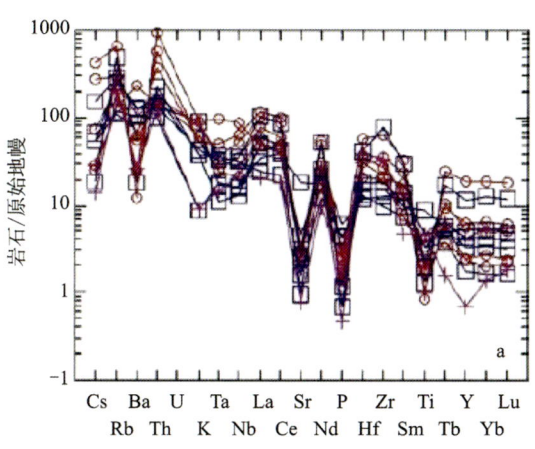
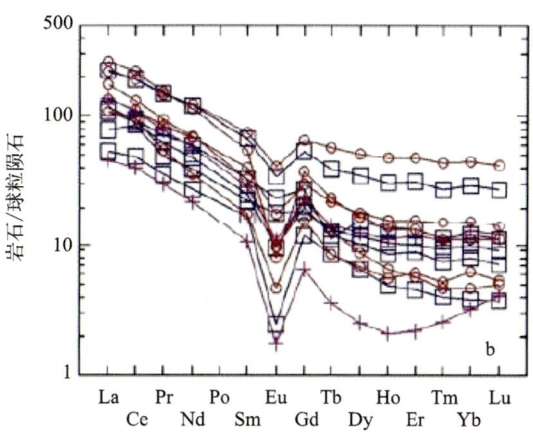

图 4-77　达肯大坂岩群岩石微量元素原始地幔标准化蛛网图(a)和稀土元素球粒陨石标准化配分曲线(b)

表 4-8　达肯大坂岩群变沉积岩与不同构造环境杂砂岩微量元素特征对比表　　单位：Ma

类型	大洋岛弧	大陆岛弧	活动陆缘	被动陆缘	达肯大坂岩群
Rb/Sr	0.05±0.05	0.65±0.33	0.89±0.24	1.19±0.40	3.86
Ba/Rb	21.3±5.0	7.5±1.3	4.5±0.8	4.7±1.1	4.65
Ba/Sr	0.95±0.6	3.55±1.4	3.8±0.7	4.7±1.3	10.86
Th	2.27±0.7	1.11±1.1	18.8±3.0	16.7±3	21.23
Zr	96±20	229±27	179±33	298±80	23.32
Nb	2.0±0.4	8.5±0.8	10.7±1.4	7.9±1.9	23.36
Y	19.5±5.6	24.2±2.2	24.9±3.6	27.3±5.3	27.49
Zr/Th	48.0±13.4	21.5±2.4	9.5±0.7	19.1±5.8	1.74
Zr/Y	5.67±1.94	9.6±0.8	7.2±0.4	12.4±4.0	39.67
Nb/Y	0.11±0.03	0.36±0.04	0.43±0.04	0.30±0.06	87.69
La	8.72±2.5	24.4±2.3	33.0±4.5	33.5±5.8	23.32
Ce	22.53+5.9	50.5±4.3	72.7±9.8	71.9±11.5	33.67
Nb	11.36±2.9	20.8±1.6	25.4±3.4	29.0±5.03	42.06
V	131±40	89±13.7	48±5.9	31±9.9	11.02
Cr	37±13	51±6.5	26±4.9	39±8.5	9.58
Co	18±6.3	12±2.7	10±1.7	5±2.4	0.99
Ni	11±5.1	13±2	10±2.5	8±4.4	3.86
Ni/Co	0.62±0.16	1.22±0.25	1.04±0.19	1.42±0.41	4.65
资料来源	Bhatia 和 Crook(1986)				郑军(2013)

达肯大坂岩群变沉积岩微量元素特征值与不同构造环境杂砂岩微量元素特征值（Bhatia and Crook,1986）相比较结果显示，大陆岛弧型比较相似，对于活动陆缘和被动陆缘型杂砂岩，微量元素含量变化较大，反映其物源区主要为长英质岩石。

达肯大坂岩群变沉积岩稀土元素与不同构造背景盆地中杂砂岩稀土元素特征（Bhatia,1985）对比结果显示，大陆岛弧型杂砂岩比较接近，类似于安第斯型大陆边缘杂砂岩，个别参数与被动陆缘型杂砂岩比较接近，表明达肯大坂岩群沉积岩的物源区主要是抬升的陆壳基底。

达肯大坂岩群物源区类型复杂，多样性的物源区类型表明达肯大坂岩群形成于陆壳扩张的裂陷槽环境。有研究指出，可以用化学蚀变指数（CIA）来判断物源区的化学风化程度。化学蚀变指数计算公式：

$$CIA = Al_2O_3/(Al_2O_3+K_2O+Na_2O+CaO) \times 100 \qquad (4-1)$$

达肯大坂岩群 CIA＝53.08～74.74，平均61.29，表明源区为温暖、湿润的，化学分化程度较高。

成分变异指数（ICV）可以广泛应用于估算细碎屑岩的原始成分变化，可以判别细碎屑岩岩石序列是代表第一次沉积的沉积物还是源于再循环的沉积物，可用以确定沉积物的成分成熟度，以此来判定沉积物形成时的气候背景和构造背景。成分变异指数计算公式：

$$ICV = (Fe_2O_3+K_2O+Na_2O+CaO+MgO+MnO+TiO_2)/Al_2O_3 \qquad (4-2)$$

达肯大坂岩群 ICV 平均值0.86，表明碎屑岩含有少量的黏土矿物，是在活动的构造带首次沉积。达肯大坂岩群变沉积岩稀土元素球粒陨石标准化配分曲线具有与 PAAS、ES、NASC 型稀土配分曲线相似的特征，结合其主量元素、微量元素特征综合判断（表4-9），达肯大坂岩群形成环境应为陆壳拉张的裂陷槽环境。

表4-9 达肯大坂岩群变沉积岩与不同构造背景盆地中杂砂岩稀土元素特征对比

大地构造背景	稀土元素含量及比值							数据来源
	$La/10^{-6}$	$Ce/10^{-6}$	$\Sigma REE/10^{-6}$	La/Yb	$(La/Yb)_N$	$LREE/HREE$	δEu	①
大洋岛弧	8±1.7	19±3.7	58±10	4.2±1.3	2.8±0.9	3.8±0.9	1.04±0.11	①
大陆岛弧	27±4.5	59±8.8	146±20	11.0±3.1	7.5±2.5	7.7±1.7	0.79±0.13	①
安第斯型大陆边缘	37	78	186	12.5	8.5	9.1	0.6	①
被动边缘	39	85	210	159	10.8	8.5	0.56	①
达肯大坂岩群	39.67	87.69	200.25	20.28	13.67	10.81	0.46	②

注：①引自 Bhatia 和 Crook（1986）；②引自郑军（2013）。

达肯大坂岩群3个岩组总体由砂泥质岩-碳酸盐岩-基性火山岩经区域动力变质作用变质而成，具有由高绿片岩相—麻粒岩相递增变质特点，普遍遭受混合岩化作用，并经受了不同类型的叠加变质作用和不止一次的不同构造层次韧脆性变形,断裂构造发育,多期岩浆侵入,使该套地层经过了多次的变质,为石墨矿的形成提供了较好的热源条件。

2. 柴南缘地层条件

1) 柴南缘含石墨地层地质特征、单元划分及岩石组合

柴南缘东昆仑高级变质岩石主要分布于金水口、白日其利沟、天台山以及清水泉等地,变质级别高达麻粒岩相,以麻粒岩和富铝片麻岩为代表。麻粒岩相变质作用为低压麻粒岩相变质,以富铝片麻岩中出现堇青石+夕线石+红柱石等矿物组合为标志。柴南缘石墨主要分布在变质岩地层中大理岩、斜长角闪片岩内,少数分布在片麻岩中,与金水口岩群的主要组成岩性相一致(富铝片麻岩、大理岩、钙硅酸盐、斜长角闪岩、变粒岩、石英片岩),因此柴南缘含石墨地层应属金水口岩群变质岩系。

金水口岩群是古元古界岩石地层单位中最为发育的岩石地层单位,分布非常广泛,遍布柴达木盆地南缘和整个东昆仑地区,其中以北昆仑地层分区出露面积最大,岩组最全,主要分布于五龙沟、小庙、金水口、丘吉东沟、洪水河、清水河等地区,为一套角闪岩相—麻粒岩相变质岩系。按不同的变质、变形程度划分为4个不同的岩石组合,即麻粒岩组、片麻岩组、大理岩组和片岩组。

麻粒岩组:该岩组分布极为有限,仅在乌兰县察汗河北、格尔木西天台山托勒黑河东、格尔木市以东白日其利上游全力台西侧见有此岩组。岩石组合为深灰色细粒麻粒岩、紫苏角闪麻粒岩、二辉麻粒岩、灰色条带状黑云斜长变粒岩,普遍发生混合岩化。原岩可能为砂泥质岩—基性火山岩,在麻粒岩相区变质后,又经不同期的变质、变形及深成岩侵入改造,呈残块状赋存在围岩中,为高级变质基底杂岩组合。

片麻岩组:该岩组是金水口岩群4个岩组中最发育的1个岩组,在东昆仑地区各个地层分区均有分布。该组合在祁漫塔格和东昆仑北坡最为发育,多处集中连片,在南昆仑地层区仅有零星块体存在。岩石组合为混合岩化含堇青夕线黑云斜长片麻岩、含辉石斜长角闪岩、含石榴黑云二长片麻岩夹含石榴二云母片岩、透辉白云石大理岩。原岩建造可能为基性火山岩-黏土岩-镁质碳酸盐岩。在祁漫塔格地层分区和南昆仑地层分区均呈基底残块组合,残留在蛇绿混杂岩带和俯冲增生杂岩带中,其余地区均为中高级变质基底杂岩组合。

大理岩组:该岩组仅见于祁漫塔格、北昆仑和赛什塘-兴海地层分区,以北昆仑地层分区的向阳沟和金水口下游地区最发育。多呈大透镜体状或夹层赋存在片麻岩组中,与片麻岩组或片岩组为过渡关系,其界线不易确定。岩石组合有白云石大理岩、金云母橄榄石大理岩、石墨大理岩、碳质大理岩、条带状白云石大理岩夹少量黑云斜长片麻岩、斜长角闪岩等。恢复原岩主要为镁质碳酸盐岩夹基性火山岩和砂泥质岩。在北昆仑地层分区,该岩组属中高级变质基底杂岩组合,其余地区为基底残块。

片岩组:该岩组在北昆仑地层分区和赛什塘-兴海地层分区有小面积出露,在五龙沟-金水口之间最发育,与片麻岩组为连续关系,多数位于向形构造核部。岩石组合为黑云母片岩、夕线二云母片岩、斜长角闪片岩、含石榴角闪石英片岩夹黑云斜长片麻岩、白云石大理岩。据岩石组合推测原岩为砂泥质岩-碳酸盐岩。北昆仑地层分区为中低级变质基底杂岩组合,赛

什塘-兴海地层分区属基底残块组合。

整体上,金水口岩群岩系原岩自下而上有碎屑岩和火山岩向碳酸盐岩演化的层序。目前金水口岩群的时代归属还存在较大争议,已经取得的金水口岩群同位素年龄有锆石 U-Pb 年龄 1 339.2Ma 和 1196Ma,Rb-Sr 年龄 1990Ma、1311Ma 和 1270Ma。最新的金水口岩群变质锆石 U-Pb 年代学分析表明,金水口岩群的变质深熔年龄集中在 1035～1074Ma 之间,为中元古代晚期,其锆石核部年龄集中在 2400～2500Ma 之间,反映其物源主要为古元古代物质。近年来的 SHRIMP 锆石年代学研究表明,金水口岩群还经历了 460Ma 的麻粒岩相变质作用。结合同期发育的早古生代 S 型花岗岩等地质资料(张建新等,2003),表明金水口岩群岩系在早古生代经历了又一期次的深变质改造作用。

2)柴南缘含石墨地层地球化学特征

(1)主量元素。

金水口麻粒岩的主要化学成分随着 SiO_2 含量的变化,呈现有规律的变化,SiO_2 含量增加,麻粒岩的 Al_2O_3 含量基本不变,MgO、Fe_2O_3、CaO 含量减少,Na_2O、K_2O 含量有所增加,这种类似火成岩分异结晶趋势在中国北方麻粒岩中很普遍。通常认为麻粒岩的化学成分可以代表大陆下地壳的组成。金水口麻粒岩化学成分的低 Na_2O、K_2O 含量不同于中国北方大陆下地壳与其他地区下地壳。

(2)微量元素。

金水口麻粒岩 K/Rb 较低,未见明显 Rb 亏损,Rb/Sr 为 0.07～0.83,表明 Rb 未明显丢失,揭示其成因或原岩与典型的麻粒岩不同。

(3)稀土元素。

金水口麻粒岩的稀土总含量为 $(56.04～211.46)\times 10^{-6}$,轻重稀土分馏程度不高,$(La/Yb)_N=0.59～6.57$,Eu、Er 轻度负异常。两个酸性麻粒岩(J978-35、NJ01006)无论是稀土含量还是配分模式都相似(图 4-78),表明两个酸性麻粒岩可能有相同的成因和演化。两个中性麻粒岩的配分模式也基本一致,稀土配分模式平缓;而基性麻粒岩 NJ01007 具有较弱的轻稀土亏损。随 SiO_2 含量的增加,麻粒岩的轻稀土更富集,分异程度就越高。

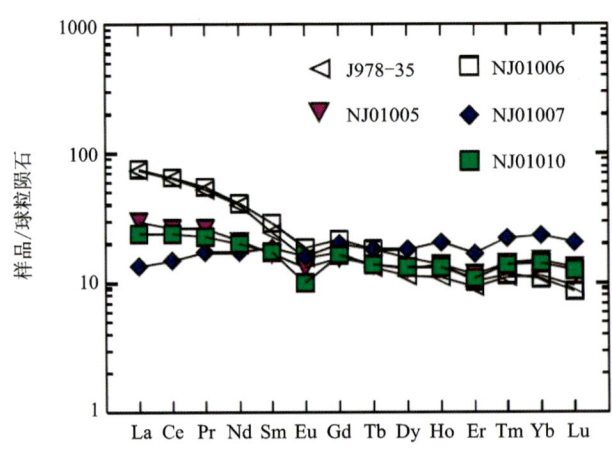

图 4-78 金水口地区麻粒岩稀土元素配分图

(4)原岩恢复与形成构造环境。

金水口岩群具有富铝片麻岩-石英片岩-变粒岩-钙硅酸盐岩-大理岩-斜长角闪岩的组合,为一套较为完整的沉积旋回。王云山和陈基娘(1987)分别利用(al+fm)-(c+ALK):Si、(al-ALK):c以及尼格里四面体图解,恢复其原岩为泥砂质碎屑岩系、碳酸盐岩与中—基性火岩岩层系,Ba、Sr、Ti、Mn含量较高均说明其物质来源于地壳本身沉积物。

余能(2005)利用(al+fm)-(c+ALK)-Si图解法对所测麻粒岩数据进行分析,富铝片麻岩恢复其原岩为长英质砂岩,斜长角闪岩样品落在火山岩区附近,与王云山和陈基娘(1987)得出的结论一致。NJ01005、NJ01006、NJ01007、J978-35四个样品点落入火山岩区,NJ01010一个样品点落入含砂泥质岩石区(图4-79)。因此可把金水口岩群层状变质岩系原岩大致恢复为泥砂质碎屑岩、碳酸盐岩与中—基性火山碎屑沉积岩;金水口麻粒岩为泥砂质碎屑岩与中基性火山岩、泥砂质碎屑岩。

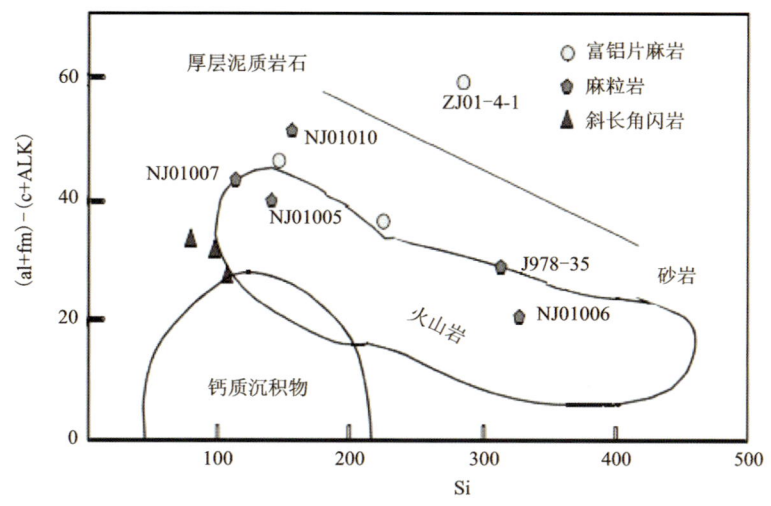

图4-79 金水口麻粒岩(al+fm)-(c+ALK)图解

余能(2005)对金水口麻粒岩进行了Sr-Nd同位素测试,金水口麻粒岩的$^{147}Sm/^{144}Nd$在0.117~0.205之间变化,$^{143}Nd/^{144}Nd$为0.511 75~0.512 51,以460Ma(麻粒岩形成时间;张建新,2003)计算的$\varepsilon Nd(t)$集中在-8.3~-14.6,t_{2DM}为0.9~2.4Ga,与金水口过铝花岗岩的$t_{2DM}=1.9~2.2$一致。样品较大的$\varepsilon Nd(t)$的负值表明麻粒岩在地壳滞留时间较长,为地壳变质的产物。从Rb/Sr同位素组成来看,$^{87}Rb/^{86}Sr=1.094\ 3~3.574\ 55$,$^{87}Sr/^{86}Sr$为0.709 5~0.761 2,表明麻粒岩的物质来源为成分不均一的古老地壳。$\varepsilon Nd(t)$与$^{87}Sr/^{86}Sr$图解(图4-80)也支持这一结论。

二、成矿时代

区域变质型石墨矿床是中国石墨矿床的主要类型,李超等(2015)将石墨成矿时期分为沉积时代和变质时代,中国石墨矿床沉积时代主要有太古宙、元古宙、古生代和中生代,变质时代主要为中条期、晋宁期和加里东期。一些古老富有机质的沉积地层可能会经历多次区域变质作用,并且可能会受到后期岩浆事件影响,因此,石墨矿床的变质时代可能存在多期性。此

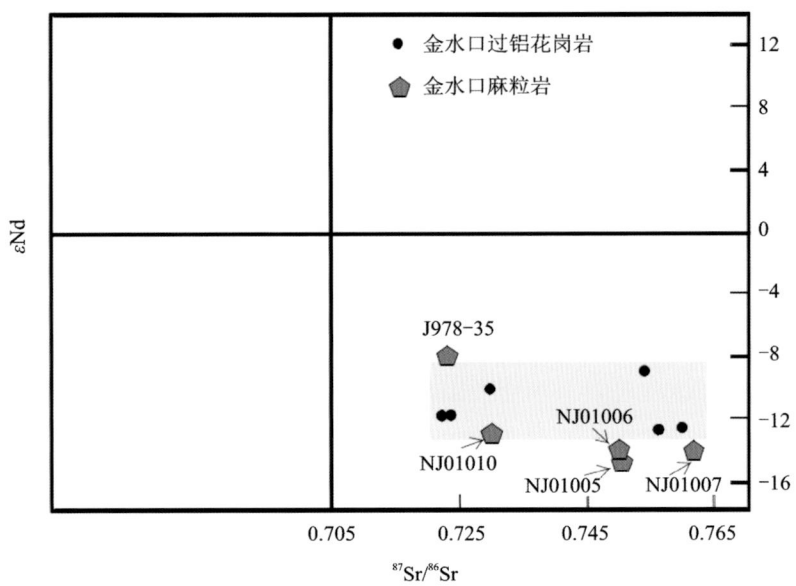

图 4-80　金水口麻粒岩 Sr-Nd 同位素图解

外,由于区域变质作用通常会持续很长时间,比如在山东南墅石墨矿床所赋存的荆山群中,变质锆石的 U-Pb 年龄集中在 1850～1900Ma 和 1820～1840Ma 之间,分别代表荆山群富铝片麻岩峰期高压麻粒岩相的变质时代和峰后中低压麻粒岩相的退变质时代(刘平华等,2011),而与石墨共生变质成因黄铁矿的 Re-Os 年龄为 $(1779±25)$Ma。内蒙古兴和石墨矿镁质高压麻粒岩变质锆石的 U-Pb 加权平均年龄为 $(1920±26)$Ma,被认为是麻粒岩相的变质时期也就是石墨的成矿时期(赵青,2016)。而姜高珍等(2014)通过分析大坞淀石墨成矿与接触的花岗闪长岩关系,开展花岗闪长岩的锆石 U-Pb 年代学测试得出 $(271.0±3.5)$Ma 的侵入年龄,认为花岗闪长岩的侵入对原岩地层中成矿碳质起到了预热活化作用,推测大坞淀石墨矿主成矿期应集中在早二叠世晚期。

柴周缘石墨矿多产在元古宙变质地层中,柴北缘达肯大坂岩群时代为古元古代,黄婉等(2011)获得全吉地块钾长石浅粒岩中的锆石 U-Pb 年龄,变化范围为 2280～2094Ma,将达肯大坂岩群的最大沉积年龄约束在 2.19Ga;张建新等(2003)通过研究柴南缘金水口岩群中花岗质岩石的继承锆石给出了少量太古宙和大量 1600～1800Ma 之间的年龄,代表了其锆石的主要源区物质年龄。最新研究认为,金水口岩群的变质深熔年龄集中在 1035～1074Ma 之间,为中元古代晚期,其锆石核部年龄集中在 2400～2500Ma 之间,反映其物源主要为古元古代物质。此外,金水口岩群还经历了 460Ma 的麻粒岩相变质作用。结合同期发育的早古生代 S 型花岗岩等地质资料,表明金水口岩群岩系在早古生代经历了又一期次的深变质改造作用。

(一)阿尔金石墨矿成矿时代

2010 年由西安地质调查中心完成的青海茫崖镇幅 1:25 万区域地质调查沿用了青海省

第四章 柴周缘典型晶质石墨矿床地质特征及矿床成因

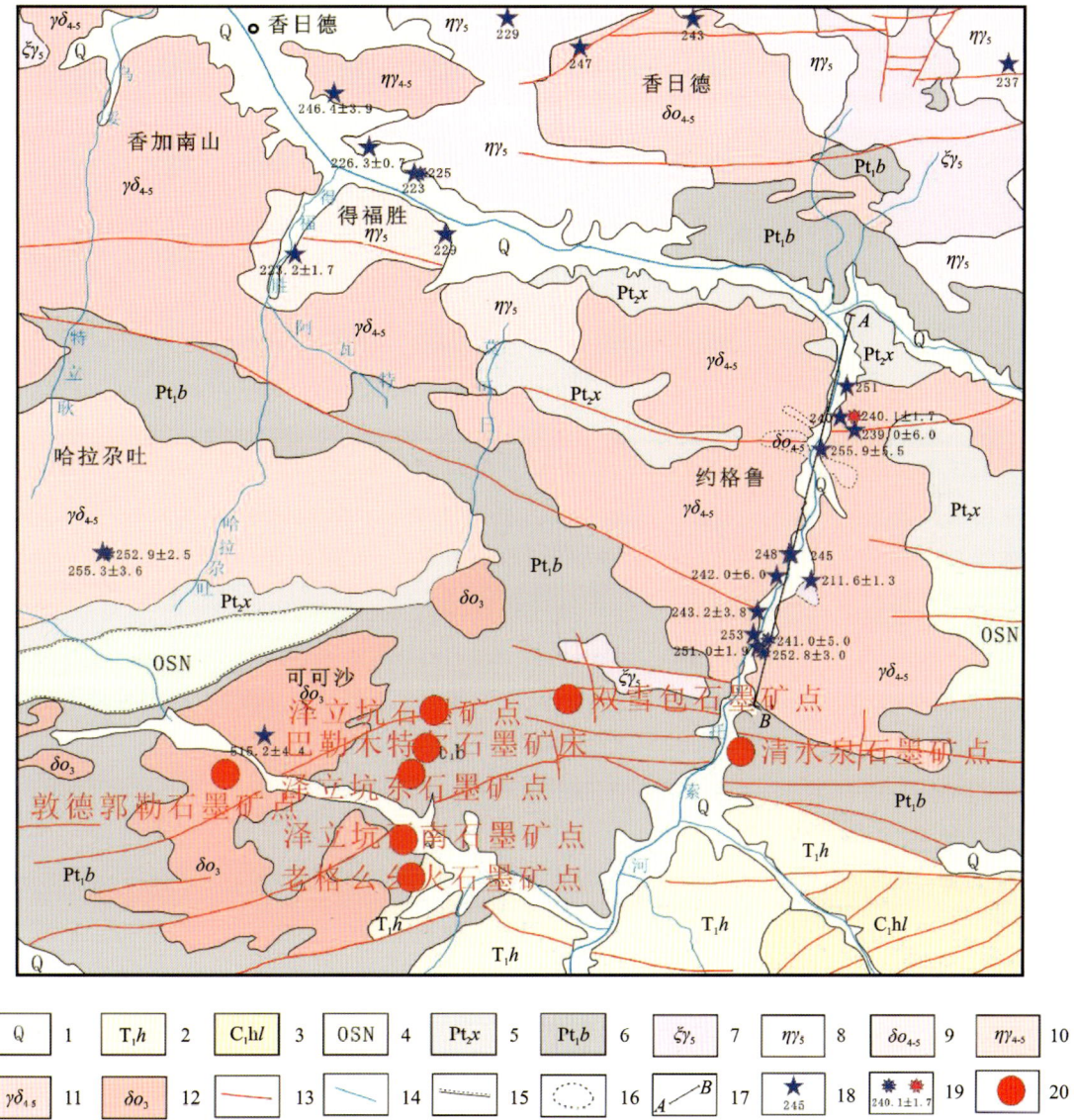

1.第四系;2.下三叠统洪水川组;3.下石炭统哈拉郭勒组系;4.奥陶系—志留系纳赤台群;5.金水口岩群小庙岩组;6.金水口岩群白沙河岩组;7.正长花岗岩;8.二长花岗岩;9.石英闪长岩;10.片麻状二长花岗岩;11.花岗闪长岩;12.石英闪长岩;13.断层;14.河流;15.不整合地层界线;16.岩相界线;17.剖面位置及编号;18.年龄样品采样位置及编号;19.岩体年龄;20.石墨矿床(点)。

图 4-82 柴南缘沟里地区石墨矿点与岩浆岩分布简图

注:定年数值单位为 Ma。

张建新等(1999)对柴周缘阿尔金地区的一套孔兹岩系,通过矿物的温压估算得到其峰值变质温度为700～850℃,压力为0.8～1.2GPa,经历了麻粒岩相的变质作用;李怀坤等(2006)认为柴南缘地区清水泉一带麻粒岩相变质作用的温压条件为$T=760～880℃$、$p=830～1200MPa$,为高温中高压麻粒岩相变质作用,估算其形成深度为40～45km;柴北缘高压基性麻粒岩相变质作用发生在(448±3)Ma,温压条件为$T=730～870℃$、$p=9600～13500Pa$。大约(421±5)Ma时期,发生中压麻粒岩相变质作用,温压条件为$T=720～860℃$、$p=6200～14000Pa$。

陈宣华和尹安(2011)对阿尔金北缘大平沟金矿矿石石英中的流体包裹体进行测温,结果显示包裹体一般较小,大部分1～4μm,部分5～8μm,个别10～12μm;包裹体多密集成群分布,或沿微裂隙分布。包裹体形态以小圆粒、小椭圆粒状等为主。室温下均为气液两相,气相比一般10%～40%,部分气相比很小,气相呈小点。包裹体中CO_2含量普遍较低。包裹体均一温度介于130～400℃之间,并以198～290℃为主,属中温热液矿床。盐度和密度数据反映出本区流体具有岩浆热液和变质热液的共同来源。原生包裹体多呈椭圆形孤立分布,主要以气液两相包裹体为主,含CO_2三相包裹体次之,另有少量富(纯)CO_2包裹体和极少量含子矿物包裹体。次生、假次生包裹体呈线状分布,呈椭圆形或不规则形,以气液两相包裹体为主,含CO_2三相包裹体次之。五龙沟金矿床中流体包裹体的均一温度为170～384.6℃,主要集中在240～380℃温度区间,平均为312.3℃,属中高温热液矿床。Zhang等(2007)通过对柴北缘-东昆仑地区12处造山型金矿流体包裹体研究发现,该区造山型金矿中发育两种不同的成矿流体:低盐度的H_2O-CO_2-NaCl-CH_4流体和低盐度的H_2O-CO_2-NaCl±CH_4。前者的XCH_4、XCO_2和XH_2O分别为0.14～0.34(平均0.24)、0.11～0.59(平均0.34)和0.64～0.31(平均0.42),温度为180～270℃,压力为180～560MPa,是晚加里东期碰撞造山作用的产物,形成了广泛的金矿化;后者的XCH_4、XCO_2和XH_2O分别为0～0.12(平均0.06)、0.18～0.25(平均0.21)和0.79～0.69(平均0.73),温度为280～449℃(主要为280～360℃),压力为80～230MPa,主要与晚海西期—印支期碰撞造山作用有关。

四、碳质来源

陈衍景等(2000)对不同地区孔兹岩系内石墨矿床的碳同位素开展研究(图4-83),认为流体在碳同位素交换中起了重要作用,主要表现:①富C、H、O元素的生物遗体在转变为石墨的过程中会释放富集^{12}C的CH_4等流体,导致石墨相对富集^{13}C,如Isua群有机碳$\delta^{13}C$从原岩的－20‰～－30‰到变质后的－13‰;②Isua群原始$\delta^{13}C_{org}$为－21‰～－49‰,平均(－37±3)‰,而IsuaBI内磷灰石中微小碳包裹体中获得－30‰～－60‰的结果;③乌拉山地体庙沟M_3号样品方解石$\delta^{13}C$低于石墨,只能是流体参与或结晶的产物;④实验证明碳酸盐脱水变质后$\delta^{13}C_{carb}$降低,释放富集^{13}C的CO_2(白云石+水+石英——→透闪石+方解石+CO_2),故大理岩$\delta^{13}C$普遍低于未变质碳酸盐,如Isua群大理岩$\delta^{13}C$即降低2‰～3‰;⑤透辉岩和石墨大理岩$\delta^{13}C_{gr}$高于片麻岩$\delta^{13}C_{gr}$,表明碳酸盐变质产生富^{13}C的CO_2流体参与了石墨的形成;

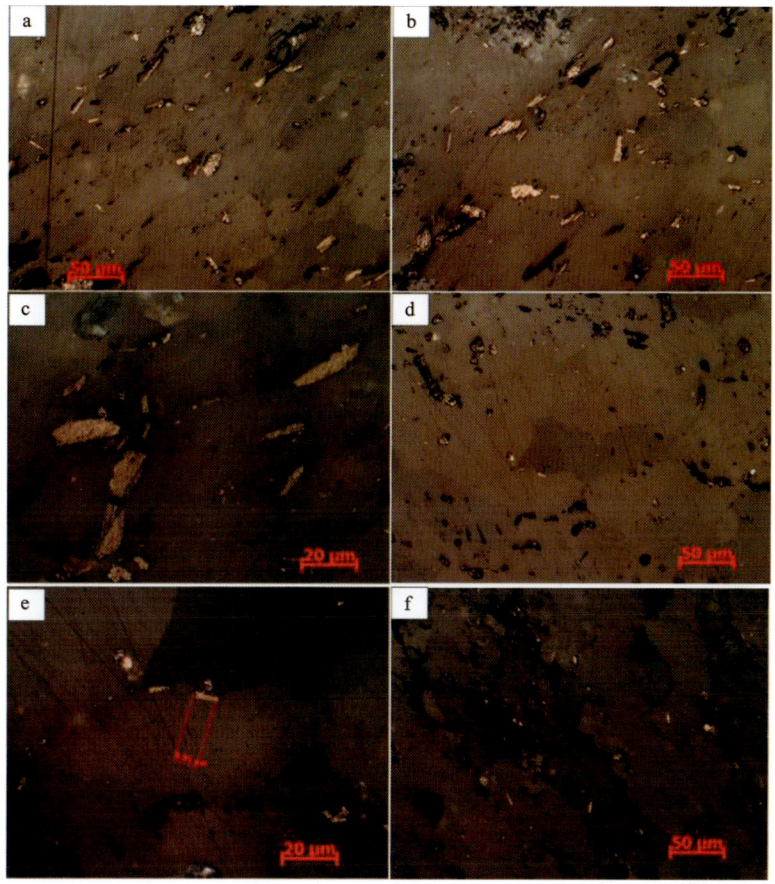

a. 片状的石墨略具定向分布在大理岩中；b. 石墨的粒径粗细不均；c. 石墨多分布在脉石矿物粒间；d. 微细粒浸染状石墨分布在脉石矿物粒间；e. 石墨分布在脉石矿物粒间；f. 微细粒石墨分布在似片麻岩中。

图 5-2　大通沟南山石墨光学显微镜下结构构造特征

从石墨的赋矿岩石性质来看，主要有以下两种：①石墨呈片麻状分布在以长石、方解石和石英为主的石墨长石似片麻岩中，这种形式的石墨多定向分布在局部的细脉中，粒径极细，品位较高；②石墨呈浸染状分布在大理岩中，这种石墨多呈浸染状分布，粒径稍粗，具定向分布特征，品位变化较大。

石墨属于六方晶系，通常为鳞片状，平行（0001）解离发育，所以在光学显微镜下所见到的石墨如果是平行或近平行于（0001）方向，则表现为鳞片状；垂直或斜交（0001）方向，则呈叶片状、长条状。但是不论是鳞片状石墨，还是叶片状、长条状石墨，只要测定其单体长轴长度，就能代表石墨的工艺粒径。

石墨以微细粒嵌布为主，粗粒石墨的粒径主要集中在 $-50\mu m$ 以下，从石墨原生粒径统计结果来看（表 5-4），其中 $+50\mu m$ 仅占 7.70%，而 $-30\mu m$ 占 76.81%，这部分细粒的石墨单体解离困难，会严重影响石墨的选矿指标。

表 5-4　石墨原生粒径统计结果

粒级/μm	分布率/%	累计分布率/%
+60	2.49	2.49
−60~+50	5.21	7.70
−50~+30	15.49	23.19
−30~+10	38.29	61.48
−10~+5	25.67	87.15
−5	12.85	100.00
总计	100.00	—

该矿中的金属矿物主要是褐铁矿,偶见黄铁矿,含量较低。褐铁矿是该矿中主要的金属矿物,多为半细脉状,呈星散浸染状分布在矿石中,粒径相对较粗,一般在 0.01~0.2mm 之间。

矿石中的主要脉石矿物为方解石,其次为石英、长石、白云母、角闪石,这些脉石矿物多粒径较粗,与石墨紧密共生。

(五)矿石相关物理参数

原矿相关物理参数见表 5-5。

表 5-5　原矿相关物理参数

参数名称	粒径:−10mm	
真密度	2.12g/cm³	
堆密度	1.43g/cm³	
安息角	38.17°	
摩擦角	橡胶板	29.55°
	木板	31.33°

(六)影响选矿的工艺矿物学因素

(1)该矿中石墨以微细粒嵌布为主,粒径极其微细,单体解离困难,这将影响石墨的选矿指标。
(2)矿石中存在一定量的有机碳,这将影响石墨的选别。
(3)该矿中石墨虽然粒径微细,但是多为粒间分布,这有利于单体解离。

总而言之,大通沟南山石墨矿床矿物组成简单,主要的有用矿物是石墨,金属矿物主要是褐铁矿,脉石矿物主要是方解石、石英,少量角闪石、白云母、长石。石墨的嵌布以微细粒为主,其中 +50μm 仅占 7.7%,而 −30μm 占 76.81%。

二、黄矿山北

(一)矿物组成及含量

通过 X 射线衍射分析(图 5-3),结合岩矿鉴定结果,该矿中有用矿物为石墨,主要脉石矿物为石英,其次为白云母和长石等。

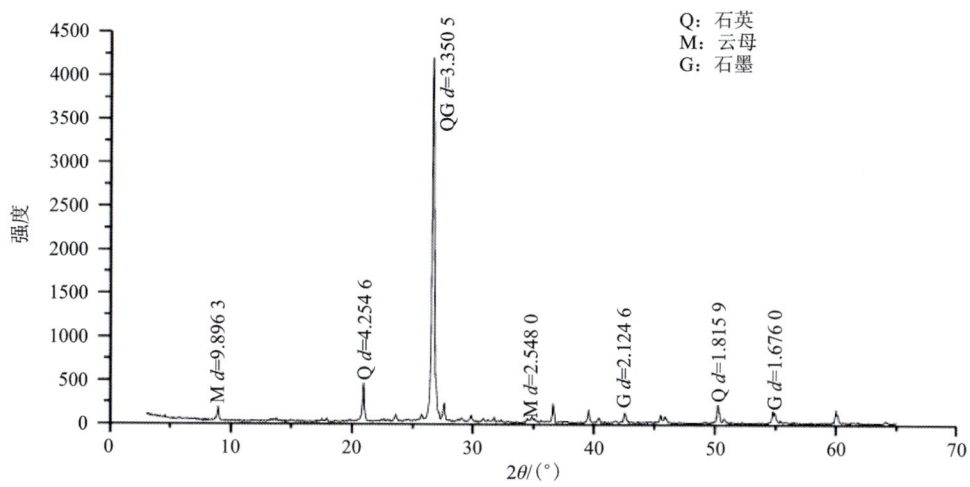

图 5-3　黄矿山北石墨原矿的 X 射线衍射图谱

本次研究在已查明矿石中矿物组成的基础上,结合矿石的化学多项分析、光(薄)片镜下测定,以及人工重砂分析等结果,综合平衡计算得出矿石中主要矿物成分的含量。矿石中主要矿物的相对含量见表 5-6。

表 5-6　矿石中主要矿物的相对含量

矿物	石墨	石英	白云母	钾长石	斜长石	黄铁矿	磁铁矿
含量/%	19.6	55.3	19.9	1.5	2.1	0.9	0.7

(二)矿石的化学成分

1. 光谱半定量分析

原矿 X 荧光光谱半定量分析结果见表 5-7。

表 5-7　原矿 X 荧光光谱半定量分析结果

组分	P_2O_5	Cl	Na_2O	MgO	Al_2O_3	CuO	Fe_2O_3	CaO	SiO_2
含量/%	1.26	1.33	1.88	0.84	8.81	0.021 5	4.27	1.39	67.50
组分	TiO_2	K_2O	SO_3	V_2O_5	ZnO	NiO	BaO	Cr_2O_3	SrO
含量/%	1.20	5.97	2.59	0.856	0.009 0	0.008 6	1.84	0.002 8	0.044 1
组分	Y_2O_3	PbO	U_3O_8	SeO_2	Rb_2O	ZrO_2	Nb_2O_5	MoO_3	—
含量/%	0.002 8	0.026 3	0.019 4	0.003 7	0.023 2	0.041 4	0.006 1	0.048 0	—

2. 原矿的化学多项分析

通过对原矿进行化学多项分析,查明矿石中所含主要化学成分(组分)的种类及含量。

从原矿化学多项分析结果(表 5-8)可知,原矿中固定碳品位较高,是主回收元素,达到了 19.65%,而捡块样固定碳品位测试显示Ⅰ号矿带固定碳品位也可以达到 20%,与实际选矿样采样矿体位置对应,认为选矿样固定碳品位可以代表黄矿山石墨矿床Ⅰ号矿带的固定碳品位(原矿固定碳品位测试方法与捡块样固定碳品位测试方法相同);其他元素含量较低,未达到综合利用标准。

表 5-8 原矿化学多项分析结果

组分	固定碳	灰分	挥发分	Al_2O_3	SiO_2	MgO	Na_2O
含量/%	19.65	75.89	4.46	5.98	59.08	0.40	1.07
组分	CaO	Fe_2O_3	V_2O_5	MnO	TiO_2	S	K_2O
含量/%	0.77	3.36	0.36	0.005 1	0.65	0.49	3.54

(三)矿石的结构构造

1. 矿石构造

矿石呈灰黑色,发育片状构造、片麻状构造、浸染状构造。

片状构造:部分矿石主要由片状的石墨、白云母和粒状的石英等矿物组成,片状矿物定向排列,构成片状构造(图 5-4a)。

片麻状构造:部分矿石中石墨、白云母等片状矿物含量较低,定向性不强,构成片麻状构造(图 5-4b)。

浸染状构造:矿石中部分石墨等矿物呈浸染状分布,构成浸染状构造(图 5-4c)。

2. 矿石结构

矿石主要发育包含结构、自形—半自形结构、他形粒状结构。

包含结构:矿石中可见石墨包裹脉石矿物,构成包含结构(图 5-4d)。

自形—半自形结构:矿石中石墨等矿物结晶较好,晶形完整,构成自形—半自形结构(图 5-4e)。

他形粒状结构:石英等矿物晶形较差,呈他形粒状结构(图 5-4f)。

(四)矿物的嵌布特征及粒径分布

石墨是矿石中主要的有用矿物,在矿石中含量为 19.6%。

光学显微镜下观察显示,矿石中部分石墨与周围矿物接触界线较平直(图 5-5a),大量石

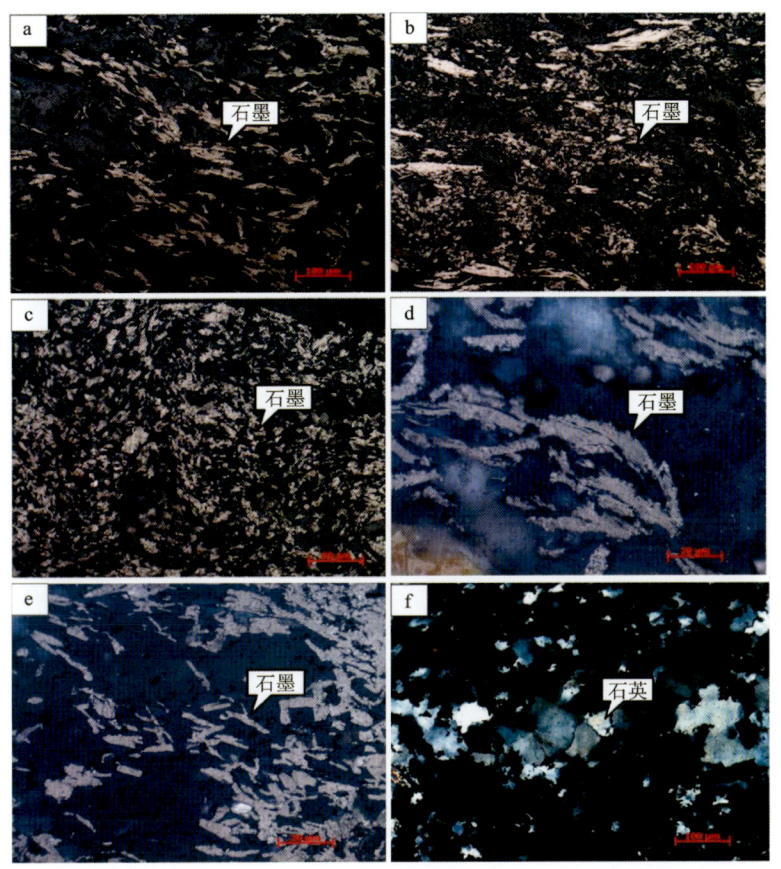

a. 片状构造；b. 片麻状构造；c. 浸染状构造；d. 石墨包裹脉石矿物；e. 自形石墨；f. 他形粒状石英。

图 5-4　黄矿山石墨矿床石墨光学显微镜下结构构造特征

墨包裹脉石矿物（图 5-5b），或者被云母、石英等脉石矿物包裹（图 5-5c），同时还有少量石墨呈宽度一般仅有几微米的片状与脉石矿物相互包裹（图 5-5d）。这对石墨单体解离有一定影响。

为了确定矿石中石墨的粒径分布特征，本次研究进行了详细的粒径统计，统计结果见表 5-9。

从统计结果可以看出，矿石中石墨粒径极细，主要分布在 0.038 5mm 以下。0.1 以上占 10% 左右。

矿石中石墨粒径细，与脉石矿物紧密共生，不利于其选矿富集。

矿石中脉石矿物主要有石英、白云母等。

白云母是矿石中主要的脉石矿物之一，在矿石中主要呈片状定向排列（图 5-5e），部分与石墨紧密共生（图 5-5f），对石墨选矿有一定影响。

石英是矿石中主要脉石矿物，在矿石中主要呈他形粒状（图 5-5c）。部分石英颗粒中包裹有极细粒的石墨（图 5-5d），对石墨选矿有一定影响。

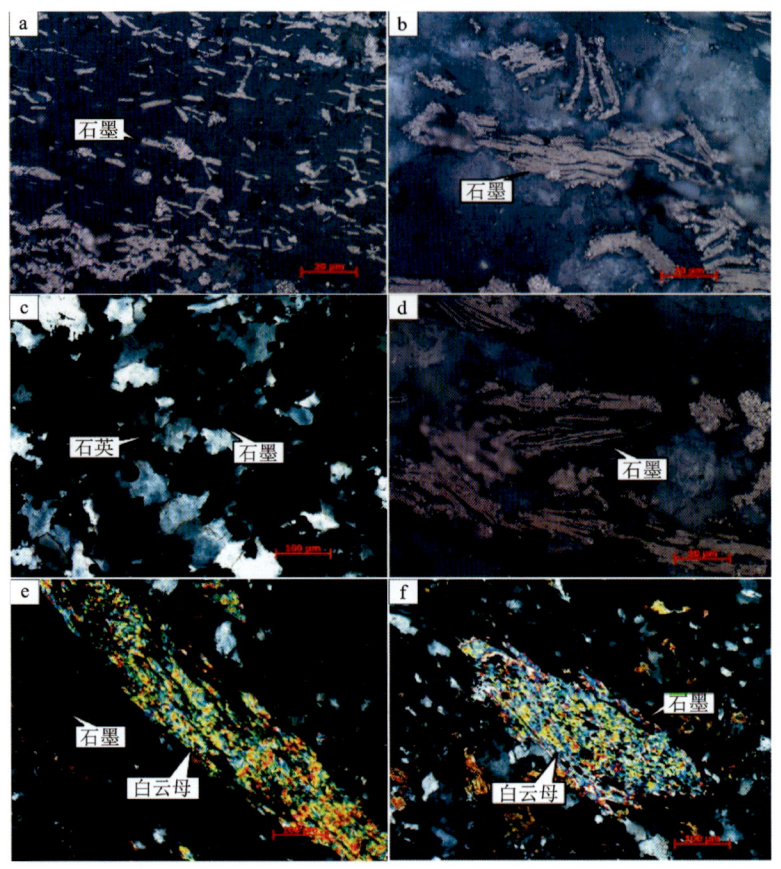

a.石墨与其他矿物平直接触；b.石墨包裹脉石矿物；c.石英包裹石墨；d.石墨与脉石矿物相互包裹；e.白云母呈片状定向排列；f.白云母与石墨紧密共生。

图 5-5　黄矿山石墨粒径分布特征镜下照片

表 5-9　石墨原生粒径统计表

粒径/μm	分布率/％	累计分布率/％
100～150	9.54	9.54
74～100	15.72	25.26
38.5～74	10.53	35.79
20～38.5	28.15	63.94
10～20	21.67	85.61
－10	14.39	100.00
总计	100.00	—

（五）矿石相关物理参数

原矿相关物理参数见表 5-10。

表 5-10　原矿相关物理参数

参数名称	粒径：—10mm	
真密度	2.21g/cm³	
堆密度	1.59g/cm³	
安息角	37.72°	
摩擦角	橡胶板	28.75°
	木板	32.03°

（六）影响选矿的工艺矿物学因素

(1)部分石墨与周围矿物接触界线较平直,大量石墨包裹脉石矿物,或者被云母、石英等脉石矿物包裹,同时还有少量石墨呈宽度一般仅有几微米的片状与脉石矿物相互包裹,这对石墨单体解离有一定影响。

(2)该矿中石墨粒径极细,与脉石矿物紧密共生,不利于其选矿富集。

总而言之,黄矿山北石墨矿床矿物组成简单,主要的有用矿物是石墨,脉石矿物主要是石英,其次是云母和长石。矿石中石墨粒径极细,主要分布在 0.038 5mm 以下,0.1mm 以上占 10％左右,与脉石矿物紧密共生,不利于其选矿富集。

第二节　选矿实验过程

一、大通沟南山

（一）浮选粗选及扫选实验

石墨的天然可浮性较好,因此一般石墨矿的选矿方法以浮选为主。根据青海柴周缘石墨矿的矿石特性及以往石墨矿的选矿经验,选矿原则工艺为"多段磨矿多次精选"。通过粗选及扫选试验确定最佳的磨矿细度、药剂制度、浮选浓度、浮选时间、扫选次数等试验参数。

1. 磨矿细度试验

考察不同磨矿细度对选别指标的影响,工艺流程及试验条件见图 5-6,试验结果见表 5-11。

分析表 5-11 可知,当磨矿产品中－0.074mm 含

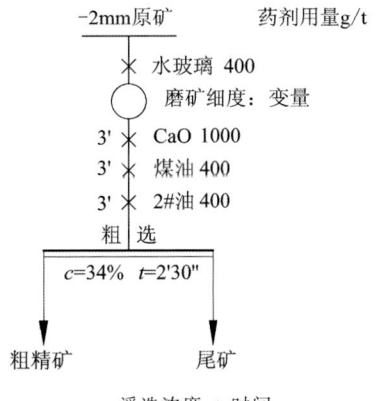

c.浮选浓度;t.时间。

图 5-6　磨矿细度试验流程

量为 65.00% 时,粗精矿的固定碳品位及回收率均较高,且考虑现场一段磨矿所能达到的细度,确定磨矿细度以 −0.074mm 占 65.00% 为宜。

表 5-11 磨矿细度试验结果

试验编号	−0.074mm 含量/%	产品名称	产率/%	固定碳含量/%	固定碳回收率/%
xk1-DC-18	43.43	粗精矿	53.26	23.91	91.88
xk1-DC-28		尾矿	46.74	2.40	8.12
—		合计	100.00	13.86	100.00
xk1-DC-19	54.91	粗精矿	56.78	22.73	93.12
xk1-DC-29		尾矿	43.22	2.19	6.88
—		合计	100.00	13.86	100.00
xk1-DC-20	65.00	粗精矿	56.28	22.78	94.13
xk1-DC-30		尾矿	43.72	1.82	5.87
—		合计	100.00	13.62	100.00
xk1-DC-21	75.71	粗精矿	57.84	22.30	94.63
xk1-DC-31		尾矿	42.16	1.74	5.37
—		合计	100.00	13.63	100.00

2. 水玻璃用量试验

水玻璃是硅酸盐矿物良好的抑制剂,考察不同水玻璃用量对选别指标的影响,工艺流程及试验条件见图 5-7,试验结果见表 5-12。

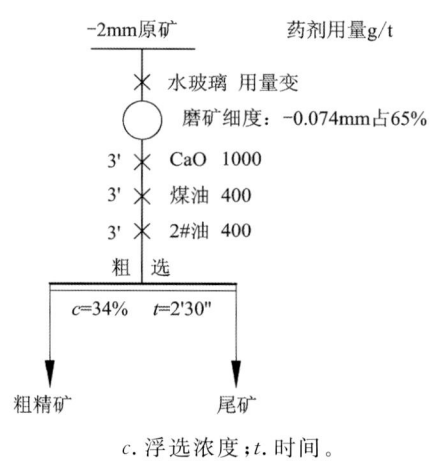

c. 浮选浓度;t. 时间。

图 5-7 水玻璃用量试验流程

表 5-12 水玻璃用量试验结果

试验编号	水玻璃用量/(g·t^{-1})	产品名称	产率/%	固定碳品位/%	固定碳回收率/%
xk$_1$-DC-22	0	粗精矿	60.12	21.28	94.77
xk$_1$-DC-32		尾矿	39.88	1.76	5.23
—		合计	100.00	13.50	100.00
xk$_1$-DC-23	200	粗精矿	56.69	21.46	93.73
xk$_1$-DC-33		尾矿	43.31	1.87	6.27
—		合计	100.00	12.98	100.00
xk$_1$-DC-20	400	粗精矿	56.28	22.78	94.13
xk$_1$-DC-30		尾矿	43.72	1.82	5.87
—		合计	100.00	13.62	100.00
xk$_1$-DC-24	600	粗精矿	59.19	21.27	94.66
xk$_1$-DC-34		尾矿	40.81	1.75	5.34
—		合计	100.00	13.30	100.00

当水玻璃用量为 400g/t 时，粗精矿的固定碳品位及回收率均较高。确定用量为 400g/t。

3. CaO 用量试验

CaO 是石墨矿浮选时的矿浆调整剂，同时对黄铁矿等脉石矿物有较好的抑制作用，考察不同 CaO 用量对选别指标的影响，工艺流程及试验条件见图 5-8，试验结果见表 5-13。

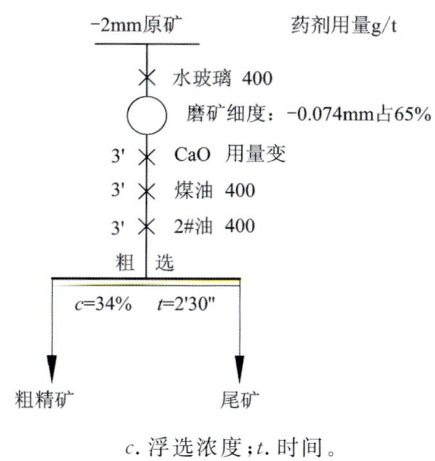

c.浮选浓度；t.时间。

图 5-8 CaO 用量试验流程

随着 CaO 用量的增加，粗精矿固定碳品位及回收率变化不大，结合浮选现象，确定 CaO 用量为 1000g/t。

表 5-13 CaO 用量试验结果

试验编号	CaO 用量/(g·t^{-1})	产品名称	产率/%	固定碳品位/%	固定碳回收率/%
xk$_1$-DC-25	0	粗精矿	58.08	22.02	94.04
xk$_1$-DC-35		尾矿	41.92	1.94	5.96
—		合计	100.00	13.60	100.00
xk$_1$-DC-26	500	粗精矿	61.07	20.87	94.13
xk$_1$-DC-36		尾矿	38.93	2.04	5.87
—		合计	100.00	13.54	100.00
xk$_1$-DC-20	1000	粗精矿	56.28	22.78	94.13
xk$_1$-DC-30		尾矿	43.72	1.82	5.87
—		合计	100.00	13.62	100.00
xk$_1$-DC-27	1500	粗精矿	59.19	21.06	94.51
xk$_1$-DC-37		尾矿	40.81	1.78	5.49
—		合计	100.00	13.19	100.00

4. 捕收剂及起泡剂用量试验

煤油和 2♯油分别是石墨矿浮选过程中常用的捕收剂与起泡剂,其用量对粗精矿固定碳的品位和回收率均有较大影响,考察不同煤油和 2♯油用量对选别指标的影响,工艺流程及试验条件见图 5-9,试验结果见表 5-14。

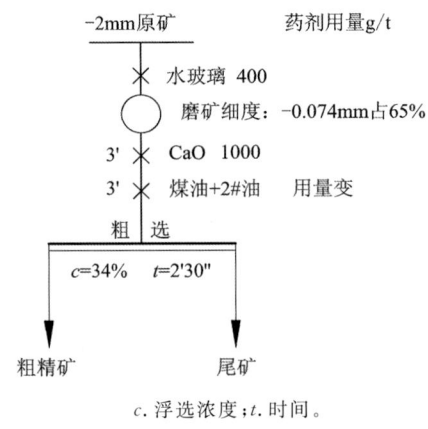

c.浮选浓度;t.时间。

图 5-9 煤油和 2♯油用量试验流程

随着煤油和 2♯油用量的增加,粗精矿固定碳回收率逐渐增加,综合考虑,确定煤油和 2♯油用量为(400+400)g/t。

表 5-14　煤油及 2♯ 油用量试验结果

试验编号	煤油及 2♯ 油用量/$(g \cdot t^{-1})$	产品名称	产率/%	固定碳品位/%	固定碳回收率/%
xk_1-DC-38	300+300	粗精矿	56.02	21.08	92.91
xk_1-DC-45		尾矿	43.98	2.04	7.09
—		合计	100.00	12.71	100.00
xk_1-DC-20	400+400	粗精矿	56.28	22.78	94.13
xk_1-DC-30		尾矿	43.72	1.82	5.87
—		合计	100.00	13.62	100.00
xk_1-DC-39	500+500	粗精矿	58.24	20.10	94.25
xk_1-DC-46		尾矿	41.76	1.70	5.75
—		合计	100.00	12.42	100.00
xk_1-DC-40	600+600	粗精矿	65.80	17.27	95.98
xk_1-DC-47		尾矿	34.20	1.39	4.02
—		合计	100.00	11.84	100.00

5. 浮选浓度试验

考察不同浮选浓度对选别指标的影响,工艺流程及试验条件见图 5-10,试验结果见表 5-15。

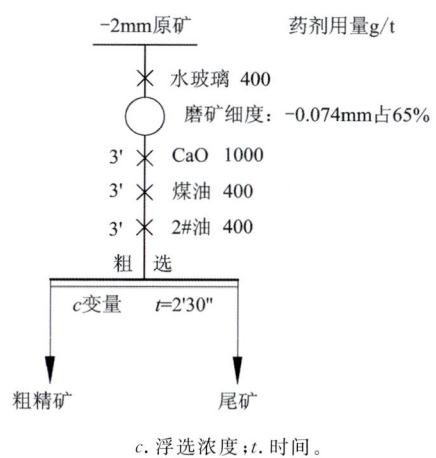

$c.$ 浮选浓度;$t.$ 时间。

图 5-10　浮选浓度试验流程

随着粗选矿浆浓度的增加,粗精矿固定碳品位和回收率均逐渐升高,结合浮选现象,确定粗选矿浆浓度为 34%。

表 5-15 浮选浓度试验结果

试验编号	浮选浓度/%	产品名称	产率/%	固定碳品位/%	固定碳回收率/%
xk1-DC-123	20	粗精矿	55.51	19.75	93.19
xk1-DC-125		尾矿	44.49	1.80	6.81
—		合计	100.00	11.76	100.00
xk1-DC-124	27	粗精矿	55.85	21.73	93.93
xk1-DC-126		尾矿	44.15	1.77	6.07
—		合计	100.00	12.92	100.00
xk1-DC-20	34	粗精矿	56.28	22.78	94.13
xk1-DC-30		尾矿	43.72	1.82	5.87
—		合计	100.00	13.62	100.00

6. 浮选时间试验

通过浮选时间试验可确定粗选最佳浮选时间,同时可确定扫选次数及扫选时间,浮选时间试验工艺流程及试验条件见图 5-11,试验结果见表 5-16。

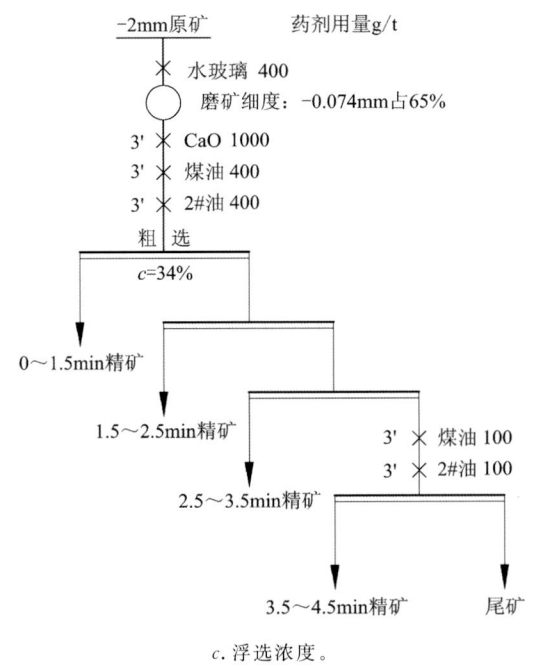

$c.$浮选浓度。

图 5-11 浮选时间试验流程

分析浮选时间试验结果可知,0～3.5min 精矿产品固定碳的累计回收率已达到 95.44%,3.5～4.5min 精矿产品的固定碳品位为 3.02%,回收率仅为 0.59%。因此确定粗选浮选时间为 3.5min,扫选次数为 1 次,扫选时间为 1min,扫选煤油和 2#油用量均为 100g/t。

表 5-16 浮选时间试验结果

试验编号	产品名称	产率/%	累计产率/%	固定碳品位/%	固定碳分布率/%	固定碳累计分布率/%
xk_1-DC-41	0~1.5min 精矿	51.98	51.98	21.81	91.77	91.77
xk_1-DC-42	1.5~2.5min 精矿	7.52	59.50	4.03	2.45	94.22
xk_1-DC-43	2.5~3.5min 精矿	4.20	63.70	3.58	1.22	95.44
xk_1-DC-44	3.5~4.5min 精矿	2.43	66.13	3.02	0.59	96.03
xk_1-DC-48	尾矿	33.87	100.00	1.40	3.97	100.00
—	合计	100.00		12.35	100.00	—

7. 粗选及扫选试验小结

通过粗选及扫选试验确定了粗选及扫选最佳试验条件:粗选磨矿细度为－0.074mm 占 65.00%,水玻璃用量为 400g/t,CaO 用量为 1000g/t,煤油用量为 400g/t,2#油用量为 400g/t,浮选浓度为 34%,浮选时间为 3.5min;扫选次数为 1 次,扫选煤油用量为 100g/t,扫选 2#油用量为 100g/t,扫选时间为 1min。

(二)开路试验流程

根据该石墨矿矿石性质,结合类似石墨矿选矿经验,进行了不同再磨次数、不同精选次数的选别流程探索,工艺流程、试验条件及选别指标见表 5-17。

表 5-17 流程试验考察工艺流程、试验条件及选别指标

流程编号	工艺流程、试验条件	选别指标
1	一段粗磨,一次粗选,一次扫选,粗精矿一次精选,精矿 1 一段剥片再磨再选,精矿 3 二段剥片再磨再选,精矿 5 三段剥片再磨再选,共 7 次精选	精矿产率 3.70%,固定碳品位 85.50%,固定碳回收率 21.80%
2	一段粗磨,一次粗选,一次扫选,粗精矿一次精选,精矿 1 一段剥片再磨再选,精矿 2 二段剥片再磨再选,精矿 3 三段剥片再磨再选,精矿 4 四段剥片再磨再选,共 6 次精选	精矿产率 2.35%,固定碳品位 85.47%,固定碳回收率 21.35%
3	一段粗磨,一次粗选,一次扫选,粗精矿一次精选,精矿 1 一段剥片再磨再选,精矿 3 二段剥片再磨再选,精矿 5 三段剥片再磨再选,精矿 7 四段剥片再磨再选,共 9 次精选。	精矿产率 6.50%,固定碳品位 85.13%,固定碳回收率 38.00%
4	一段粗磨,一次粗选,一次扫选,粗精矿一次精选,精矿 1 一段剥片再磨再选,精矿 2 二段剥片再磨再选,精矿 3 三段剥片再磨再选,精矿 4 四段剥片再磨再选,共 7 次精选。	精矿产率 6.27%,固定碳品位 85.52%,固定碳回收率 39.66%

分析表 5-17 可知,表中的 4 种浮选流程均能获得固定碳品位 85% 以上的精矿产品。流程 3 和流程 4 的精矿指标相差不大,但选别流程有较大差异。流程 3 精矿再磨为精选两次再磨一次,共再磨 4 次,精选 9 次;流程 4 精矿再磨为精选一次再磨一次,共再磨 4 次,精选 7 次。综合考虑,确定流程 4 为最终开路流程。

通过试验现象及选别指标发现,再磨细度即矿物的单体解离度是提高精矿固定碳品位的关键。为了控制各再磨精矿的细度,对最终开路流程中的各次再磨产品进行了粒径分析,各次再磨产品粒径分布见图 5-12~图 5-15,再磨产品粒径统计见表 5-18。

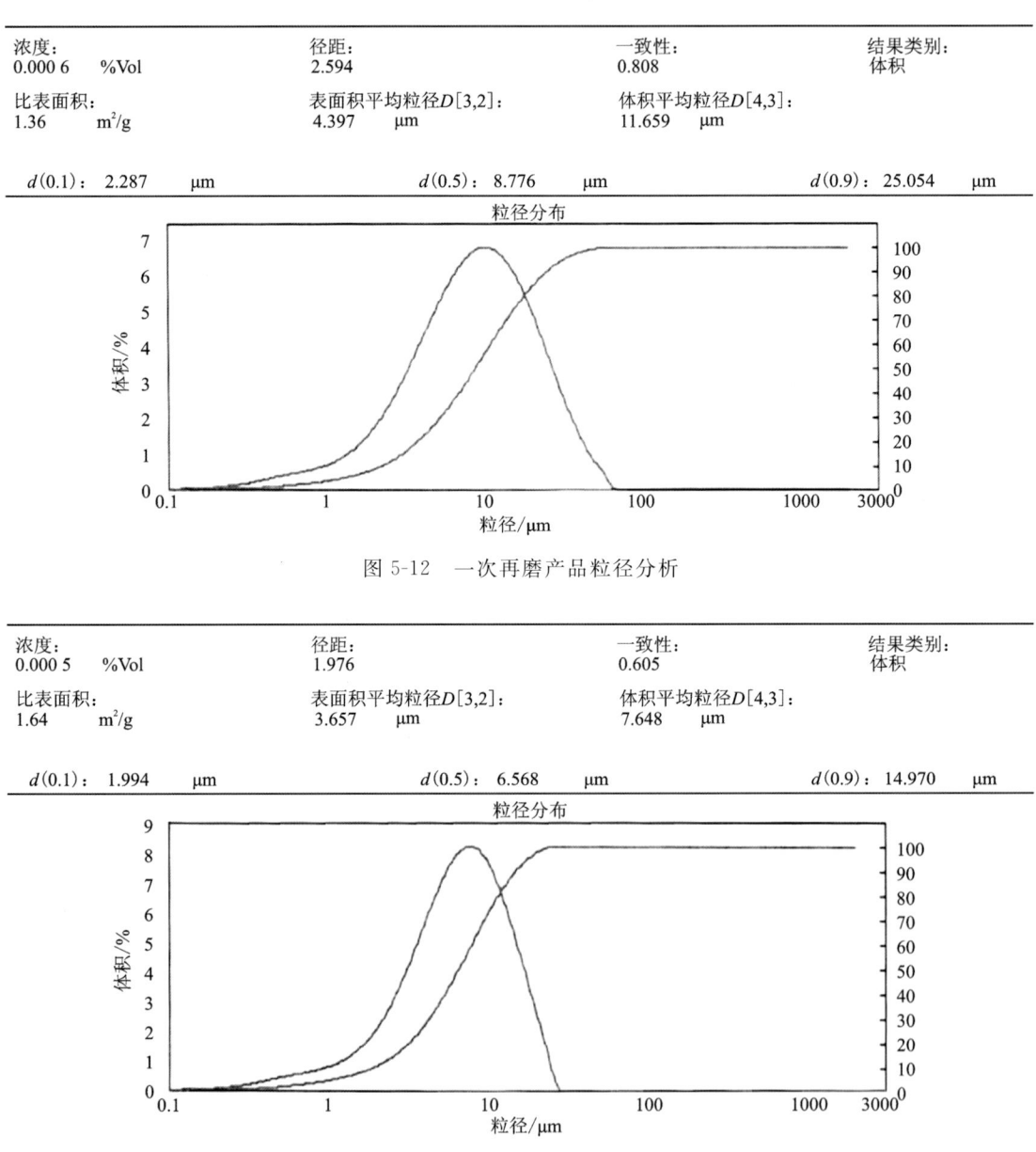

图 5-12 一次再磨产品粒径分析

图 5-13 二次再磨产品粒径分析

浓度:		径距:	一致性:	结果类别:
0.000 5	%Vol	1.763	0.541	体积
比表面积:		表面积平均粒径$D[3,2]$:	体积平均粒径$D[4,3]$:	
1.6	m^2/g	3.757 μm	7.094 μm	

$d(0.1)$: 2.161   μm $d(0.5)$: 6.308   μm $d(0.9)$: 13.281   μm

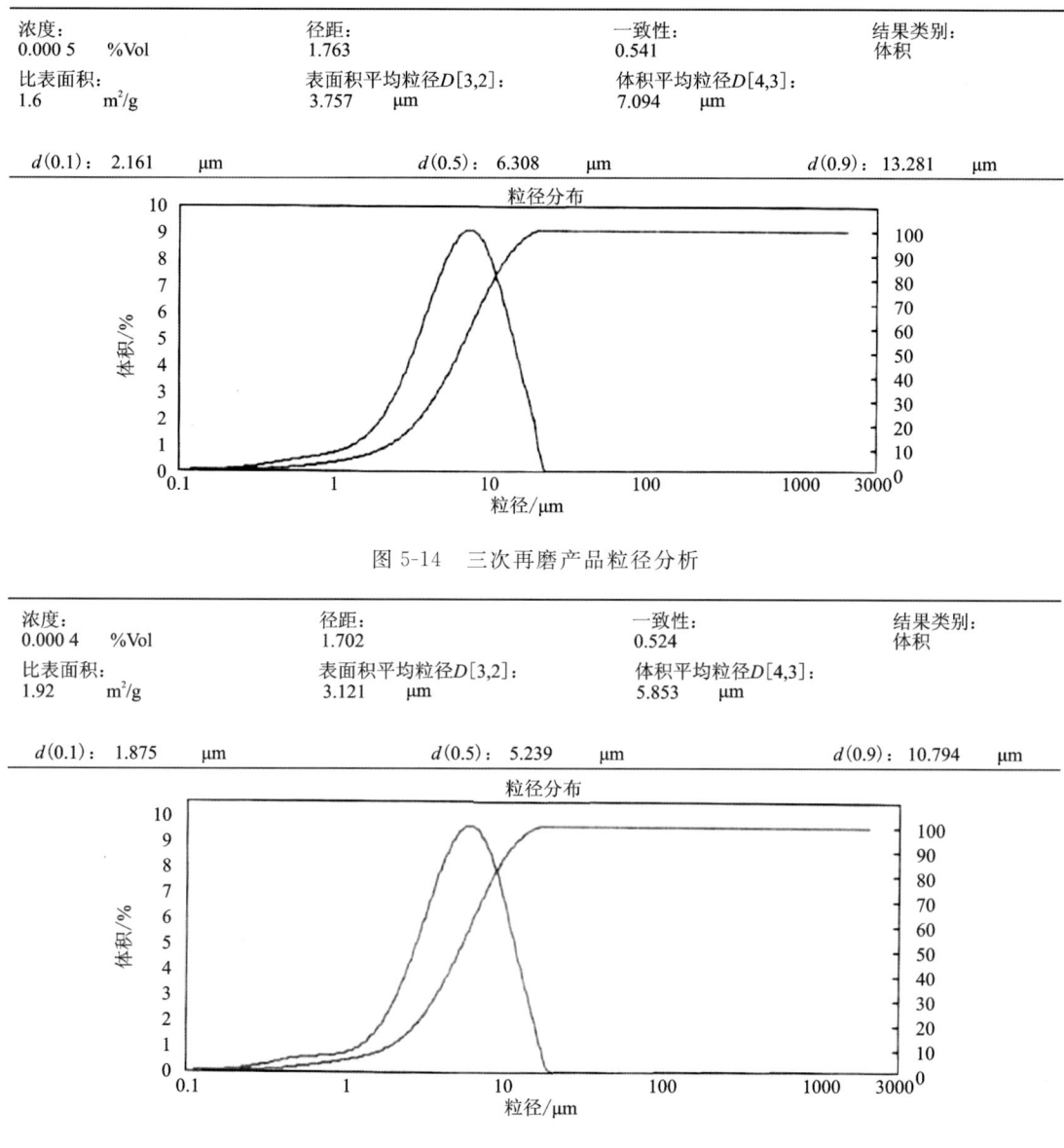

图 5-14 三次再磨产品粒径分析

浓度:		径距:	一致性:	结果类别:
0.000 4	%Vol	1.702	0.524	体积
比表面积:		表面积平均粒径$D[3,2]$:	体积平均粒径$D[4,3]$:	
1.92	m^2/g	3.121 μm	5.853 μm	

$d(0.1)$: 1.875   μm $d(0.5)$: 5.239   μm $d(0.9)$: 10.794   μm

图 5-15 四次再磨产品粒径分析

分析表 5-18 可知,四次再磨产品粒径统计结果中 $D(90)$ 为 10.794μm,岩矿鉴定结果表明,四次磨矿产品中的石墨几乎都已实现单体解离。

表 5-18 再磨产品粒径统计

产品名称	$D(10)/\mu m$	$D(50)/\mu m$	$D(90)/\mu m$
一次再磨产品	2.287	8.776	25.054
二次再磨产品	1.994	6.568	14.970
三次再磨产品	2.161	6.308	13.281
四次再磨产品	1.875	5.239	10.794

（三）闭路试验流程

在开路试验的基础上，进行了闭路试验，试验流程如图5-16所示。

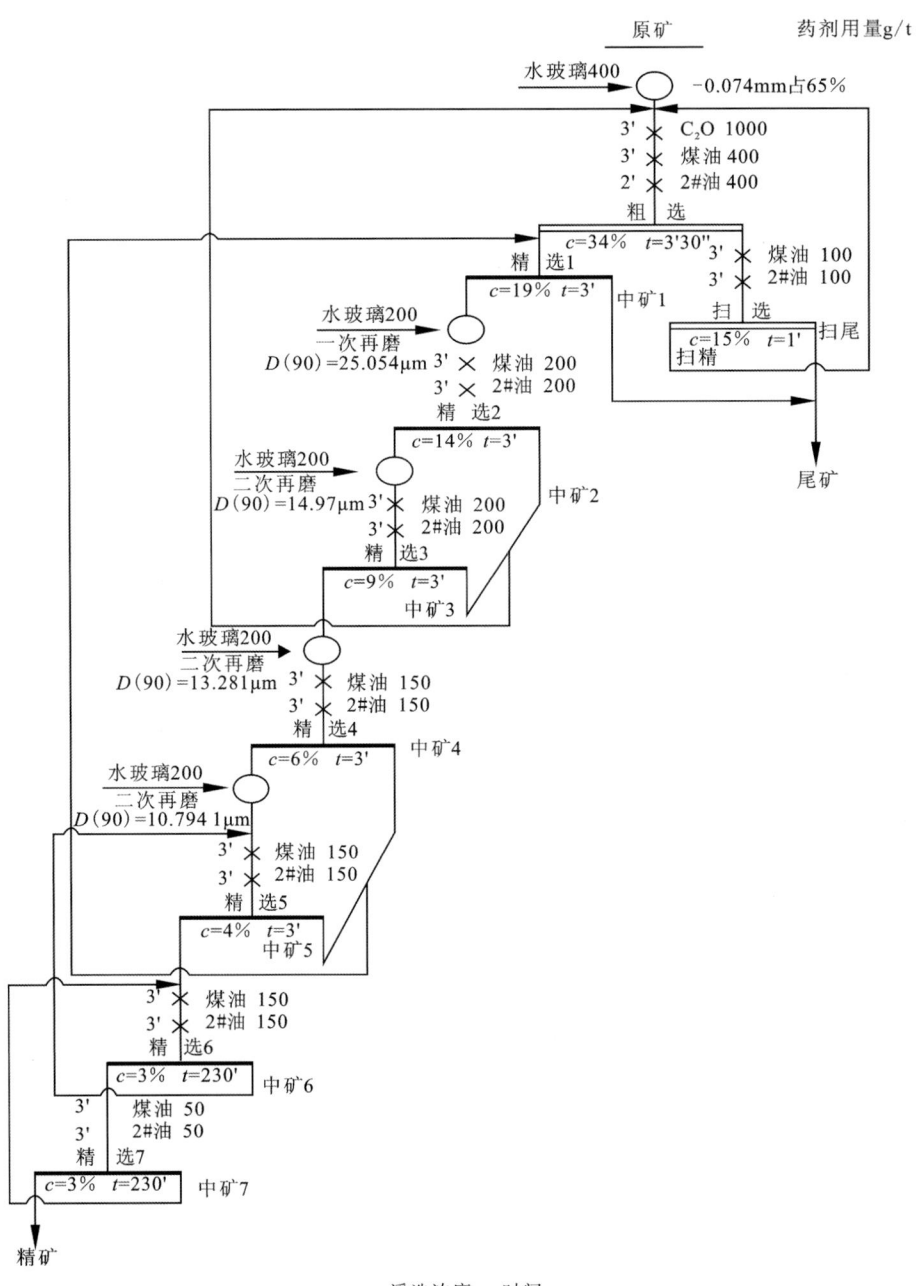

$c.$ 浮选浓度；$t.$ 时间。

图5-16 闭路试验流程

闭路试验指标：精矿产率为11.38%，固定碳品位为83.34%，回收率为78.90%。

(四)闭路试验结果

最终闭路试验结果见表 5-19;最终闭路试验数质量流程图见图 5-17。

表 5-19 最终闭路试验结果

产品名称	产率/%	固定碳品位/%	回收率/%
精矿	11.38	83.34	78.90
尾矿	88.62	2.86	21.10
原矿	100.00	12.02	100.00

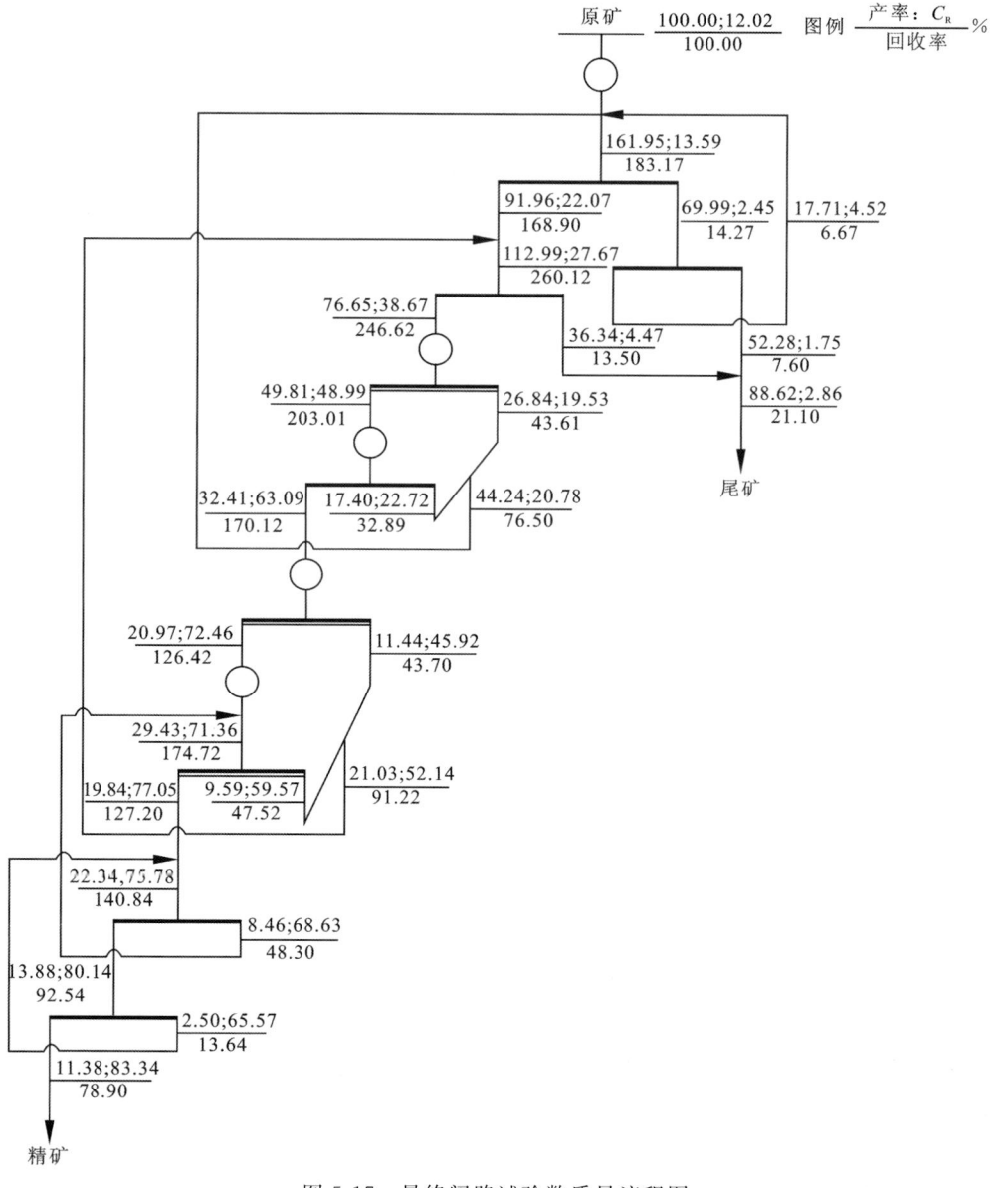

图 5-17 最终闭路试验数质量流程图

最终闭路试验结果显示：最终精矿产率为11.38%，精矿固定碳品位为83.34%，回收率为78.90%，所选出的精矿达到鳞片石墨产品分类中的中碳石墨的质量要求。鳞片石墨国家质量标准见表5-20。

表5-20　石墨产品分类

名称	高纯石墨	高碳石墨	中碳石墨	低碳石墨
固定碳范围/%	99.9～99.99	94.0～99.0	80.0～93.0	50.0～79.0
代号	LC	LG	LZ	LD

二、黄矿山北

（一）浮选粗选及扫选实验

1. 磨矿细度试验

考察不同磨矿细度对选别指标的影响，工艺流程及试验条件见图5-18，试验结果见表5-21。

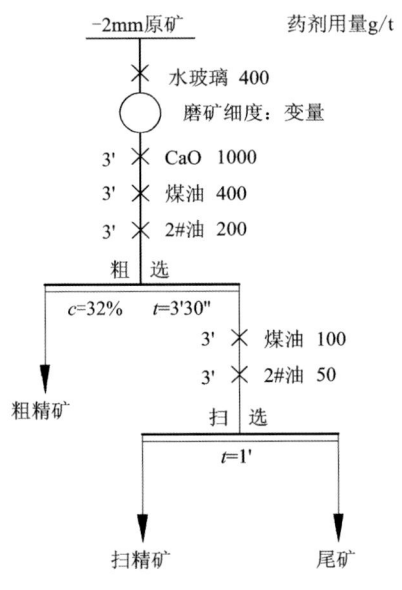

$c.$ 浮选浓度；$t.$ 时间。

图5-18　磨矿细度试验流程

分析表5-21可知，当磨矿产品中－0.074mm含量为61.00%时，粗精矿的固定碳品位及回收率均较高，且考虑现场一段磨矿所能达到的细度，确定磨矿细度为－0.074mm占61.00%为宜。

表 5-21 磨矿细度试验结果

样品编号	−0.074mm 含量/%	产品名称	产率/%	固定碳品位/%	固定碳回收率/%
xk$_1$-GM-48	44.27	粗精矿	82.39	23.43	96.93
xk$_1$-GM-53		扫精矿	4.03	8.69	1.76
xk$_1$-GM-58		尾矿	13.58	1.92	1.31
—		合计	100.00	19.91	100.00
xk$_1$-GM-49	61.00	粗精矿	79.65	26.08	97.94
xk$_1$-GM-54		扫精矿	4.30	5.70	1.16
xk$_1$-GM-59		尾矿	16.05	1.19	0.90
—		合计	100.00	21.21	100.00
xk$_1$-GM-50	75.17	粗精矿	78.10	25.23	98.54
xk$_1$-GM-55		扫精矿	3.83	4.25	0.81
xk$_1$-GM-60		尾矿	18.07	0.72	0.65
—		合计	100.00	20.00	100.00
xk$_1$-GM-51	86.90	粗精矿	74.42	26.37	98.26
xk$_1$-GM-56		扫精矿	4.60	4.11	0.95
xk$_1$-GM-61		尾矿	20.98	0.76	0.80
—		合计	100.00	19.97	100.00
xk$_1$-GM-52	90.09	粗精矿	74.56	26.54	98.69
xk$_1$-GM-57		扫精矿	3.58	3.75	0.67
xk$_1$-GM-62		尾矿	21.86	0.59	0.64
—		合计	100.00	20.05	100.00

2. 水玻璃用量试验

水玻璃是硅酸盐矿物良好的抑制剂,考察不同水玻璃用量对选别指标的影响,工艺流程及试验条件见图 5-19,试验结果见表 5-22。

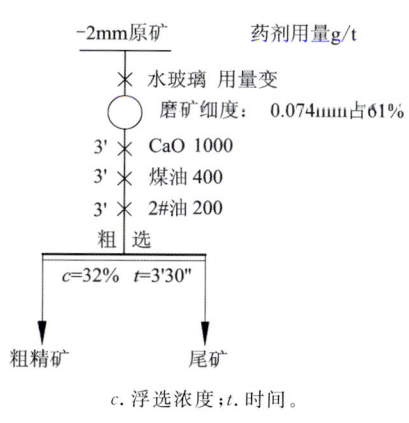

c.浮选浓度;t.时间。

图 5-19 水玻璃用量试验流程

当水玻璃用量为400g/t时,粗精矿的固定碳品位及回收率均较高,综合考虑,确定水玻璃用量为400g/t。

表 5-22 水玻璃用量试验结果

样品编号	水玻璃用量/(g·t^{-1})	产品名称	产率(%)	固定碳品位(%)	固定碳回收率(%)
xk$_1$-GM-63	0	粗精矿	83.11	22.96	98.50
xk$_1$-GM-82		尾矿	16.89	1.72	1.50
—		合计	100.00	19.37	100.00
xk$_1$-GM-64	200	粗精矿	79.80	23.86	97.62
xk$_1$-GM-83		尾矿	20.20	2.30	2.38
—		合计	100.00	19.50	100.00
xk$_1$-GM-49	400	粗精矿	79.65	26.08	97.94
xk$_1$-GM-54+59		尾矿	20.35	2.14	2.06
—		合计	100.00	21.21	100.00
xk$_1$-GM-65	600	粗精矿	82.36	22.83	98.47
xk$_1$-GM-84		尾矿	17.64	1.72	1.53
—		合计	100.00	19.31	100.00
xk$_1$-GM-66	800	粗精矿	83.01	22.83	98.48
xk$_1$-GM-85		尾矿	16.99	1.72	1.52
—		合计	100.00	19.24	100.00

3. CaO 用量试验

CaO 是石墨矿浮选时的矿浆调整剂,同时对黄铁矿等脉石矿物有较好的抑制作用,考察不同 CaO 用量对选别指标的影响,工艺流程及试验条件见图 5-20,试验结果见表 5-23。

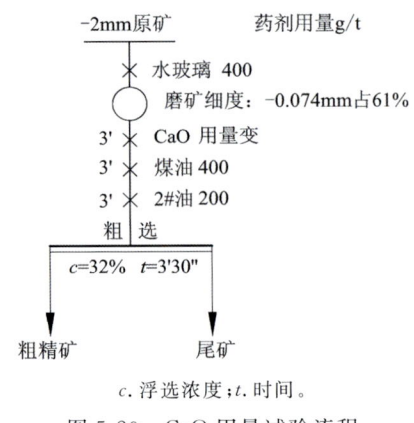

图 5-20 CaO 用量试验流程

表 5-23　CaO 用量试验结果

样品编号	CaO 用量/(g·t^{-1})	产品名称	产率/%	固定碳品位/%	固定碳回收率/%
xk$_1$-GM-67	0	粗精矿	83.16	22.80	98.55
xk$_1$-GM-86		尾矿	16.84	1.66	1.45
—		合计	100.00	19.24	100.00
xk$_1$-GM-68	500	粗精矿	83.74	22.95	98.61
xk$_1$-GM-87		尾矿	16.26	1.66	1.39
—		合计	100.00	19.49	100.00
xk$_1$-GM-49	1000	粗精矿	79.65	26.08	97.94
xk$_1$-GM-54＋59		尾矿	20.35	2.14	2.06
—		合计	100.00	21.21	100.00
xk$_1$-GM-69	1500	粗精矿	83.08	22.47	98.50
xk$_1$-GM-88		尾矿	16.92	1.68	1.50
—		合计	100.00	18.95	100.00
xk$_1$-GM-70	2000	粗精矿	83.00	21.52	98.23
xk$_1$-GM-89		尾矿	17.00	1.89	1.77
—		合计	100.00	18.18	100.00

随着 CaO 用量的增加，粗精矿固定碳品位及回收率变化不大，结合浮选现象，确定 CaO 用量为 1000g/t。

4. 捕收剂及起泡剂用量试验

煤油和 2♯油分别是石墨矿浮选过程中常用的捕收剂和起泡剂，其用量对粗精矿固定碳的品位和回收率均有较大影响，考察不同煤油和 2♯油用量对选别指标的影响，工艺流程及试验条件见图 5-21，试验结果见表 5-24。

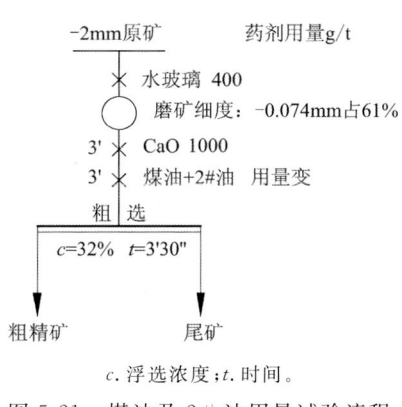

c.浮选浓度；t.时间。

图 5-21　煤油及 2♯油用量试验流程

表 5-24　煤油及 2♯ 油用量试验结果

样品编号	煤油及 2♯ 油用量/(g·t^{-1})	产品名称	产率/%	固定碳品位/%	固定碳回收率/%
xk$_1$-GM-71	200＋100	粗精矿	78.08	23.74	97.35
xk$_1$-GM-90		尾矿	21.92	2.30	2.65
—		合计	100.00	19.04	100.00
xk$_1$-GM-72	300＋150	粗精矿	80.26	23.60	97.62
xk$_1$-GM-91		尾矿	19.74	2.34	2.38
—		合计	100.00	19.40	100.00
xk$_1$-GM-49	400＋200	粗精矿	79.65	26.08	97.94
xk$_1$-GM-54＋59		尾矿	20.35	2.14	2.06
—		合计	100.00	21.21	100.00
xk$_1$-GM-73	500＋250	粗精矿	82.80	22.70	98.51
xk$_1$-GM-92		尾矿	17.20	1.65	1.49
—		合计	100.00	19.08	100.00
xk$_1$-GM-74	600＋300	粗精矿	81.84	23.23	98.31
xk$_1$-GM-93		尾矿	18.16	1.80	1.69
—		合计	100.00	19.34	100.00

随着煤油和 2♯ 油用量的增加,粗精矿固定碳回收率呈上升趋势,综合考虑,确定煤油和 2♯ 油用量为(400＋200)g/t。

5. 浮选浓度试验

考察不同浮选浓度对选别指标的影响,工艺流程及试验条件见图 5-22,试验结果见表 5-25。

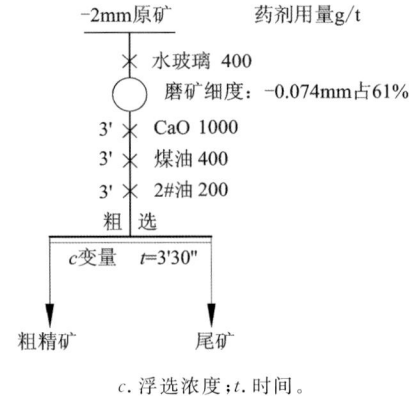

$c.$ 浮选浓度;$t.$ 时间。

图 5-22　浮选浓度试验流程

表 5-25　浮选浓度试验结果

样品编号	浮选浓度/%	产品名称	产率/%	固定碳品位/%	固定碳回收率/%
xk_1-GM-81	26	粗精矿	82.27	22.83	98.18
xk_1-GM-96		尾矿	17.73	1.96	1.82
—		合计	100.00	19.13	100.00
xk_1-GM-49	32	粗精矿	79.65	26.08	97.94
xk_1-GM-54＋59		尾矿	20.35	2.14	2.06
—		合计	100.00	21.21	100.00
xk_1-GM-80	40	粗精矿	84.99	22.50	98.75
xk_1-GM-95		尾矿	15.01	1.61	1.25
—		合计	100.00	19.36	100.00

确定粗选矿浆浓度为32%。

6. 浮选时间试验

通过浮选时间试验可确定粗选最佳浮选时间,同时可确定扫选次数及扫选时间,浮选时间试验工艺流程及试验结果见表5-26,试验条件见图5-23。

表 5-26　浮选时间试验结果

样品编号	产品名称	产率/%	累计产率/%	固定碳含品位%	固定碳分布率/%	固定碳累计分布率/%
xk_1-GM-75	0～1.5min 精矿	73.25	73.25	25.01	95.30	95.30
xk_1-GM-76	1.5～2.5min 精矿	5.76	79.01	10.09	3.02	98.32
xk_1-GM-77	2.5～3.5min 精矿	2.07	81.08	5.01	0.54	98.86
xk_1-GM-78	3.5～4.5min 精矿	3.38	84.46	3.54	0.62	99.48
xk_1-GM-79	4.5～5.5min 精矿	1.21	85.67	1.88	0.12	99.60
xk_1-GM-94	尾矿	14.33	100.00	0.53	0.40	100.00
—	合计	100.00	—	19.22	—100.00	—

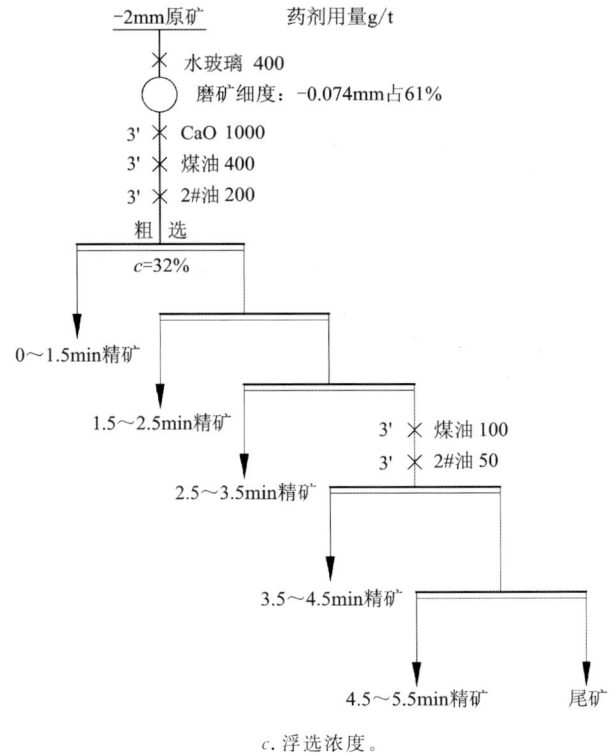

图 5-23 浮选时间试验流程

分析浮选时间试验结果可知,0~3.5min 精矿产品固定碳的累计回收率已到达 98.86%,3.5~4.5min 精矿产品的固定碳品位为 3.54%,回收率仅为 0.62%。因此确定粗选浮选时间为 3.5min,扫选次数为 1 次,扫选时间为 1min,扫选煤油用量为 100g/t,2#油用量为 50g/t。

7. 粗选及扫选试验小结

通过粗选和扫选试验确定了粗选及扫选最佳试验条件:粗选磨矿细度为−0.074mm 占 61.00%,水玻璃用量为 400g/t,CaO 用量为 1000g/t,煤油用量为 400g/t,2#油用量为 200g/t,浮选浓度为 32%,浮选时间为 3.5min;扫选次数为 1 次,扫选时间为 1min,扫选煤油用量为 100g/t,扫选 2#油用量为 50g/t。

(二)开路试验流程

石墨选矿开路实验流程是指没有中间产品的返回,试验过程中没有考虑中间产品对实验的影响,为单个条件流程试验,包括粗选、扫选、精选等,各个作业均有产品(中矿多),这些产品均有一个样品衍生出来,所有产品合计为原矿样品。

最终开路试验流程如图 5-24 所示;最终开路实验结果见表 5-27。

(1)工艺矿物学研究表明:该石墨矿矿物组成简单,主要有用矿物是石墨,主要的脉石矿物是石英(含量达55.30%),其次是白云母和长石等。

(2)该石墨矿原矿固定碳品位为19.65%。根据矿石性质,本研究进行了多种浮选流程的对比试验,最终开路试验指标为精矿产率16.16%,固定碳品位90.09%,回收率73.18%。闭路试验指标为精矿产率21.33%,固定碳品位83.27%,回收率95.81%。

(3)该石墨矿石墨粒径极细,多小于0.038 5mm,与脉石矿物紧密共生,单体解离困难,这是影响精矿指标的最重要因素。

(4)该石墨矿浮选尾矿在15%和20%两个浓度条件下,90min左右完成沉降;当浓度达到25%时,在150min左右完成沉降,综合考虑,该尾矿较易沉降。

(5)研究结果表明:该矿石中的石墨具有一定的可选性,但石墨精矿产品粒径较细。

中国建筑材料工业地质勘查中心青海总队在柴南缘巴勒木特尔石墨矿进行了选矿试验,得到以下结论。

(1)鳞片状石墨原矿中晶体的直径大于1μm,肉眼或普通光学显微镜下就能看到石墨晶体的形状,石墨多呈鳞片状,均匀散布于矿石中。这种固定碳品位一般较低,不超过10%,局部特别富集地段的石墨矿固定碳品位则可达20%或更多,但可选性好,浮选矿固定碳品位可达85%以上,石墨质量好,工业用途广,是目前最有价值的一种石墨类型。

(2)根据原矿分析,未风化石墨矿原矿固定碳品位为5.51%,风化石墨矿固定碳品位为9.21%,与方解石伴生的石墨矿固定碳品位为1.0%。从粒径分布看,3种石墨鳞片均较大,是典型的鳞片石墨,但与方解石伴生的石墨矿固定碳品位较低,给选矿带来一定的难度。

(3)通过试验,对未风化石墨矿和风化石墨矿的原矿分析、浮选工艺流程、浮选产品进行对比,风化矿与未风化矿的工艺流程一致,浮选产品差别不大,风化矿没有体现出石墨与脉石矿物解离的优点,可同时进行加工生产。因此认为采集的矿样已风化矿(QHA)和未风化矿(QHB)应属于同一种矿石类型,即未经风化的原矿。

(4)风化石墨矿和未风化石墨矿鳞片较大,浮选产品固定碳品位较高,具有良好的开发前景。根据国家有关石墨产品的标准,品位94%~95%的产品可用于电碳制品等;品位93%的产品可用于坩埚、耐火材料、染料等;品位90%左右的产品可用于坩埚、耐火材料、铅笔原料、铸造涂料、电池原料等。另外,也可以作为进一步生产高纯度石墨的原料,其中大鳞片部分的产品还可以用作生产膨胀石墨以及石墨密封材料等深加工产品。

(5)与方解石伴生的石墨矿鳞片比普通石墨矿鳞片要大,但原矿品位太低,给选矿带来一定的难度,工艺流程较为复杂,产率较低,开发利用有一定难度。

虽然两个矿床进行石墨矿选矿实验的时间和方法不一样,但是相对的,不同的选矿试验所得出的结果也具有一定的对比性(表5-30)。巴勒木特尔石墨矿床的选矿试验结果对柴周缘石墨矿床选矿试验结果也具有一定的参考意义。

表 5-30　柴南缘、柴北缘典型晶质石墨选矿对比

柴北缘黄矿山北晶质石墨矿床	柴南缘巴勒木特尔晶质石墨矿床
①矿石中石墨的粒径集中分布在 0.02~0.2mm	①矿石中石墨的粒径集中分布在 0.05~0.5mm
②原矿固定碳平均品位 19.65%	②原矿固定碳品位 1.0%~9.2%，平均 3.4%
③可获得固定碳品位为 90.09% 的石墨精矿	③可获得固定碳品位为 85% 以上的石墨精矿
④选矿回收率开路实验 73.18% 以上，闭路实验 95.81% 以上；精矿产率分别可达 16.16% 和 21.33%	④原矿回收率较高，但呈稀疏浸染状产于大理岩中的较粗鳞片状石墨固定碳品位低，回收率低
石墨粒径相对较粗，固定碳品位高	石墨粒径相对较粗，固定碳品位低

（二）柴周缘、中国东部典型晶质石墨矿选矿对比

国内外石墨选矿最常用的方法为浮选，工艺流程包括阶段磨矿、阶段浮选（白丽丽等，2014；劳德平等，2014；张凌燕等，2011a，2011b），通过确定合理的磨矿、浮选段数来获得最终产品。国内许多学者在鳞片石墨选矿方面进行了深入研究，岳成林（2001）采用三段再磨替代四段再磨，在不降低生产指标的前提下，有效缩短了选矿工艺流程；彭伟军等（2014）研究了中矿处理方式对选矿指标的影响，发现中矿单一的集中返回、循序返回、单独处理均不能满足难选矿的产品指标要求，而多种方式的联合使用是解决贫、细、杂石墨中矿分选的有效方法；龙渊等（2014）采用立式搅拌磨对石墨磨矿效果进行了研究，在 6mm 的陶瓷球作介质、磨机转速为 100r/min、磨矿时间为 4min、磨矿浓度为 30% 的条件下，采用特定的选矿工艺流程，可获得大于 0.15mm 粒径含量为 56.12%、品位为 92.58%、回收率为 94.71% 的精矿；王启宝和张晨光（1995）通过改进药剂成分，研制出新型浮选药剂，不但使生产成本大幅下降，而且解决了平度难选石墨回收率低的问题；谢朝学和袁慧珍（2010）的研究表明：采用新型筒棒代替钢球作为磨矿介质，并配备充填式浮选机，在其他工艺条件不变的情况下可减少一到两次精选作业，进而达到保护大鳞片石墨的目的，从而保证精矿的回收率并提高其质量。下面介绍几个中国东部典型石墨矿的选矿情况（表 5-31）。

表 5-31　柴周缘、中国东部典型晶质石墨矿选矿对比

石墨产地	鳞片大小/μm	原矿固定碳品位/%	精矿产率/%	精矿固定碳品位/%	回收率/%	质量等级/%
甘肃某地区	10~100	4.48	—	95.70	71.78	高碳
黑龙江萝北	—	13.12		97.50	90.63	高碳
山东南墅	—	4.50	—	90	87.30	中碳
包头市达茂旗百灵庙东山	小于 37	6.45	5.49	90.80	82.21	中碳
江西某石墨	—	8.96		92.15	95.65	中碳
黄矿山北	多小于 38.5	19.65	21.33	83.27	95.81	中碳

黑龙江萝北鳞片石墨矿石中矿物种类繁多(刘新等,2014),共生关系复杂,与石墨伴生的矿物主要是长石、石英、云母、方解石等,此外还含有微量的白云石、石榴石等。通过一系列试验确定的石墨最佳选矿工艺流程为矿石一次粗选、一次扫选,粗精矿四阶段再磨五次精选,中矿1、中矿2、中矿3合并扫选后返回粗选,中矿4、中矿5、中矿6合并后返回一段再磨。在确定的药剂制度、入浮浓度及闭路选矿工艺流程下,石墨原矿经分选后,可获得精矿固定碳品位为95.92%、回收率为95.24%、尾矿品位为0.87%的优良工艺指标。

甘肃某石墨矿属于鳞片石墨矿石(郑仁基等,2016),原矿固定碳品位较低,为4.48%,石墨鳞片较小。对该地区细鳞片石墨矿进行选矿试验研究,得出适宜的粗选条件为粗磨磨矿细度为-0.074mm占63.52%、浮选浓度为27%、煤油用量为640g/t、2#油用量为110g/t、生石灰用量为2500g/t(即矿浆pH=9),粗精矿采用五次再磨六次精选流程进行开路试验、闭路试验,最终获得石墨精矿固定碳品位为95.70%、回收率为71.78%的选别指标,为该地区石墨资源的开发利用提供了技术依据。

四川某石墨矿属于晶质、微晶质和隐晶质混合型细粒难选石墨矿石(张凌燕等,2012)。矿石主要由石墨、石英、云母、长石、绿泥石组成。石墨颗粒较细,嵌布特征复杂,单体解离困难。该石墨矿采用一次粗磨一次粗选一次扫选,粗精矿五次再磨六次精选,中矿1～中矿4合并再磨再选、再选精矿返回再磨作业,中矿5～中矿7合并进入再磨2,最终获得固定碳品位为90.47%、回收率为87.34%的精矿,可用作铅笔原料和电池原料。

山东省某晶质石墨矿属石墨变粒岩矿床(潘世显,1984),石墨赋存于透闪岩及片麻岩中,通过石墨选矿工艺试验研究,认为若要用常规选矿方法获得高质量的鳞片石墨产品,必须避免过磨现象,及早地回收已解离的大鳞片石墨,即采用预先分目作业是较为有效的手段。试验确定的三段磨矿七次精选预先分目选矿工艺,是该石墨矿矿石的较佳选别工艺,它不仅提高了精矿产品的大片率,同时也提高了精矿品位。

对黑龙江某石墨矿进行了工艺矿物学研究(王金玲等,2015),查明了矿石中石墨的赋存状态,并就影响选矿指标的矿物学因素进行了分析。工艺矿物学研究结果表明,该石墨矿属鳞片石墨矿,选别作业时容易获得较理想的选矿指标,但矿石中的石墨嵌布粒径细,选别过程中需要细磨,细磨会破坏部分已解离的石墨大鳞片,降低大鳞片石墨产率,因此在选矿过程需加强对大鳞片石墨的保护,尽可能早回收;脉石矿物中含有一定量的白云母以及少量的绿泥石、高岭石,对石墨精选有一定影响。

和柴周缘不同石墨矿床选矿试验方法不同一样,中国东部石墨矿床与本次所做石墨选矿试验方法也不同,但是其具有一定的对比性,对说明柴周缘石墨矿床的选矿试验结果具有一定的参考意义。

通过与中国东部比较大型的石墨矿对比可以知道,柴周缘石墨矿绝大多属于晶质(鳞片状)石墨矿床,原矿固定碳品位变化范围较大,个别地区原矿固定碳品位较高;精矿固定碳品位低于中国东部典型晶质石墨矿;回收率受不同时期科技发展情况的影响,柴周缘石墨回收率较高,但质量等级为中碳。

(三)柴周缘典型晶质石墨矿可利用性评价

柴北缘阿尔金地区,以大通沟南山典型矿床为例,石墨矿石品位不高,需经选矿才能得到符合工业要求的高纯度鳞片石墨产品。矿石虽然多属贫矿石,矿床平均品位不高,但矿石组成简单,片状或泥质物较小,有利于分选。经闭路试验结果显示,所选出的鳞片石墨可以达到国家标准。大通沟南山石墨矿床产于古元古界达肯大坂岩群变质岩系中,岩性主要为含石墨透辉石大理岩,岩石为中细粒结构,块层状构造。矿体规模较大,且受构造破坏程度小,矿体稳定性好。矿体倾角大,一般60°~70°,风化不强烈,矿石主要为原生矿,主矿体平均厚度为9.77m,沿走向厚度、品位均稳定,适宜地下开采。根据石墨矿体的成矿地质特征分析,认为其成因类型属于区域变质型石墨矿床,该石墨矿体规模较大,已达中型,且成矿潜力较大,找矿远景巨大。大通沟南山石墨矿床潜在经济价值较大,并有良好的找矿前景。加之矿床开采技术条件较好,矿石选矿及加工技术条件较成熟,矿床开发技术条件除生产生活用水条件较差外均具优势,矿床开发的经济和社会效益均较显著,作为我国石墨资源储备也具长远战略意义。因此,矿床勘查开发价值十分明显,可利用性程度较高。

柴北缘阿尔金地区黄矿山石墨典型矿床,石墨矿矿物组成简单,主要有用矿物是石墨,主要的脉石矿物是石英(含量达55.30%),其次是白云母和长石等。该石墨矿原矿固定碳品位为19.65%。选矿实验最终闭路试验指标为精矿产率21.33%,固定碳品位83.27%,回收率95.81%。该石墨矿石墨粒径极细,多小于0.038 5mm,与脉石矿物紧密共生,单体解离困难,这是影响精矿指标的最重要因素。综合来看黄矿山石墨矿矿石矿物简单,但石墨粒径较细,给选矿带来一定的困难,不过原矿固定碳品位相对较高,虽然最终实验固定碳品位与中国东部典型石墨矿选矿实验有些许差距,但是较高的回收率弥补了这一点。该石墨矿体规模较大,且成矿潜力较大,找矿远景巨大,通过实验得知矿床开采技术条件较好,矿石选矿及加工技术条件较为成熟,矿床开发技术条件除生产生活用水条件较差外均具优势,矿床开发的经济和社会效益均较显著,作为我国石墨资源储备也具长远战略意义。因此,矿床勘查开发价值十分明显,可利用性程度较高。

柴南缘石墨矿可利用性评价引用中国建筑材料工业地质勘查中心青海总队在柴南缘巴勒木特尔石墨矿进行的选矿试验(张洁等,2011),综合来看鳞片状石墨原矿中晶体的直径较大,固定碳品位较高,一般不超过10%,石墨矿鳞片相对较大,浮选产品品位较高,具有良好的开发前景。工艺流程较为复杂,产率较低,开发利用有一定难度。可以作为进一步生产高纯度石墨的原料,其中大鳞片部分的产品还可以用作生产膨胀石墨以及石墨密封材料等深加工产品。通过矿床开发经济意义研究,根据矿床规模该矿适宜中等规模开采,开采规模按年产石墨精矿8000t、精矿平均品位94%、矿石(固定碳)平均品位6.29%、矿石贫化率10%、选矿回收率94%计算,该矿山建成后,企业每年获税后利润约491万元,财务效益良好,总投资收益率为27.19%,高于一般贷款利率;投资回收期3.08年,投资回收期较短;内部收益率31.62%,远高于行业基准收益率。该矿床储量可满足矿山企业持续发展需求,矿石质量满足工业生产要求,水、电、路通过建设可以满足生产要求,财务评价、经济评价均可行。

综上所述,青海省柴周缘地区石墨矿床整体可利用性较好。①柴周缘地区分布有大量的

a、b. 大通沟南山主矿区；c、d. 大通沟南山矿区西延；e、f. 斑红山石墨矿点（新发现）。

图 6-2　柴北缘阿尔金地区构造控矿特征照片

制明显。南带主要为大理岩型石墨矿，赋矿围岩为达肯大坂岩群透辉石大理岩，局部大理岩发生褶皱，有闪长岩脉产出（图 6-3a、图 6-3b）；中带主要为片岩型和大理岩型，受北西西向达肯大坂岩群斜长角闪片岩与大理岩间逆断层控制明显，片岩型石墨矿片理化发育，与大理岩以断层接触，发育紧闭褶皱（图 6-3c）。大理岩型石墨矿赋存于达肯大坂岩群含透辉石大理岩中。北带以大理岩型石墨矿为主，位于达肯大坂岩群与万洞沟群（或岩体）北西西向断裂附近，断续出露，多被覆盖或剥蚀。

　　果特山石墨矿床位于果可山西，主要赋存于达肯大坂岩群与万洞沟群北西西向断裂附近。石墨矿化带以大理岩型矿化为主，走向与断裂一致，为近北西西向，宽约 500m。自南向北赋矿围岩由条带状含透辉石大理岩变化为强片理化含石墨透辉石大理岩，破碎程度逐渐加强；南侧以广泛出露与断裂同倾向（倾向北东）的闪长岩脉为特征，北侧强片理化含石墨透辉石大理岩层发生强烈褶皱变形，挠曲发育，且常见切穿大理岩层的石英脉，在石英脉表面鳞片状晶质石墨晶形较好，品位较高（图 6-3d、图 6-3e）。野外调查发现，一系列走向北西西、倾向北东的正断层对石墨矿带的控制作用明显，主要体现在：①石墨矿化带可能在正断层形成之前

图 6-3 乌兰地区石墨矿床构造控矿因素

已经形成于含透辉石大理岩中,可能宽度有限(图6-3f),受后期构造运动影响,一系列北西西向断层形成,矿体被切断,矿段沿断层倾向(北东向)位移,导致了矿化带在近南北方向上的拉伸,宽度加长(图6-3g);②断裂作用发生之前,由于区域变质作用较为有限,石墨的品位可能较低、品质可能较差,断裂作用造成了原本能干性较差的大理岩发生强烈的片理化和褶皱变形,使得固定碳品位增高,石墨结晶程度增强,片晶变大;③与断裂作用有关的构造作用引起了岩浆作用和流体作用的加强,在南侧形成了广泛发育的闪长岩脉,在北侧广泛发育石英脉,石英脉的出现使得石墨矿化加富,也可能鳞片状晶质石墨是由形成石英脉的富碳流体形成的。此外,自南向北在矿化强度、围岩破碎程度等方面的差异性,可能反映出构造应力强度逐渐变强,北侧可能更靠近主构造面。

3. 柴南缘地区

柴南缘主要的石墨矿床均分布在东昆仑造山带东段,自西向东主要有莫斯图东、查可勒图、洪水河东、口口尔图、哈西亚图、白日其利、小庙、干沟、巴勒木特尔、敦德郭勒、香日德—沟里一带等石墨矿床(点)。这些矿床(点)展布方向与东昆仑造山带主要的构造线方向一致,即近东西向。

口口尔图石墨矿区近东西向褶皱构造和断裂构造发育(图6-4a、图6-4b),褶皱构造主要表现为矿区南北侧近东西向褶皱作用引起的次级小褶皱,断裂构造主要以韧性剪切破碎带的形式表现。矿区产出两个走向近东西的石墨矿带,均发育于金水口岩群白沙河岩组大理岩和斜长角闪片岩接触部位片岩一侧。直接受岩性界面控制。矿体受围岩控制整体北倾,延伸稳定。受次级褶皱、岩性界面以及层间滑脱作用控制的局部小挠曲控制富矿段的产出。

口口尔图以西新发现石墨矿带赋矿围岩为金水口岩群白沙河岩组大理岩(图6-4c、图6-4d),主要受近南北向断层控制,矿带主要产出于构造蚀变破碎带中,矿石类型以大理岩型为主,品位和品质均较高。

白日其利含金构造破碎/蚀变带中往往有石墨矿体产出,石墨矿多充填于含金构造裂隙中,或者以类似"灌入"的方式充填于灰白色大理岩构造裂隙中(图6-4e、图6-4f)。

都兰—沟里一带含金构造破碎带中也发现了石墨矿体,石墨矿体受破碎带控制明显,矿石呈明显的由构造滑动形成的透镜状,表面较光亮,具摩擦镜面(图6-4g)。沟里乡以东地区发育有受绢云母石英片岩内小断层控制的石墨矿体(图6-4h),矿体规模较小、品质较高,围岩破碎程度高、多发育绿片岩相—角闪岩相变质作用。

综上所述,柴周缘构造活动显著,典型石墨矿床受区域动力变质和后期构造活动改造作用明显,主要体现在:

(1)大地构造控矿。中国主要的石墨矿床主要产于古老地台、地块周缘及大地构造隆起区或断裂岩浆带上,大地构造位置决定了出露地层、岩性及变质作用的强度;柴北缘石墨矿床主要分布在阿尔金构造活动带附近,柴南缘石墨矿床主要分布在东昆仑造山带内。

(2)褶皱控矿。石墨矿体也赋存于褶皱发育的地段,可见石墨矿体产出在褶皱的两翼地层及褶皱转折端附近。褶皱等构造活动使矿体形态发生变化。

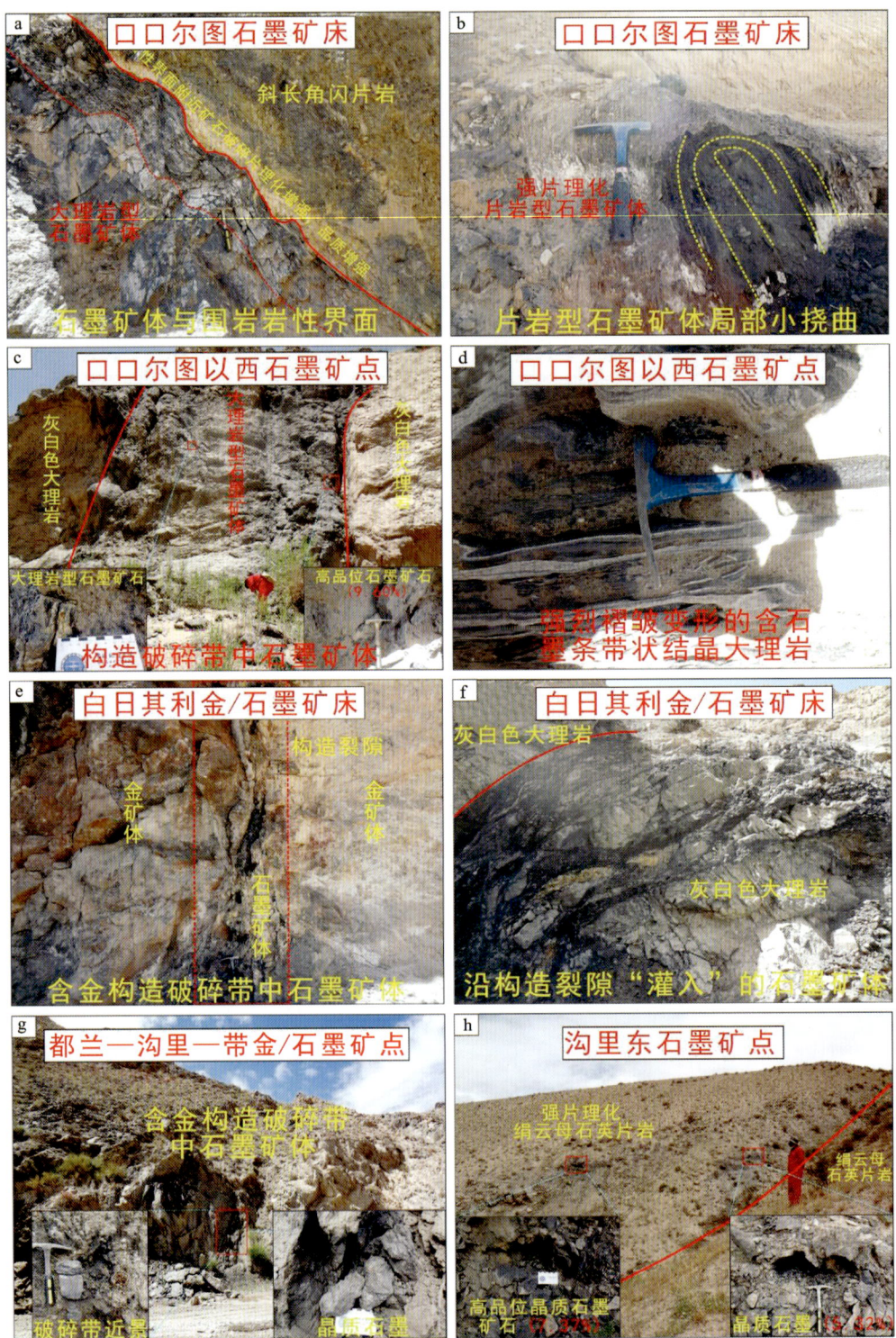

图 6-4　柴南缘石墨矿床(点)构造控矿因素

（3）构造裂隙控矿。矿体局部赋存于大理岩/斜长角闪片岩/石英片岩的构造裂隙中。成矿前或成矿时的断裂或裂隙有利于成矿物质的聚集，也可能导致岩体或脉岩的侵入，使围岩的温度、压力升高，进而使变质程度增强，使矿体内部结构变得复杂，并进一步增大石墨鳞片的片径、提高石墨鳞片的品质。成矿后断裂构造对石墨有一定程度的改造作用，或破坏矿体，或使矿体再度发生重结晶。此外，柴南缘东昆仑造山带内的一些含金构造带往往也是晶质石墨矿的重要容矿空间。

（三）岩浆岩因素

柴周缘石墨成矿主要经历了 3 个阶段：沉积成岩阶段、区域变质成矿阶段、构造-岩浆叠加改造阶段。其中，前两个阶段完成了石墨矿床的初始形成、富集，后一阶段完成了石墨矿床的叠加改造。柴周缘石墨矿床与中国东部石墨矿床较大的不同之处为与岩浆岩的密切关系。尤其是中酸性的岩体与石墨矿床在空间位置、形成（及改造）时间、物质来源及形成过程等方面都存在较大联系。中酸性岩浆岩对柴周缘石墨成矿具有一定的控制作用。

1. 岩浆岩与石墨矿床空间关系

在柴西北缘阿尔金地区，大通沟南山石墨矿床南西侧出露有规模较大的黑云母花岗岩体（图 6-5），地表探槽和钻孔均揭露了闪长岩脉，而且闪长岩脉作为石墨矿化带的围岩与矿带直

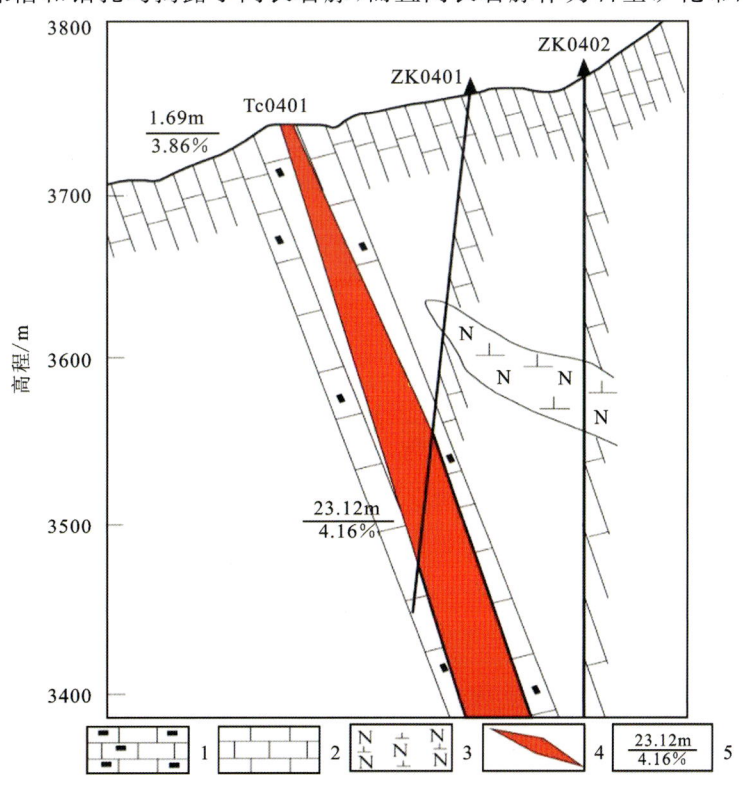

1. 含石墨大理岩；2. 含透辉石大理岩；3. 英云闪长岩；4. 石墨矿体；5. 矿体厚度/固定碳品位。

图 6-5　大通沟南山主矿区 4 号勘探线剖面图

接接触。大通沟石墨矿床南部地区,二长花岗岩与大理岩/斜长角闪片岩接触带部位发育有石墨矿化带,在接触带附近发育细粒花岗岩脉和石英脉的部位,片岩中石墨矿化较好。这种大理岩/斜长角闪片岩与中酸性岩体接触部位成矿的特征在新发现的大通沟南山北石墨矿点表现得尤为突出。延伸约1km的石墨矿带赋存于含透辉石大理岩与黑云母花岗岩的接触界限位置,而且局部位置品位较高。斑红山新发现石墨矿点的北东部发育有紧邻矿体的细晶石英闪长岩体,而石墨矿体就位于似斑状黑云母花岗岩和褐黄色大理岩接触部位。黄矿山石墨矿床Ⅰ号矿带附近出露有较多的花岗岩脉,而Ⅲ号矿带与花岗岩体空间位置接近。

柴东北缘乌兰-德令哈地区新发现果特山石墨矿床虽然未发现大面积出露的中酸性岩体,但是在矿带的南东段,发育有大量的闪长岩脉,而且岩脉与达肯大坂岩群大理岩接触界限位置石墨矿化较好。在果可山石墨矿点的北东侧,出露有闪长岩体,但是岩体与石墨矿接触关系不明确。

柴南缘东昆仑巨型岩浆岩带与区域构造演化和成矿密不可分。对石墨矿床而言亦是如此。就区域上而言,东昆仑地区呈带状分布的石墨矿床(点)与岩浆岩带空间位置相对应。就具体矿床而言,部分石墨矿床与岩浆岩紧密相邻,如都兰地区巴勒木特尔石墨矿床、敦德郭勒石墨矿床等;存在矿体赋存于大理岩和石英闪长岩接触部位的现象。而有的矿床在矿区范围内基本未见岩浆岩出露,例如口口尔图石墨矿床。

2. 成岩与成矿时间关系

在柴西北缘阿尔金地区,中酸性岩体的形成往往与石墨矿床的构造-岩浆叠加热变质作用阶段相吻合。大通沟南山石墨矿床含石墨透辉石大理岩的沉积成岩时间在古元古代—中元古代,由黄铁矿 Rb-Sr 得到的超高压变质时代为 500Ma。两个时间之间为区域变质成矿阶段。而大通沟南山地区中酸性侵入岩的形成主要有两期:400Ma 左右和 270Ma 左右。早期岩浆岩以大通沟南山主矿区黑云母花岗岩及外围闪长岩、大通沟南山北石墨矿点花岗闪长岩为代表。这些中酸性岩体与石墨矿床(体)空间位置关系密切。而晚期岩浆岩以大通沟南山石墨矿区东花岗闪长岩和斑红山钾长花岗岩为代表,岩体与矿体紧密相邻。由此可见,柴北缘阿尔金地区中酸性岩浆岩成岩时间普遍晚于石墨矿变质成矿阶段,对石墨矿床(体)具有一定程度的叠加改造作用。

在岩浆岩发育的柴南缘地区,岩浆岩形成时间也明显晚于石墨成矿。巴勒木特尔石墨矿床透辉石大理岩沉积成岩时代为 1600~1800Ma,峰期变质时代为 460~500Ma,而石墨矿体附近的花岗闪长岩、二长花岗岩的成岩时代为 220~255Ma,这是东昆仑地区最为发育的一期岩浆活动。成岩时代同样晚于石墨变质成矿阶段,可能也对应了后期构造-岩浆叠加改造阶段。

3. 岩浆岩与石墨成矿物质、流体联系

在接触热变质石墨矿床和岩浆热液型石墨矿床中,岩浆岩为成矿提供了重要的成矿物质和流体来源。而在柴周缘地区以区域变质+构造-岩浆叠加改造为特征的石墨矿床中,岩浆岩对石墨成矿的物质、流体供应不甚明显。如前所述,柴周缘地区石墨矿床含矿地层沉积成岩年龄和变质成矿年龄都晚于中酸性岩体的形成年龄,而石墨作为一种稳定的单质很难在岩浆作用过程中与其发生物质交换。因此,岩浆岩与石墨成矿在物质和流体方面联系不大。石墨成矿的主要物质即碳源主要为含矿地层中的有机碳,为有机碳变质而来,而在成矿流体的作用下,碳同位素在碳酸盐岩和有机碳之间实现了均一化。岩浆作用对石墨的改造主要体现在提供热源,造成早期变质作用阶段形成的石墨矿体进行自组织和重结晶作用,改变矿体内部结构。

4. 岩浆岩对石墨矿床叠加改造作用

柴周缘石墨矿床与区域变质型石墨矿床不同之处为前者明显受后期岩浆作用的叠加改造。这种叠加改造主要体现在岩浆热力作用下,使得早期形成的石墨矿品质变好、品位提高。

不论是柴北缘阿尔金地区的大通沟南山北石墨矿点(图6-6a、图6-6b)、斑红山石墨矿点,还是柴南缘地区的敦德郭勒石墨矿床(图6-6c、图6-6d)、巴勒木特尔石墨矿床,在含石墨(透辉石)大理岩/斜长角闪片岩/斜长角闪片麻岩与中酸性岩体的接触带附近,石墨矿体走向延伸稳定,规模较大而且品质较好、品位较高,并往往伴生高温形成的石英脉。这说明在后期多阶段的岩浆热力影响下,区域变质作用形成的晶质石墨发生了一定程度的重结晶,使得片径加大,品质提高。这种影响也使得原本富含石墨的围岩"活化",使固定碳品位升高。随着与岩体距离越来越远,石墨的片晶大小和固定碳品位都表现为明显的下降趋势。此外,岩浆的热力条件也促进了石墨矿与围岩碳同位素的均一化过程。因此,岩浆岩对石墨成矿的叠加改造作用主要表现为品质变好、品位提高和碳同位素均一化等方面。

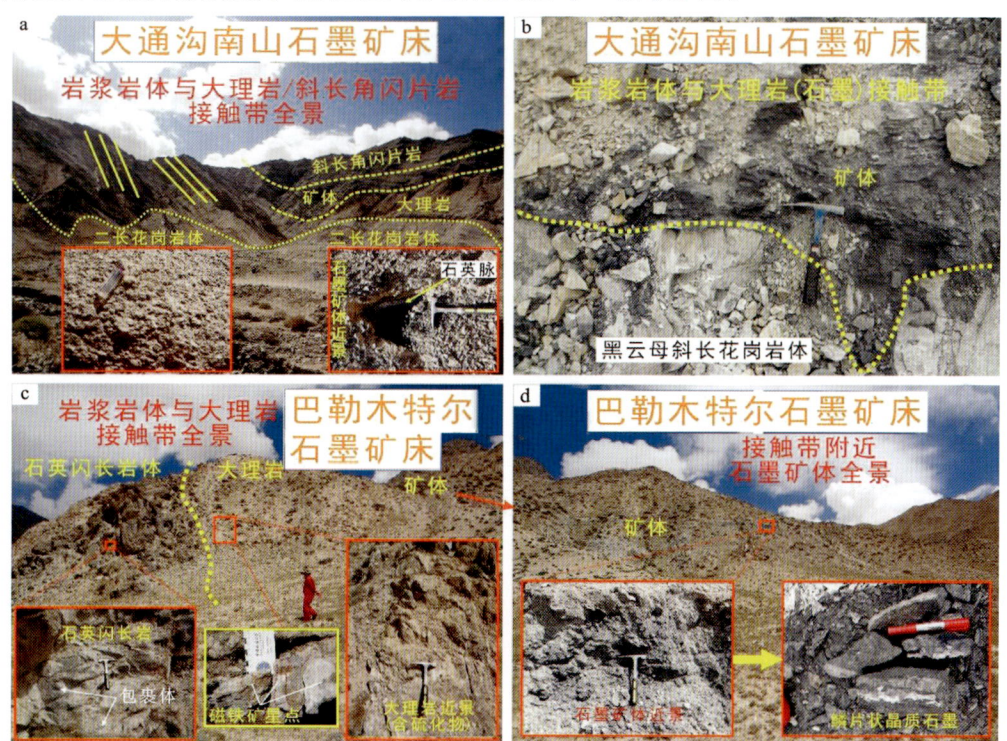

图6-6 柴周缘典型晶质石墨矿床岩浆岩控矿因素特征照片

(四)变质作用因素

柴周缘的变质作用主要为区域变质作用和动力变质作用。从区内不同时代地层来看,东昆仑地区经历了至少3次区域变质作用,它们分别代表前兴凯期、加里东期、海西期。

1. 区域变质作用

区域上经历的多期次大规模地史运动和伴随的造山事件,使柴周缘地层遭受普遍而强烈的变质作用,构成低变质至深变质不同程度、不同级别的系列变质岩。柴北缘达肯大坂岩群和柴南缘金水口岩群变质程度相对较深,经历了多期变形和变质改造,形成以片麻岩、斜长角闪岩、云母石英片岩和大理岩为主的岩石组合。整体为中深变质岩系,遭受以角闪岩相为主、局部为麻粒岩相的区域变质作用及区域混合岩化作用。大规模的区域变质作用促进了变质重结晶作用下含矿组分的迁移、反应和集中,同时变质作用对区内岩石进行了改造,岩石的成分、结构和构造发生了变化,如矿物结晶程度提高,由非晶质矿石变为晶质矿石。变质作用对石墨的形成极为重要,为成矿提供所需的温压条件。区域变质作用往往有岩浆作用或混合岩化作用的伴随,使地层中的灰岩在大理岩化时分解出CO、CO_2等,并促使发生石墨的重结晶,在一定条件下聚集成鳞片状石墨。后期经历区域变质作用的程度直接影响石墨矿的富集程度及品质。

2. 动力变质作用

柴北缘达肯大坂岩群和柴南缘金水口岩群受构造活动影响,区域范围内动力变质作用十分强烈,使得地层支离破碎。岩石中的片麻理、片理、劈理及揉皱非常发育,构造线方向与区域断裂构造走向基本一致。岩石中的面理、线理受动力挤压、构造的影响及多期次构造活动、拉伸线理的影响形成韧性剪切带,脆性岩石多形成碎裂岩及断层泥。沿断裂破碎带形成广泛的构造角砾岩、碎裂岩、糜棱岩、断层泥等构造岩。由于强大的构造挤压扭动,摩擦生热,形成热动力变质环境,局部地段出现绿泥石、云母、方解石等新生矿物及构造透镜体,并见有流动构造。区域上构造片岩、糜棱岩等动力变质岩发育,中酸性岩脉和热液石英脉等各种不同时期形成的岩石也都发生不同程度的糜棱岩化或碎裂岩化。广泛发育的糜棱岩系列岩石以糜棱结构为主,个别岩石具变余糜棱结构,岩石内矿物普遍具优选方向的塑性变形,并且发育矿物的动态重结晶,普遍具条带状构造。

3. 接触热变质作用

区域变质作用后形成的侵入岩与古元古界中深变质岩接触带上由于部分围岩为长英质变质岩而表现为岩石中的部分矿物发生重结晶,在围岩外接触带上,形成热接触变质的角岩、角岩化带及接触交代变质作用形成的矽卡岩及矽卡岩化带。在岩体与地层接触带发育有硅化、角岩化及矽卡岩化岩石,呈零星的窄条带状、半环状、透镜状分布于岩体周围。柴周缘高品质的晶质石墨矿床大多产在不同时期岩体与柴北缘达肯大坂岩群和柴南缘金水口岩群变质岩地层的交接处,且更靠近地层一侧。

柴北缘达肯大坂岩群和柴南缘金水口岩群均为中—高级变质岩系及矿物组合,主要为富含石墨高铝的片岩、片麻岩,同时夹有大理岩、石英岩等副变质岩石组合,岩石变质程度较高,区域变质作用为区内石墨的重结晶、重组合以及活化、运移、富集提供了热动力,可促使石墨矿的重结晶而富集成矿。

第二节 综合找矿信息

结合地质路线调查、控矿因素、遥感、物探信息及成矿规律研究,对柴周缘石墨矿床总结出以下几种找矿信息和标志。

一、地质找矿信息

柴周缘石墨矿床属于区域变质型矿床,几乎不存在明显热液矿床的围岩蚀变特征;而且不同于常规金属矿产,石墨矿床不存在明显的指示矿物和矿物标型,而柴周缘地区针对石墨矿床的专题研究相对较少,发现未经地质工作的矿产露头的概率较大。因此本区最重要的地质找矿标志是矿体露头。根据风化程度又可以分为风化露头和原生露头两类。地质找矿信息主要包括地层岩性信息、变质作用信息、构造信息、岩浆岩信息等。对于晶质石墨矿床常常以地层岩性信息最为重要,其次为变质作用信息,最后是构造信息和岩浆岩信息。

1. 风化露头

柴周缘地区石墨矿普遍赋存于古元古代含透辉石大理岩、斜长角闪片岩、斜长角闪片麻岩等变质岩地层中。这些赋矿围岩在漫长的地质历史时期经历了反复的构造变动和风化剥蚀,较容易在地表形成风化石墨矿化露头,这提供了最直接的找矿信息。对于斜长角闪片岩和斜长角闪片麻岩赋矿的矿体而言,矿石易破碎,在风化作用下,石墨矿石常散落于矿体周围。加之,柴周缘地区风蚀作用明显,散落的矿石被反复磨蚀形成灰黑色的岩粉。经雨水作用形成墨染状的矿化表土层,部分地区矿化表土层固结形成矿化表壳。含矿露头和不含矿露头的差别体现在:前者多为土状、墨染状;后者多为围岩碎块或粉末;前者颜色为灰黑色,后者为黑色或绿泥石风化的灰绿色;矿化露头污手、具滑感、远望不反光而片理化围岩碎块多反光。此类矿化露头以大通沟南山矿区、口口尔图矿区、斑红山地区、金鸿山地区、果可山矿区和巴勒木特尔矿区等矿体露头为代表。对大理岩容矿的石墨矿体露头而言,石墨多以条带状、团块状等形式产出。风化面可见黑白相间含矿条带,新鲜面可看到黑色条带中含有石墨。一般地表可以看到散落在矿体周围的矿石碎块,少数构造带中可以看到类似于片岩型容矿露头的粉末状风化露头。此类以口口尔图西和沟里乡东等地区为代表。片岩或大理岩和中酸性岩体接触界限附近的矿体露头多呈层位稳定、延伸较远的矿化带形式产出。地表可见矿石碎块和土状岩粉。在地形作用下碎块和岩粉沿坡迁移,形成较明显的灰黑色含矿带,这是重要的找矿信息。此类露头以斑红山地区和大通沟南山北等地区为代表(图6-7)。

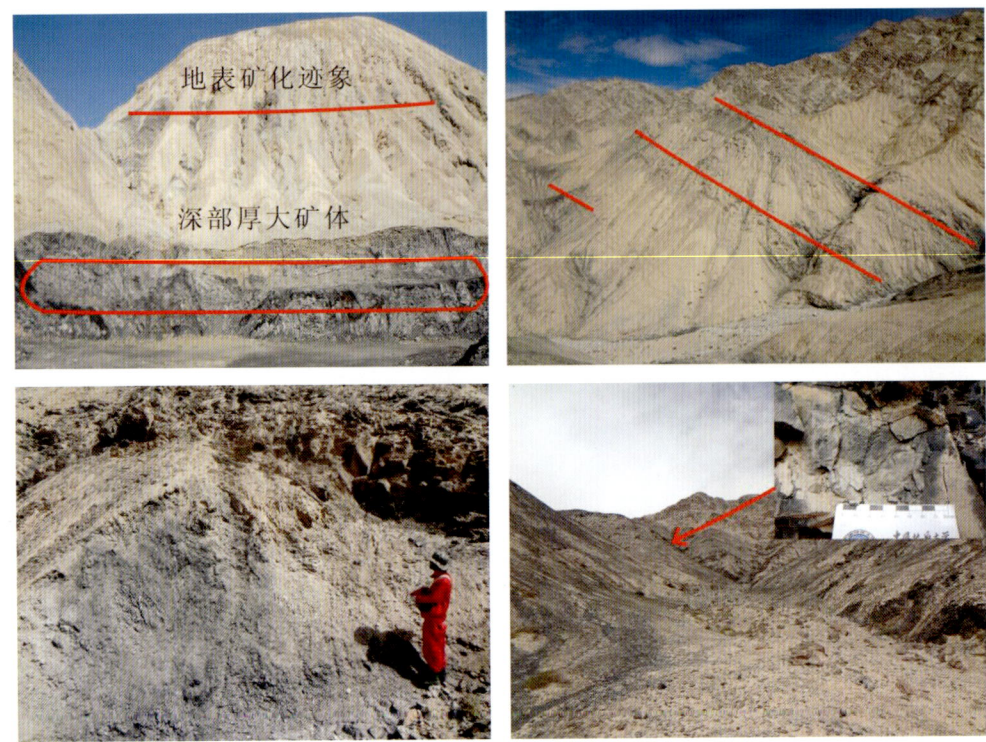

图 6-7 地表石墨矿体露头特征

2. 原生露头

单独的原生露头较少见,大多数风化露头之下为原生石墨矿。不过一些较难风化的大理岩型石墨矿也可以形成原生矿体露头,如在沟里乡以东山金金矿山外围的大理岩中就含有团块状石墨矿石。在构造裂隙中充填成矿的石墨矿也可以形成原生露头,构造带内大理岩(少数为片岩)均含矿,而在构造面上石墨结晶较好,呈光亮的镜面。构造带顶部为风化的带状露头,下部为原生露头。此类以斑红山石墨矿点为代表。黑色、污手具滑感的矿化露头可作为直接找矿标志。

3. 地层岩性信息

基于地层对矿床的控制作用,可以认为受地层控制的晶质石墨矿床在空间上常常与相应的地层相伴出现,即它们通常分布于控矿地层的内部或边部,因此可以通过提取控矿地层的空间分布信息来达到预测矿床空间位置的目的。此外,对于某组地层来说其岩性通常为多种类型的岩石组合,而控制矿体产出的通常是其中的某一种或几种岩石类型,因此在根据地层的空间分布信息确定矿床的可能产出空间位置后,还需要根据具体的控矿岩性来确定矿体的具体定位。

前文控矿因素分析中,已经指出柴北缘晶质石墨矿床主要分布在阿尔金和柴北缘构造活动带内,赋矿地层为古元古界达肯大坂岩群,含矿岩性主要为含透辉石条带状大理岩、含石墨大理岩、斜长角闪片岩、石英片岩、黑云斜长片麻岩等;柴南缘石墨矿床主要分布在东昆仑造山带内，赋矿地层为金水口岩群，含矿岩性主要为含石墨大理岩、含石墨斜长角闪片岩、石英片岩、黑云斜长片麻岩等。统计柴周缘34个石墨矿床(点)的主要赋矿岩性，大理岩型占73%，片岩型占15%，片麻岩型占12%，部分石墨矿兼具其中两种类型。其中柴北缘赋矿层位达肯大坂岩群和柴南缘赋矿层位金水口岩群的原岩建造均代表了相对稳定环境下的含有机碳的富硅铝质和碳酸盐的陆缘碎屑沉积，还原条件良好，有机质丰富，为石墨成矿提供了丰富的物质来源。柴周缘石墨矿体受原始沉积作用影响，受地层层位、岩性控制作用明显，大多呈层状、似层状或透镜状顺层分布，沿走向延伸稳定，且地层控矿具有多层性，同一套地层中往往可见多条矿体近平行产出。地层对晶质石墨矿床的控制作用主要体现在为成矿提供了成矿物质和容矿空间，即控制了矿体的展布。

因此，柴北缘的达肯大坂岩群和柴南缘的金水口岩群是柴周缘晶质石墨矿找矿的目标层位，其中的大理岩(特别是含透辉石大理岩、含石墨大理岩)、石英片岩、斜长角闪片岩等可作为柴周缘晶质石墨矿找矿的重要岩性标志。

4. 变质作用信息

前文控矿因素分析中，已经指出柴北缘达肯大坂岩群和柴南缘金水口岩群变质程度相对较深，经历了多期变形和变质改造，形成以片麻岩、斜长角闪岩、云母石英片岩和大理岩为主的岩石组合。整体为中深变质岩系，遭受以角闪岩相为主、局部为麻粒岩相的区域变质作用及区域混合岩化作用。大规模的区域变质作用能促进变质重结晶作用下含矿组分的迁移、反应和集中，同时变质作用对区内岩石进行了改造，岩石的成分、结构和构造发生了变化，如矿物结晶程度提高，由非晶质矿石变为晶质矿石。变质作用对石墨的形成极为重要，为成矿提供所需的温压条件，促使发生石墨的重结晶，在一定条件下聚集成鳞片状石墨。后期经历区域变质作用的程度直接影响石墨矿的富集程度及品质。

因此，经历过区域变质作用及区域混合岩化作用，出现以角闪岩相为主、局部为麻粒岩相的特征变质岩矿物组合的中深变质岩系，可作为柴周缘晶质石墨矿的一个间接找矿信息。

5. 构造信息

青海省柴达木盆地周缘地区石墨矿研究程度极低，已有石墨矿床(点)大多产于大地构造隆起带和断裂构造岩浆岩带中，如已有的柴北缘茫崖地区大通沟南山石墨矿床、黄矿山北石墨矿床，新发现的斑红山一带石墨矿床等均产于阿尔金成矿带(碰撞造山隆起带)；已有的柴北缘乌兰县楚鲁特、果可山、天峻县肯德隆东沟及怀头他拉等石墨矿床(点)，新发现的果可山以西一带的石墨矿带等均产于柴北缘构造活动带(碰撞造山隆起带或高压变质岩带)；已有的柴南缘格尔木以西地区口口尔图石墨矿床、红水河东石墨矿床，格尔木以东都兰地区敦德郭勒石墨矿床、巴勒木特尔石墨矿床，以及新发现的口口尔图以西一带(努可图郭勒)、白日其利沟一带、沟里乡一带的石墨矿点等均产于祁漫塔格-都兰成矿带(东昆仑北俯冲-碰撞造山隆起带或断裂岩浆带)。总体上，柴周缘的石墨矿床(点)均呈狭窄带状集中分布在柴北缘阿尔金构造活动带(阿尔金弧盆系)、柴达木盆地北缘构造活动带(柴北缘结合带)和柴南缘东昆仑造山带(东昆仑弧盆系)内，属于活动带型区域变质石墨矿。因此，从区域大地构造位置角度来讲,柴周缘的晶质石墨矿床均产于柴达木地块周缘大地构造隆起带和断裂构造岩浆岩带中,可能与造山带碰撞造山过程中的区域变质作用具有密切的成因联系。

柴周缘区域性深大断裂构造带主要包括阿尔金断裂带、柴北缘断裂带和柴南缘断裂带,这3条断裂带控制着柴周缘沉积和岩浆活动,也即控制着区内地层、岩浆岩展布,进而控制着区内的成矿活动,这个尺度的断裂带提供的往往是矿带尺度上的找矿信息,柴周缘已经发现的晶质石墨矿床大多位于这些断裂带附近。在柴西北缘阿尔金地区以阿尔金断裂带南侧的北西向和北东向断裂为代表,控制着该区黄矿山北、大通沟南山、斑红山等构成的晶质石墨成矿带的分布;在柴东北缘乌兰地区以柴北缘断裂带北侧的北西向断裂为代表,控制着该区怀头他拉、果可山、果特山、楚鲁特、肯德隆东沟等构成的晶质石墨成矿带的分布;在柴南缘东昆仑地区以柴南缘断裂带南侧的北西向断裂为代表,控制着由格尔木以西祁漫塔格地区洪水河东、努可图郭勒、口口尔图、哈西亚图等晶质石墨矿床(点),格尔木以东白日其利-金水口地区白日其利、干沟、小庙、金水口、三通沟等晶质石墨矿床(点)和都兰沟里、巴勒木特尔、泽立坑、敦德郭勒、清水泉等晶质石墨矿床(点)构成的柴南缘晶质石墨成矿带。柴周缘晶质石墨矿床(点)沿这些断裂带成群成带集中分布,在柴周缘形成三大晶质石墨成矿带和6个晶质石墨成矿有利区段,即柴南缘成矿带洪水河东-口口尔图重点成矿区、白日其利-金水口重点成矿区和巴勒木特尔重点成矿区,阿尔金成矿带黄矿山北-大通沟南山重点成矿区,以及柴北缘成矿带滩间山-锡铁山重点成矿区和德令哈-乌兰重点成矿区。

柴周缘典型晶质石墨矿床受区域动力变质和后期构造活动改造作用明显,致使石墨矿化多沿各类构造裂隙或局部拉张或压扭性构造界面分布。部分石墨矿体赋存在岩体与大理岩接触带位置附近,如大通沟南山、大通沟南山北及斑红山等;部分石墨矿体赋存于褶皱发育的地段,可见石墨矿体产出在褶皱的两翼地层及褶皱转折端附近,褶皱等构造活动使矿体形态发生变化,如黄矿山北Ⅰ号矿带;部分石墨矿体受后期构造改造作用明显,局部地段挤压揉皱、片理、劈理发育,与韧性剪切带关系密切,如黄矿山北Ⅱ号矿带。此外,柴南缘东昆仑造山带内的一些含金构造带往往也是晶质石墨矿的重要容矿空间,部分石墨矿化体直接赋存于含金构造破碎带中,如白日其利地区、五龙沟百吨沟-鑫拓地区、沟里地区等。

因此,柴达木地块周缘大地构造隆起带和断裂构造岩浆岩带、区域动力变质和后期构造活动改造作用明显的地段、中深程度变质岩地层中褶皱发育的地段特别是褶皱轴部和转折段等构造有利部位,以及岩体与大理岩接触带构造附近均可以作为寻找柴周缘晶质石墨矿床的有利标志。

6. 岩浆岩信息

柴北缘阿尔金大通沟南山北石墨矿点、斑红山石墨矿点,柴南缘敦德郭勒石墨矿床、巴勒木特尔石墨矿床,在含石墨(透辉石)大理岩/石英片岩/斜长角闪片岩/斜长角山片麻岩与中酸性岩体的接触带附近,往往能形成规模较大、品质较高、品位较好的石墨矿体。控矿因素分析已说明岩浆岩对石墨成矿的叠加改造作用主要体现在促成重结晶和碳同位素均一化等方面,一般仅提供热源而不提供物源。岩体与大理岩或片岩的接触带可作为柴周缘晶质石墨矿床的间接找矿标志。

二、地球物理信息

柴周缘石墨矿床作为一种区域变质型并经受后期构造-岩浆岩叠加的非金属矿床,围岩蚀变不甚发育,而石墨作为一种稳定的单质,很难发现很好的成矿指示元素,地球化学手段不太适用。但是,石墨是电的良导体,这种低阻特性使得石墨矿体可以激发出自然电场,此外,石墨性质稳定,在后期复杂的构造变化过程中低阻高极化的物性特点得以保留。因此自然电法测量、激电中梯剖面测量等方法,均可以作为寻找石墨矿的有效物探手段。

1. 自然电法异常

通过综合路线调查和自然电场剖面对比发现:①由于石墨电阻较低,矿致异常通常比较突出、尖锐,呈锯齿状的负异常,而非矿异常则比较平缓,且有正有负;②矿致异常的梯度变化较大,一般每米可以变化数毫伏;③矿致异常负值通常较大,变化幅度常大于100mV;④矿致异常区间通常比较小,与矿体对应较好,且位移不大。如在柴北缘斑红山一带进行的自电场剖面所得到的异常与路线调查发现的石墨矿化露头对应较为一致(图6-8)。

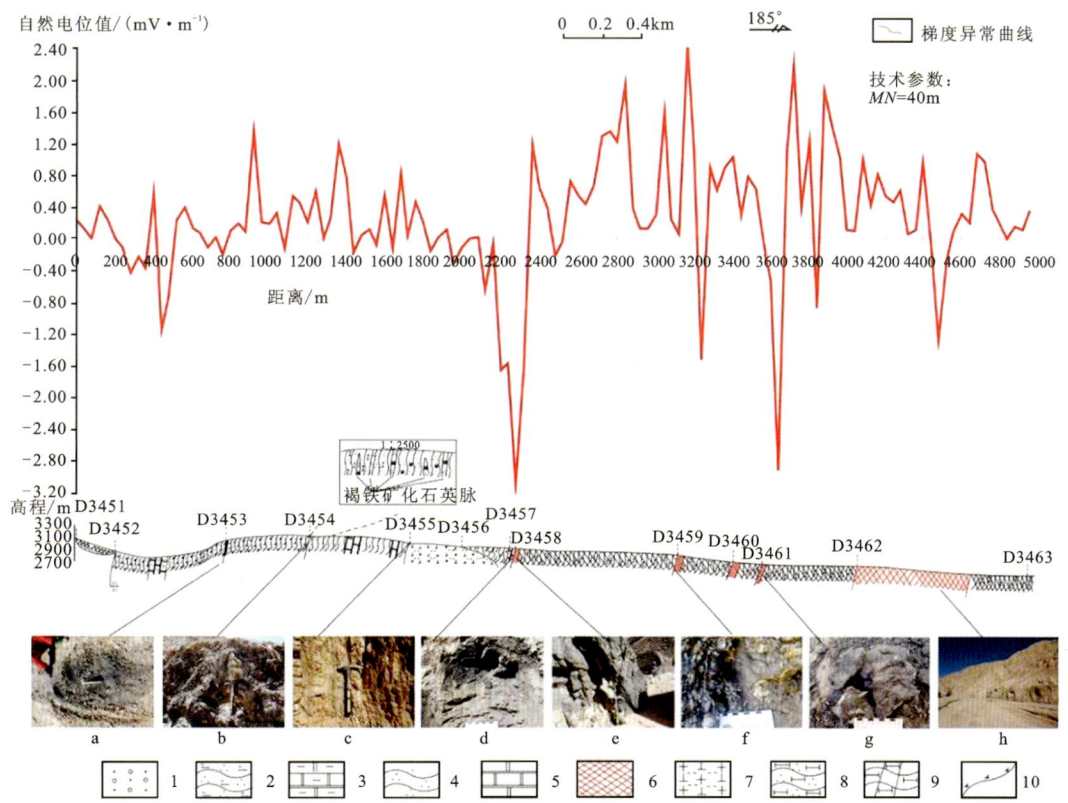

1.洪冲积物;2.绢云石英片岩;3.含透辉石黑色条带大理岩;4.石英片岩;5.大理岩;6.石墨矿体;7.黑云花岗闪长岩;8.石墨矿化石英岩;9.含石墨角岩化大理岩;10褐铁矿化;a.石墨矿体;b.石英脉中的褐铁矿化;c.断层破碎带近景;d.石墨矿体近景;e.含石墨角岩;f.鳞片状石墨矿石;g.鳞片状晶质石墨;h.石墨矿体远景。

图6-8 柴北缘自然电位异常与地质路线石墨矿体对应剖面图

因此，在柴周缘地区，由石墨矿体与围岩电性差异引起的，自然电场剖面上表现出范围较窄的、电位梯度变化较大的尖锐负异常是石墨找矿的重要信息。

2. 激电异常

与自然电场原理相似，石墨矿是优良的电子导体，具有低电阻率、高极化率的物理特性，而大理岩、斜长角闪片岩、片麻岩、花岗质岩石等围岩具有相对高电阻率、低极化率的特性，因此矿体与围岩表现出较大电性差异（表6-3、表6-4），为开展激电中梯工作提供了良好的物理依据。

表 6-3　柴南缘红水河东石墨矿床标本电参数测定结果统计表

岩性	标本块数	电阻率/(Ω·m)			极化率/%		
		最大值	最小值	平均值	最大值	最小值	平均值
石墨矿	30	116.21	0.63	14.40	57.54	7.66	31.69
斜长角闪片岩	31	1 240.24	426.48	760.14	16.20	0.56	2.53
大理岩	30	1 156.22	275.72	604.79	2.70	0.25	1.02

表 6-4　黄矿山地区岩矿石标本电物性参数测试结果一览表

岩矿石名称	标本块数	电阻率/(Ω·m)			极化率/%		
		最大值	最小值	平均值	最大值	最小值	平均值
石墨矿石	8	17.6	1.5	6.7	90.6	50.5	71.9
石墨化大理岩	15	973.1	90.0	433.3	13.5	0.3	2.9
石墨化石英片岩	12	1 053.0	3.9	415.4	68.3	4.7	34.7
大理岩	25	1 365.2	172.2	685.6	3.6	0.1	0.9
石英片岩	12	1 198.0	230.0	508.1	1.7	0.6	1.2

通过激电中梯工作，由平面剖面图可知，异常带内各剖面视极化率曲线表现为明显的多峰异常，视电阻率表现为明显的低阻凹陷，曲线平滑。在等值线平面图上亦可以看出矿带内视极化率呈现高值，视电阻率呈现低值。在柴北缘阿尔金黄矿山北一带进行的激电中梯剖面所得到的异常与路线调查发现的石墨矿化露头对应，相对较为一致，晶质石墨矿体上方出现明显的"低阻高极化"特征（图6-9）。因此，通过激电中梯工作，圈出低阻高极化异常段，结合地质工作，可以较好地推断异常体的空间分布形态。但是激电中梯异常圈定石墨矿（化）体影响因素较多，金属硫化物（黄铁矿）电性特征也呈低阻高极化特征，应结合其他方法进行勘查工作，比如自然电位法，效果会更明显。

总体来说，由于石墨具有低电阻率、高极化率的物理特性，使其与围岩通常具有较明显的电性差异，因此通过物探方法可以得到很好的异常，综合考虑各种物探方法的特点，笔者认为对石墨成矿潜力区进行自然电法与激电测量结合的物探工作，通过分析物探异常图件，可以很好地指导石墨找矿工作。自电异常与已发现的石墨矿（化）体关系密切，矿化体与围岩的电

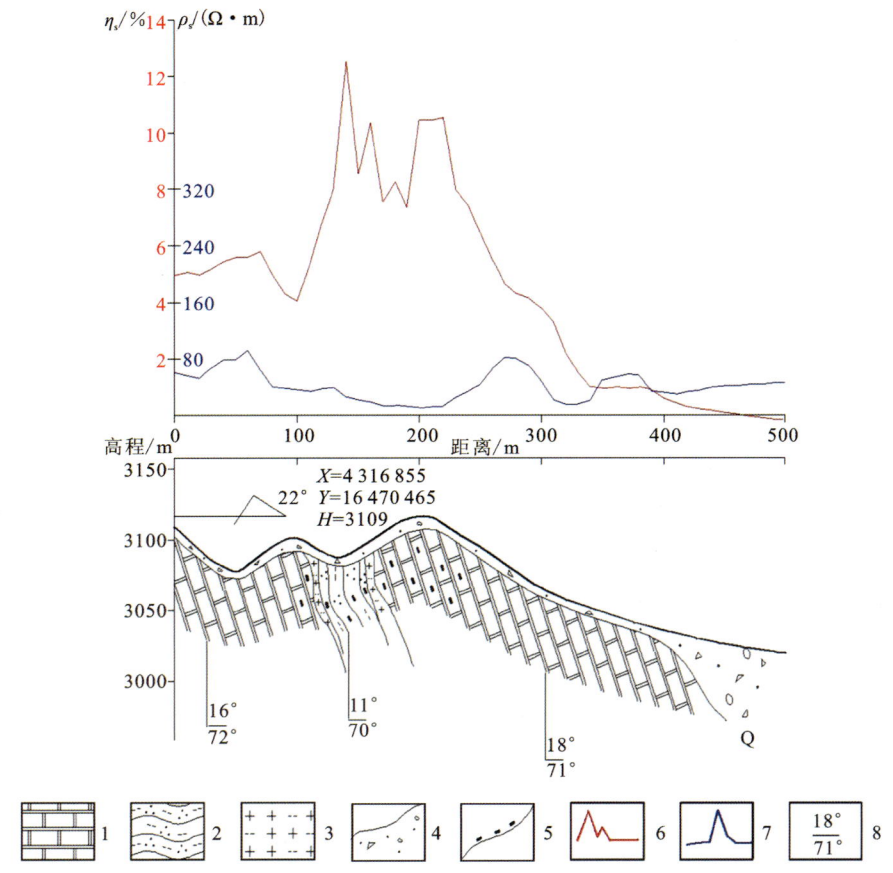

1.大理岩；2.石英片岩；3.黑云母花岗岩；4.砂砾石层；5.石墨化；6.极化率曲线；7.电阻率曲线；8.产状。

图 6-9　柴北缘黄矿山北Ⅰ号石墨矿化带激电中梯剖面图

性差异可作为寻找石墨矿的良好标志。而激电异常与石墨矿（化）体对应性一般，可作为间接找矿标志。本区自然电场电位电测量负异常、激电（中梯）测量"低阻高极化"异常可以作为寻找石墨矿的间接找矿标志。

三、遥感解译信息

遥感解译是区域地质找矿的重要方法之一。由于柴周缘地区范围较大，石墨矿以露头形式产出众多，因此，开展遥感解译是一种很好的找矿方法。本次对柴北缘阿尔金地区5幅1∶5万范围开展了目视解译法、比值法、主成分分析法（PCA）和光谱角法（SAM）等遥感解译工作，获得了较好的找矿信息。

1. 目视解译法

在对高分一号彩色遥感影像目视解译中发现：石墨矿及其赋矿围岩（主要为大理岩）在颜色上与周围地层存在明显差异。石墨矿为浅灰色、灰色和灰黑色，呈现走向延伸较稳定的条带状。这种特征在大通沟南山石墨矿区及外围表现得最为典型。石墨矿带在遥感影像上表现为灰黑色北西向延伸的条带状矿带，与周围地层存在明显差异，且通过判断太阳照射角可以明显区分阴影和灰黑色的石墨矿(图 6-10)。因此遥感影像上的灰黑色条带状地层可以作为一个很好的找矿标志。

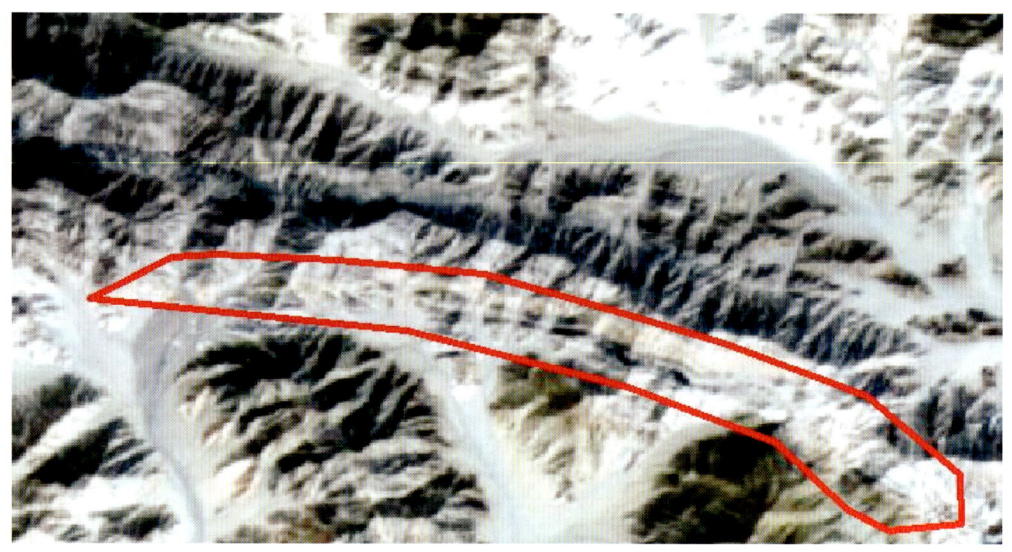

图 6-10　大通沟石墨矿遥感影像特征图

2. 比值法

通过对柴周缘地区主要岩性和石墨矿石光谱特性对比发现:石墨矿石光谱曲线(63.asd)整体较平缓,其吸收特征不明显(表 6-5,图 6-11);大理岩在 2335nm 吸收特征较明显。由于 ETM+波段少,大理岩的吸收特征不存在(图 6-12),所以通过 ETM5/ETM4 比值可以提取石墨或大理岩的信息,即石墨矿石(63.asd)和含石墨矿的岩石(1.asd):ETM5/ETM4 接近 1 或略小于 1;大理岩(11.asd 和 33.asd):ETM5/ETM4 略小于 1;其他地层岩性(43.asd 和 53.asd):ETM5/ETM4 大于 1。虽然图 6-12 中光谱与石墨矿石或含石墨大理岩的 ETM+影像像元存在一定差异,但是 ETM5/ETM4 的特征与上述现象基本一致(即等于或略小于 1)。

以 $0.995 \leqslant ETM5/ETM4 \leqslant 1.0$ 为判别节点的比值法得到的解译结果及目视解译结果,与实际石墨矿床(点)对应较好,可以作为一种较有效的遥感找矿信息。

表 6-5　典型地层岩性的光谱测试记录表

样品编号	地层	岩性	光谱名
B1004-1	金水口岩群白沙河岩组片岩段	含石墨斜长角闪片岩	1.asd
B20004-2	达肯大坂岩群大理岩组	含透辉石大理岩	11.asd
B2104-1		含透辉石黑色条带大理岩	33.asd
B6507-1	金水口岩群白沙河岩组片麻岩段	花岗片麻岩	43.asd
B6705-1		强硅化片麻岩	53.asd
B6305-4		石墨矿石	63.asd

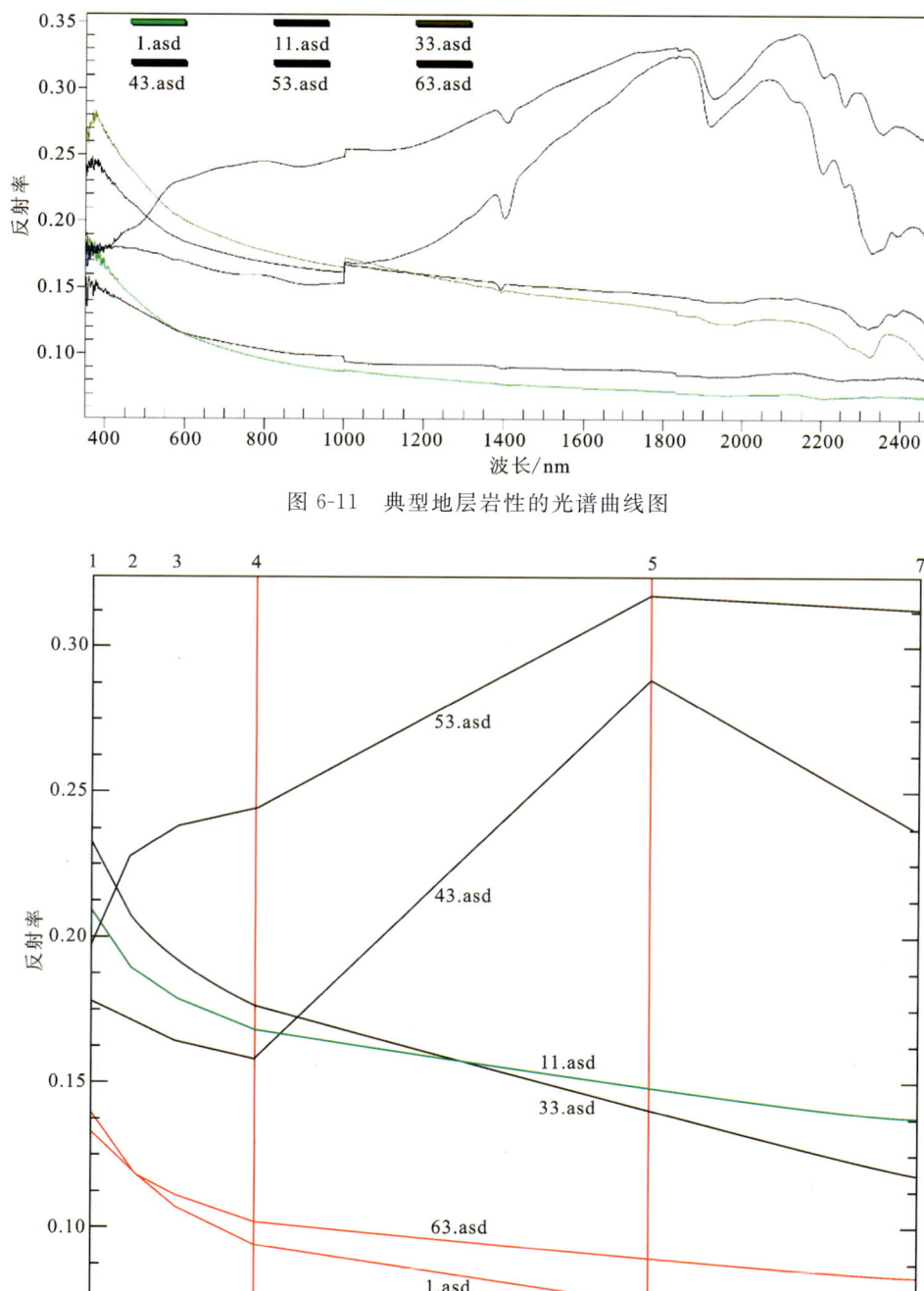

图 6-11　典型地层岩性的光谱曲线图

图 6-12　图 6-11 中光谱经 ETM+ 波段重采样后的曲线图

3. 主成分分析法

与石墨矿相关的含羟基矿物信息,采用主成分分析法进行提取,并对异常结果进行分级。

主要采取统计学异常分级办法,以标准差为尺度,n倍标准差为阈值,限定异常水平,获取分级异常图。用ETM1、ETM4、ETM5、ETM7波段进行主成分变换,识别羟基矿物异常。用ETM1、ETM4、ETM5、ETM7波段进行掩模主分量分析,以$+/-3$倍的标准差作为主分量的动态输出范围,提取羟基异常并进行分级,分为三级:高(一级异常)、中(二级异常)、低(三级异常)。

4. 光谱角法

在目视解译基础上,以工作区内已知石墨矿床和矿点及其统计特征光谱为依据选定重点区。在重点区内提取石墨矿的光谱角信息,发现将光谱角值0.005作为阈值时,对石墨矿的反映最好。以此阈值对整个遥感解译区进行处理,得到的结果与实际综合路线调查情况一致。说明以0.005为阈值的光谱角法可以提取出比较有效的石墨找矿信息。

对比几种遥感解译方法,目视解译法更为直观和贴近实际路线调查情况,缺点是解译标志不确切,人为因素影响太大;比值法较好地涵盖了已知区矿化信息,而且操作简单;光谱角法反映的石墨矿化信息更为准确、异常范围明确,效果最为理想。从提取的信息与已知的石墨矿床、矿点的吻合程度看,主成分分析法提取的羟基信息明显不如比值法和光谱角法提取的石墨矿信息,一些羟基信息可能与石墨矿成因没有太大关系。比值法和光谱角法得到的结果都较好,而最终通过光谱角法提取的石墨遥感信息可能更好,该信息可作为石墨矿找矿有利地带的依据。因此,在柴周缘地区针对石墨矿的遥感解译时,应首先以实地调查结果和目视解译为基础,以光谱角法为主要依据,以比值法为重要参考进行找矿信息的提取。

四、人工信息

人工信息主要指采炼遗迹、特殊的地名等,包括老矿坑、旧矿硐、炼碴、废石堆等,它们是指示矿产分布的可靠标志。

柴周缘地区的一些民采坑提供了良好的找矿线索。例如,在柴北缘阿尔金金鸿山地区发现了多处较大的民采坑,民采坑呈东西向展布,与石墨矿带走向一致。其中东西两个民采坑规模较大,矿石以含煤石墨矿为主。在柴南缘沟里乡地区,通过修路揭露的构造破碎带中同样发现了石墨矿化线索。

第三节 成矿规律总结

前人研究根据中国已有石墨矿床的含矿建造、矿床成因及矿床的工业价值,将主要的石墨矿床划分为区域变质型、接触变质型和岩浆热液型三大类,而区域变质型晶质石墨矿床分布最广泛、最具工业价值。结合已有的勘查资料,通过野外调研发现柴周缘地区的石墨矿床(点)多产于元古宇变质岩地层(柴北缘达肯大坂岩群和柴南缘金水口岩群)中,属区域变质型石墨矿床的可能性较大。少部分产于侏罗系大煤沟组含煤地层中(金鸿山石墨矿床),可能属于接触变质矿床。柴周缘石墨矿床又以区域变质型为主,少见接触变质型,暂未发现岩浆热液型。区域变质型晶质石墨矿床是柴周缘最主要的石墨矿床工业类型,成矿明显受到构造、找矿的有利标志。

(3) 矿化露头标志：矿体露头，地表出露特征的石墨矿化迹象；线状或带状的石墨矿化迹象暗示深部可能存在厚大原生矿体；黑色、污手、具滑感的石墨矿化是寻找石墨矿的直接找矿标志。而局部的一些硅化、糜棱岩化可作为寻找石墨矿的间接找矿标志。

(4) 地球物理标志：自电异常与已发现的石墨矿（化）体关系密切，矿化体与围岩的电性差异可作为寻找石墨矿的良好标志。而激电异常与石墨矿（化）体对应性一般，可作为间接找矿标志。因此，自然电场电位测量负异常、激电（中梯）测量"低阻高极化"异常可以作为寻找石墨矿的间接找矿标志。

(5) 遥感标志：目视解译法、比值法和光谱角法等遥感解译工作，获得了较好的找矿信息。目视解译法中与围岩存在明显色差的浅灰色、灰色和灰黑色条带状地层、比值法以 $0.995 \leqslant ETM5/ETM4 \leqslant 1.0$ 为判别节点的解译结果、光谱角法以阈值为 0.005 得到的解译结果均可以作为相对有效的遥感找矿信息。

在控矿因素和找矿信息分析基础上，初步总结了柴周缘晶质石墨矿床（点）的空间分布规律、矿（化）体的赋存规律及矿（化）体的富集（改造）规律等方面成矿规律。

结合典型矿床研究、控矿因素分析、找矿信息和标志及成矿规律总结，提出在柴周缘地区晶质石墨矿找矿工作中，应在区域上找寻有利成矿地质条件，并结合多种遥感解译成果，以综合路线调查和重点区实测地质剖面剖析为重要调研方法，且结合自然电场电位、激电（中梯）剖面等物探工作手段确定矿体赋存空间位态，最终有效预测柴周缘晶质石墨矿的有利成矿地段。

综合分析柴周缘晶质石墨成矿地质条件、控矿因素、找矿信息及成矿规律，构建了地质-遥感-地球物理综合找矿模型，并以此为依据指导找矿预测工作。

第七章 找矿靶区圈定及地勘项目优选

第一节 基本原理和方法

一、找矿预测原理

本次找矿预测采用的主要是相似-类比理论。该理论的核心就是认为在相似地质环境下，应该赋存相似的成矿系列或矿床，其规模也应基本相似，所以，笔者在研究已知矿床（矿带）的基础上，建立矿床（矿带）的概念模型（描述模型），并与未知区的成矿地质条件进行对比，从而对未知区做出成矿可能性的解释判断。这实际上是由已知到未知的地质工作原则的理论化。各类成矿标志包括地质的（包括遥感影像）、物探的各种异常显示，加上预测人员的分析判断，得出：①未知区范围内成矿的可能性，圈出可能成矿的预测区；②预测区成矿的矿种组合和主要类型；③预测区潜在的矿床（矿带）的规模。

目前柴周缘地区针对已有石墨矿带和矿体的工程控制程度相对较低，总体可供直接利用的找矿信息较少，找矿难度相对较大。矿体沿走向和倾向上矿化相对不连续，品位偏低，片径偏小，规模都不大，开采起来也有难度。下一步工作重点应该在区域成矿规律研究基础上，结合成矿特征及控矿因素特征、找矿信息等，从成矿规律角度分析潜在的石墨找矿潜力新区，今后应以寻找规模大、片径大的晶质石墨矿为目标。

对于已知矿区外围，从目前地质、物探、工程资料控制情况综合分析，可能存在 3 个重要找矿思路和方向：①重点石墨矿区已有矿带临近外围延伸地段是否存在找矿潜力新区；②重点石墨矿区已有矿带两侧是否存在另外的平行主成矿带；③已控制主矿体和矿带的深部找矿问题，其主矿体深部延伸情况如何，是否具有找矿潜力和工业开采价值。

对于重点成矿区，主要是应用相似-类比理论，与建立的已知典型晶质石墨矿找矿模型进行类比，总结其成矿地质条件，从地层、构造、岩浆岩、矿点、矿化、遥感、物探信息等方面，综合分析其成矿要素的齐全程度，进而开展找矿预测，圈出未知区范围内的石墨找矿预测靶区。

本次预测基本原则即为两个重点、两个服务。重点一：总结柴周缘石墨矿成矿规律、控矿因素和找矿标志；重点二：指明已知石墨矿区深部、外围及重点石墨成矿区的找矿方向。两个服务：为柴周缘后续石墨找矿提供理论指导，为下一步找矿提出勘查地段及工作建议。

二、找矿预测方法

1. 经验预测法

经验预测法的理论是相似-类比,它的前提就是有成矿模式(已知区),它的实施是靠地质工作者的经验。首先对已知成矿带、亚带、矿带做了较详细的研究,总结了成矿规律,建立了矿带和矿床的描述性成矿模式,为预测打下了基础。其次结合未知区地质、物探、遥感等找矿信息,综合类比判断找矿潜力,并根据专家项目检查指导建议,开展成矿预测研究。

2. 综合方法预测法

综合方法预测法的理论基础是成矿元素在地质体中的富集程度和形式,即成矿与各类地质标志、遥感、地球物理的性质和特征之间有必然的内在联系及组合规律,从这些必然联系和组合规律中,提取成矿信息,从而对未知区做出预测。这次笔者对历年来的地质、矿产、遥感、物探及科研资料进行了系统收集、整理、综合,编制了系列图件,并对这些资料和信息与成矿的关系做了深入的分析及研究,提取了众多成矿信息,为这次综合方法预测提供了最主要的条件。

三、靶区圈定原则及评定依据

圈定原则:经过对柴周缘地区晶质石墨矿的调查研究,运用综合编图、遥感信息解译、综合路线调查、实测剖面测量、自然电场剖面测量等方法手段,系统总结了柴周缘地区晶质石墨矿床的成矿地质条件、成矿模式、控矿因素、综合找矿信息和标志、成矿规律等,构建了地质-遥感-地球物理综合找矿模型。以此为依据,并在矿床成因类型和综合找矿模型指导下,结合编图和地质路线调查成果,遵循遥感物探找矿信息与地质信息相结合、矿床类型分布与关键控矿因素相结合、级别序次与找矿意义相结合等原则,开展成矿预测,圈定找矿靶区。

靶区评定依据:靶区评定应综合考虑成矿预测要素,是对成矿潜力与找矿把握性的一种判定,做 A、B 两级划分。对 A、B 两级靶区做如下定义。

A 类靶区:通过典型矿床研究后与所建立的矿床模型表达的预测要素的吻合程度较高,主控矿因素可靠,找矿标志明显,预测依据充分,资源潜力大或较大,而且经地质勘查已经发现有矿床或矿点分布,或存在明显地表矿化线索,且固定碳品位较高,超过工业品位,由此推断地下存在隐伏(盲)矿床,或者发现新矿床的可能性很大的地区。

B 类靶区:通过典型矿床研究后与所建立的矿床模型表达的预测要素(准则)有较好的相似程度,主控因素较可靠,预测依据较为充分,成矿信息集中,固定碳品位基本达到工业品位。

根据柴周缘已有矿床(点)分布情况及控矿因素分析,柴周缘晶质石墨矿床(点)成群成带集中分布,形成三大晶质石墨成矿带和 6 个晶质石墨成矿有利区段,即柴南缘成矿带洪水河东-口口尔图重点成矿区(祁漫塔格成矿区段)、白日其利-金水口重点成矿区(东昆仑中段成矿区段)和巴勒木特尔重点成矿区(雪山峰-布尔汉布达成矿区段);阿尔金成矿带黄矿山北-

大通沟南山重点成矿区(阿尔金成矿区段),以及柴北缘成矿带滩间山-锡铁山重点成矿区(滩间山-锡铁山成矿区段)和德令哈-乌兰重点成矿区(德令哈-乌兰成矿区段)。在此基础上,综合找矿标志总结及成矿规律认识,以及成矿预测要素和靶区评级依据,依据前述找矿预测原理和方法,本次在柴周缘地区圈定已知矿区外围靶区4个、重点成矿区内靶区9个。

第二节 找矿靶区圈定

一、已知矿区外围靶区

笔者主要对柴南缘口口尔图石墨矿区和柴北缘阿尔金大通沟南山石墨矿区外围进行了进一步的调研工作,圈定A级靶区2处、B级靶区2处(表7-1)。

表7-1 已知矿区外围靶区信息一览表

靶区名称	围岩	固定碳平均品位/%	面积/km²	靶区级别
口口尔图石墨矿区西延外围	金水口岩群	8.29	0.93	B
口口尔图石墨矿区东延外围	金水口岩群	4.5	5.24	A
大通沟南山石墨矿区西延外围	达肯大坂岩群	3.10	2.53	A
大通沟南山石墨矿区北侧外围	达肯大坂岩群	3.05	13.29	B

1. 靶区1:柴南缘口口尔图石墨矿区西延外围(B级)

靶区位置:位于口口尔图石墨矿床西延地区。

圈定依据:

(1)成矿地质条件优越。选区发育古元古界金水口岩群老变质岩地层,且东西向断裂构造及后期中酸性岩浆活动发育,关键性成矿要素具备,找矿标志明显。

(2)已有成矿地质事实。选区以东已有口口尔图石墨矿床。该地段石墨矿化体沿近东西向断裂构造带向东稳定延伸,推测该处2条石墨矿化带可能为口口尔图主矿区Ⅰ号和Ⅱ号矿带的北西西向延伸带。

(3)D6006处采集的3件拣块样固定碳品位分别为8.92%、7.98%和7.96%,品位较高,达到并超过石墨矿工业品位。

靶区特征:位于柴南缘口口尔图石墨矿区西延外围,野外地质路线调查(L005、L006)在该范围内发现2条产于斜长角闪片岩层局部夹灰白色大理岩中的石墨矿化体及黄铁矿化(图7-1)。矿化体宽度约2m,延伸不长(地表黄土覆盖后,矿化带追索有限)。

2. 靶区2:柴南缘口口尔图石墨矿区东延外围(A级)

靶区位置:位于口口尔图石墨矿床西延地区。

图 7-1 柴南缘口口尔图石墨矿区西延外围找矿靶区矿化特征照片

圈定依据：

(1) 成矿地质条件优越。选区发育古元古界金水口岩群老变质岩地层，且近东西向断裂构造及后期岩浆活动强烈，关键性成矿要素具备，找矿标志明显。

(2) 已有成矿地质事实。选区以西已有口口尔图石墨矿床。该地段石墨矿化体沿近东西向断裂构造带向东稳定延伸，推测该处 2 条石墨矿化带可能为口口尔图主矿区Ⅰ号和Ⅱ号矿带的北东东向延伸带。

(3) D7003 处 6 件拣块样固定碳品位最高 9.52%，平均 5.43%；D8003 处 3 件拣块样固定碳品位最高 5.2%，平均 4.5%；品位较高，达到并超过石墨矿工业品位。

靶区特征：位于柴南缘口口尔图石墨矿区东延外围，野外地质路线调查(L007、L008)在该范围内发现 1 条产于斜长角闪片岩/石英片岩层局部夹硅质大理岩中的石墨矿化体(图 7-2)。矿化体宽度约 80m，东延至 L008 线变窄(宽约 5m)，追索路线控制矿化带延伸长度约 5km，推测该处较宽且延伸长度大的石墨矿化带可能为口口尔图主矿区主矿带的南东东向延伸带。

3. 靶区 3：柴北缘阿尔金大通沟南山石墨矿区西延外围(A 级)

靶区位置：位于大通沟南山石墨矿床西延地区。

圈定依据：

(1) 成矿地质条件优越。选区发育古元古界达肯大坂岩群老变质岩地层，且东西向断裂构造及后期中酸性岩浆活动发育，关键性成矿要素具备，找矿标志明显。

图 7-2 柴南缘口口尔图石墨矿区东延外围找矿靶区矿带延伸特征照片

(2) 已有成矿地质事实。选区以东已有大通沟南山石墨矿床。该地段石墨矿化体沿近东西向断裂构造带向东稳定延伸，推测该处多条石墨矿化带可能为大通沟南山主矿区矿带的北西西向延伸带。

(3) L25、L26 路线 14 件拣块样固定碳品位最高 4.35%，平均 3.10%，品位较高，达到并超过石墨矿工业品位。

靶区特征：位于柴北缘大通沟南山石墨矿区西延外围地区，由地质调查路线 L025 线和 L026 线控制，矿化带宽度约 30m，延伸约 2km。地表露头显示该区岩石破碎程度较高，含石墨的大理岩呈碎块散落(L026 线，图 7-3)，延伸至 L025 线一带，石墨矿体重现，但受左行挤压构造应力作用，矿体发生明显的褶皱弯曲，同时也促使石墨矿化富集，产出品位较高的石墨矿体(图 7-3)。矿化带总体产于大理岩段的含透辉石黑色条带大理岩中，推测该处石墨矿化带可能为大通沟南山主矿区主矿带的北西西向延伸带。

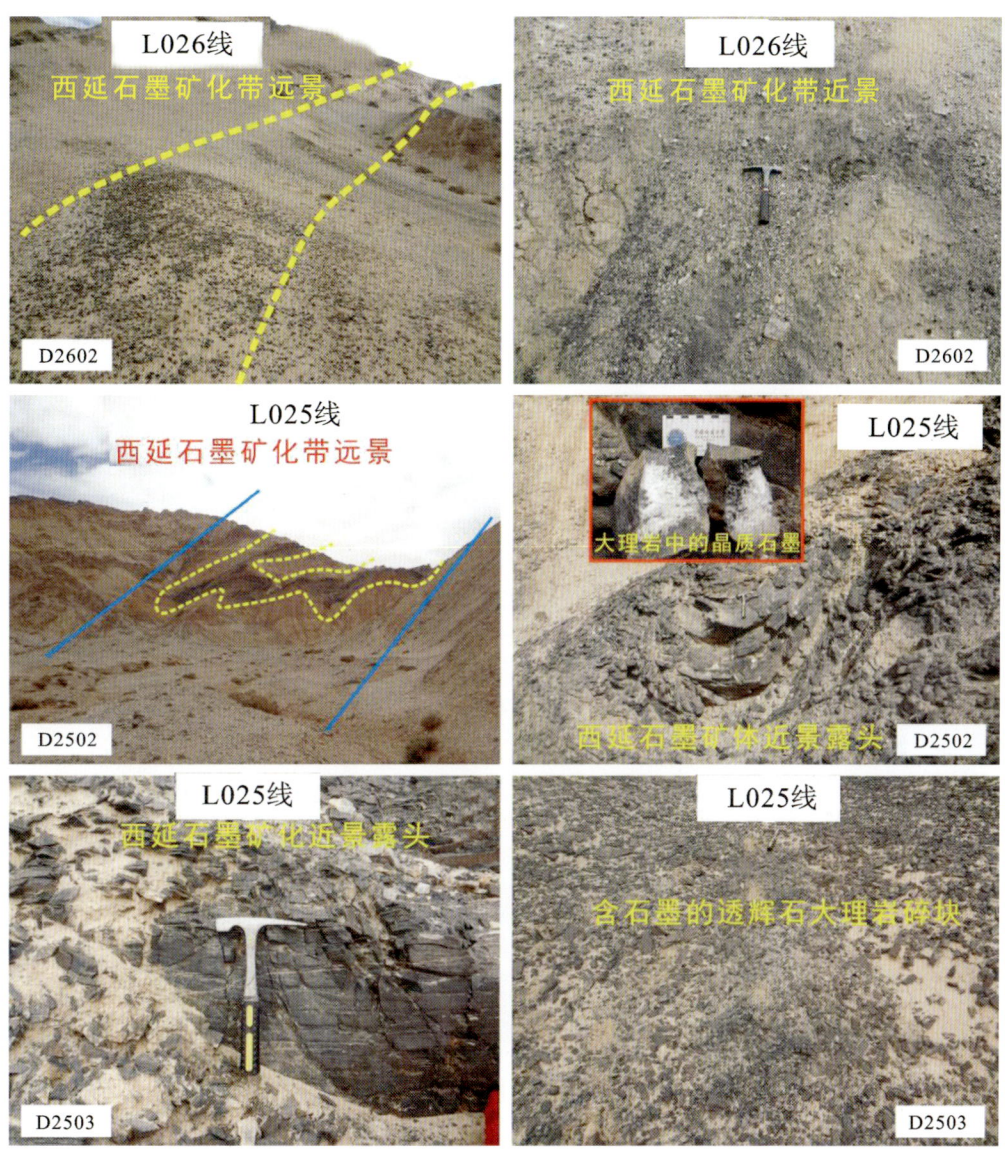

图 7-3　柴北缘大通沟南山石墨矿区西延外围找矿靶区矿带延伸特征照片

4. 靶区 4：柴北缘大通沟南山石墨矿区以北外围（B 级）

靶区位置：位于大通沟南山石墨矿床以北外围。

圈定依据：

（1）成矿地质条件优越。选区发育古元古界达肯大坂岩群老变质岩地层，且东西向断裂构造及后期中酸性岩浆活动发育，关键性成矿要素具备，找矿标志明显。

（2）已有成矿地质事实。选区以南已有大通沟南山石墨矿床。该地段石墨矿化体沿近东西向断裂构造带向西稳定延伸，推测该处多条石墨矿化带可能为大通沟南山主矿区矿带北侧的平行矿带。

(3) L028、L029 线和 L030 线 3 条路线 7 件拣块样固定碳平均品位 3.05%，最高 3.86%，品位较高，达到并超过石墨矿工业品位。

靶区特征：位于柴北缘大通沟南山石墨矿区以北外围地区，平行于主矿区主矿带分布，由地质调查路线 L025 线、L028 线、L029 线和 L030 线控制，矿带走向 295°，宽度约 50m，延伸约 10km。矿带在 L030 线 D3004 和 D3005 矿化观察点处呈现宽度较大展布，北西西向延伸至 L029 线宽度变窄（约 20m），北西西向再延伸至 L025 线矿化带宽度增大（由 D2504 和 D2505 控制）。地表露头显示该区岩石破碎程度较高，含石墨的大理岩呈碎块散落（图 7-4），延伸至 L025 线一带，石墨矿化体受后期动力变形或构造-岩浆活动影响致使石墨矿化体沿岩石构造裂隙充填（石墨呈薄膜状，图 7-4），推测该处石墨矿化带可能为大通沟南山主矿区主矿带的以北外围矿带。

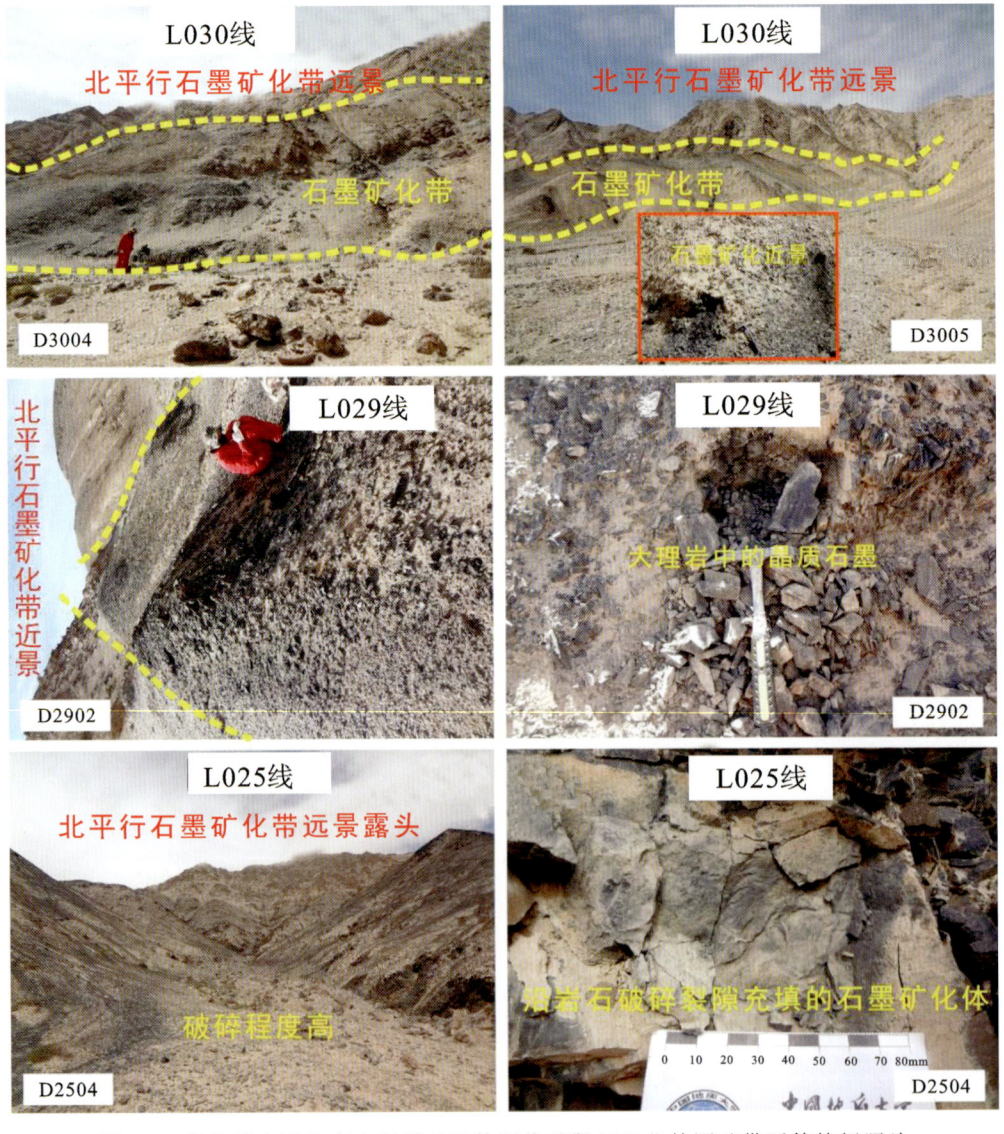

图 7-4 柴北缘大通沟南山石墨矿区外围找矿靶区以北外围矿带延伸特征照片

二、重点成矿区内靶区

笔者在柴北缘阿尔金地区、柴北缘乌兰地区、柴南缘口口尔图地区、柴南缘都兰等地区共计新发现晶质石墨矿床(点)10余处。圈定A级靶区4处、B级靶区5处(表7-2)。

表7-2 重点成矿区内靶区信息一览表

地区	靶区名称	围岩	固定碳平均品位/%	面积/km²	靶区级别
阿尔金	大通沟南山北	达肯大坂岩群	4.59	7.50	A
	斑红山	达肯大坂岩群	3.14	17.90	A
	金鸿山	达肯大坂岩群	3.35/46.94	49.15	A
	花土沟采石岭	达肯大坂岩群	1.61	160.00	B
柴北缘乌兰	乌兰果特山	达肯大坂岩群	2.42	402.9	A
柴南缘	口口尔图矿区西	金水口岩群	4.80	48.30	B
	白日其利	金水口岩群	2.98	33.00	B
	香日德—沟里乡一带	金水口岩群	3.19	20.79	B
	沟里乡以东一带	金水口岩群	4.45	12.17	B

注:侏罗系中山门固定碳平均品位。

(一)柴北缘阿尔金地区

1. 靶区5:柴北缘大通沟南山北靶区——新发现石墨矿带(A级)

圈定依据:

(1)成矿地质条件优越。选区发育古元古界达肯大坂岩群老变质岩地层,且北西向断裂构造及后期中酸性岩浆活动发育,关键性成矿要素具备,找矿标志明显。

(2)已有成矿地质事实。选区以南已有大通沟南山石墨矿床,以东有黄矿山北石墨矿床。该地段石墨矿化体沿近东西向(或北东东向)断裂构造带向东稳定延伸,石墨矿露头长达1km,赋存的大理岩地层稳定延伸约4km。矿石质量特征与大通沟南山石墨矿区类似,呈鳞片粒状结构、块状构造。

(3)东段发现较好矿化线索。发现的石墨矿带整体位于片岩和大理岩(尤其是大理岩)构造裂隙中,呈块状构造、鳞片粒状结构,污手明显,与大通沟南山石墨矿床和黄矿山北石墨矿床矿化类型一致,赋矿的大理岩整体呈近东西向稳定延伸,夹持于南北向中酸性岩浆岩之间,矿化带靠近北侧接触带附近,地表断续出露,表面风化严重,往深部延伸情况不明,石墨矿化类型可能为区域变质型叠加接触热变质型。沿矿带3件拣块样固定碳品位最低3.04%,最高7.02%(JK0105-1为3.72%,JK0106-1为7.02%,JK0110-1为3.04%)。

(4)遥感彩色图像上为浅灰色、灰色、灰黑色,呈条带状,其所在的地层(主要是大理岩)颜色与周围地层(两侧实际上是中酸性岩浆岩)颜色差异较大。遥感影像彩色图像的色调差异可以作为寻找柴周缘石墨矿的一个有效标志。

2. 靶区6：柴北缘斑红山靶区——新发现石墨矿体（A级）

靶区位置：该石墨矿床位于青海省茫崖镇北东方向约170km处，北东距大通沟南山石墨矿区约20km，具体位于斑红山一带。

圈定依据：

（1）该石墨矿床总体位于古元古界达肯大坂岩群变质岩系的大理岩段，局部地段与后期中酸性侵入岩体和大理岩的接触带控制有关（矿化观察点D3405），局部地段矿体受区域动力变质作用影响沿构造裂隙充填发育。

（2）野外路线地质调查在该区发现大大小小的石墨矿体7条，分别由矿化观察点D3405、D3453、D3454、D3455、D3458、D3459、D3460、D3461控制。矿（化）体均产于古元古界变质岩系地层的大理岩段或构造破碎带中，矿带北北东向延伸长度约5km，宽度约600m，总体走向30°，矿带内石墨矿体大多遭受构造破坏，产状模糊。其中1条主矿体厚度约20m，经矿化带追索路线其北东向延伸约600m，另外1条主矿体厚度达500m（可能与矿体走向夹角较小，真厚度约150m），其余各条矿体延伸不长。

（3）矿石质量特征与大通沟南山石墨矿区类似，选矿试验样品阶段测试报告显示固定碳平均品位8.5%，可能代表大通沟南山矿区4袋选矿试验样品的平均品位。晶质石墨矿石为块状构造，石墨呈较大鳞片粒状结构。固定碳品位测试结果，采集的14件样品平均3.14%，最高6.79%，品位较高，达到了工业品位的要求。

（4）野外地质调查路线（L034）在该区花岗闪长岩与大理岩接触带范围发现宽约1m的铜矿化，该接触带附近大理岩局部发育蓝铜矿矿化和磁铁矿矿化，进一步表明后期岩浆活动对该区石墨及可能的多金属成矿作用的影响。

根据该区地质特征、矿体及矿石特征、矿化带宽度及延伸规模等，初步推断新发现的斑红山石墨矿床规模可达大型。

3. 靶区7：柴北缘金鸿山靶区——新发现石墨矿体（A级）

靶区位置：位于青海省茫崖镇北东方向约150km处，向东距大通沟南山石墨矿区约40km，具体位于金鸿山一带。

圈定依据：

（1）该石墨矿床总体位于古元古界达肯大坂岩群变质岩系的大理岩段，东、西民采坑处出露的石墨矿体赋存于砂岩/含砾砂岩沉积岩层中，东西之间的延伸段矿体位于古元古界达肯大坂岩群变质岩系的大理岩段。东、西民采坑处矿体出露厚度约30m，长度约200m（采坑可见）。

（2）金鸿山达肯大坂岩群中采集的拣块样固定碳平均品位3.35%，最高值8.42%，侏罗系中山门固定碳平均品位46.94%。

（3）野外地质调查路线对东、西民采坑之间出露的元古宇变质岩地层进行追索，控制矿带延伸长度达15km，条带状透辉石大理岩及褐红色/灰白色结晶大理岩中普遍发育石墨矿化。

其中1条路线剖面穿过该区变质岩系地层,发现大大小小的石墨矿化体达10余条,宽度2~20m不等,矿化带整体宽度达1km。石墨矿化体多沿大理岩层间裂隙充填,呈薄膜状分布。矿化带受区域动力变质作用影响程度较大,矿化体多弯曲变形,局部地段岩石破碎散落。

根据该区地质特征、矿体与矿石特征、矿化带宽度及延伸规模等,初步推断新发现的金鸿山石墨矿床规模达大型。

4. 靶区 8:柴北缘花土沟采石岭石墨找矿靶区(B 级)

圈定依据:

(1)成矿地质条件优越。选区主要发育古元古界达肯大坂岩群老变质岩地层和侏罗系大煤沟组(含砾)砂岩正常沉积地层,且近东西向和北东东向断裂构造及后期岩浆活动发育,成矿地质条件优越。

(2)已有成矿地质事实且发现较好找矿线索。选区与金鸿山石墨矿床地质特征类似。该地段北部位于古元古界达肯大坂岩群变质岩系的大理岩段(石墨矿化,图7-5),南段位于侏罗系大煤沟组砂岩/含砾砂岩沉积岩层中,南段断续发现至少3条走向230°~250°,宽度50~300m不等的北倾向石墨矿化带。矿化体延伸较远,沿倾向方向有起伏变化。赋矿围岩为侏罗系大煤沟组灰绿色变含砾砂岩、灰白色变含砾砂岩、浅变质砾岩,褐红色含砾砂岩。石墨矿化体风化较强,表面呈土状,主要分布在大煤沟组层间薄弱带内,具有强烈片理化的性质,发黑,但与黄矿山、大通沟等地石墨矿不相似,推测矿化质量一般,但规模很大,宽度大、延伸长。含石墨的层间薄弱带内有时可见花岗质岩脉产出。2件拣块样固定碳品位分析结果为1.29%和1.94%。

图 7-5 采石岭地区石墨矿化露头

(3)存在两种成矿类型。选区存在两种成矿类型,早期区域变质型和后期接触热变质型石墨矿。后期接触变质型石墨矿赋存的层位较新、含煤,成因及可利用性不明;早期区域变质型石墨矿赋存的层位较老,规模可观,产在北侧山间相对低洼地段,且与金鸿山石墨矿床矿化类型和特征一致。前已叙述金鸿山一带赋存于古元古界达肯大坂岩群变质岩系的大理岩段中的石墨矿必然遭受到了后期中生代侏罗纪以来的构造-岩浆叠加热变质作用、改造富集作用,矿化理应优于南侧侏罗纪地层中的石墨。说明采石岭一带赋存于古元古界达肯大坂岩群变质岩系的大理岩段中的石墨矿必然遭受到了后期中生代侏罗系以来的构造-岩浆叠加热变质作用、改造富集作用,矿化理应优于南侧侏罗纪地层中的石墨。在最北侧 D1308 点也发现了古元古界达肯大坂岩群变质岩系的大理岩和南侧中生代侏罗系大煤沟组灰白色变含砾砂岩、浅变质砾岩。采用相似类比法推测古元古界达肯大坂岩群变质岩系中的大理岩是寻找晶质石墨矿的有利层位,也是晶质石墨矿的重点找矿潜力区。明确新老地层中石墨矿的成因类型、成矿过程及成因联系,将极大地促进采石岭一带晶质石墨矿下一步的找矿勘查工作。

(4)遥感彩色图像上为浅灰色、灰色、灰黑色(图 7-6),呈条带状,其所在的地层(主要是大理岩)颜色与周围地层(两侧是中酸性岩浆岩)颜色差异较大。遥感影像彩色图像的色调差异可以作为寻找柴周缘石墨矿的一个有效标志。

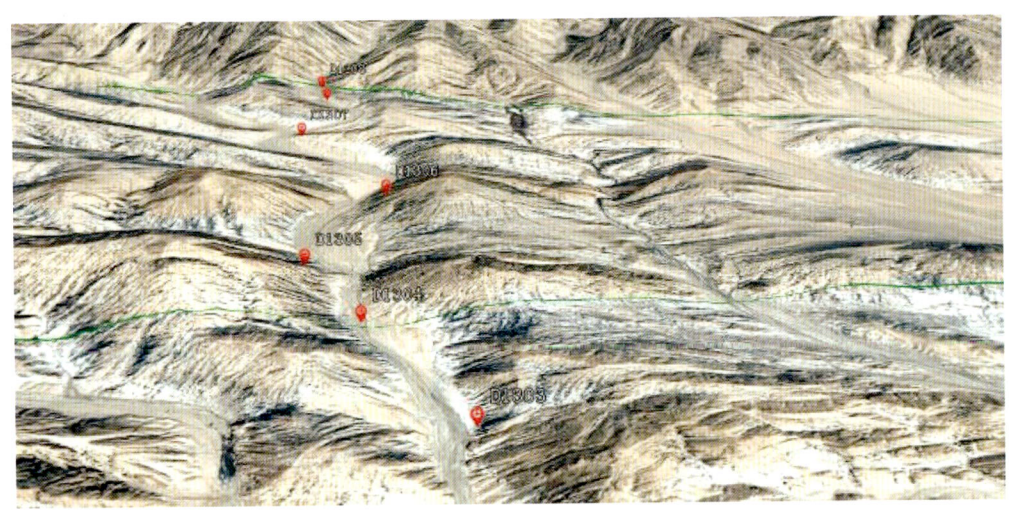

绿线附近黑色的推测为石墨矿化带。

图 7-6 柴北缘花土沟采石岭石墨找矿靶区遥感影像图

(二)柴北缘乌兰地区

靶区 9:柴北缘乌兰果特山靶区——新发现石墨矿带(A 级)

靶区位置：柴北缘乌兰果特山一带。

圈定依据：

（1）成矿地质条件优越。选区发育古元古界达肯大坂岩群和蓟县系万洞沟群老变质岩地层，且北西向断裂及后期岩浆活动发育。

（2）已有成矿地质事实。选区有东乌兰县果可山石墨矿化点4处，4个矿点构成2个石墨矿化带沿北西向断裂构造带向西稳定延伸，长20～30km。矿石质量特征与大通沟南山石墨矿区类似，呈鳞片粒状结构、块状构造，11件拣块样固定碳品位分析结果最低1.66%，最高2.46%。

（3）西延发现较好矿化线索。4条穿越路线揭示西段石墨矿化强度和规模整体上要明显优于东段。石墨矿带整体位于片岩和大理岩（尤其是大理岩）构造裂隙中，呈块状构造、鳞片粒状结构，污手明显，与大通沟南山石墨矿床和黄矿山北石墨矿床矿化类型一致，呈鳞片粒状结构、块状构造。

（4）遥感彩色图像上为浅灰色、灰色、灰黑色，呈条带状，其所在的地层（主要是大理岩）颜色与周围地层（两侧是中酸性岩浆岩）颜色差异较大。遥感影像彩色图像的色调差异可以作为寻找柴周缘石墨矿的有效标志。

（三）柴南缘地区

1. 靶区10：柴南缘口口尔图矿区西靶区——新发现晶质石墨矿带（B级）

靶区位置：位于青海省格尔木市乌图美仁乡南西方向约150km处，西距口口尔图石墨矿区约30km，具体位于洪水河东一带。

圈定依据：

（1）该石墨矿床总体产于古元古界金水口岩群白沙河岩组变质岩系大理岩段，矿体产于褐红色大理岩或含透辉石大理岩中，严格受大理岩地层控制。

（2）野外地质路线调查发现3条石墨矿（化）体产于含透辉石大理岩中，其中1条矿体约30m宽，产于褐红色大理岩中，矿化带追索调查发现其北西-南东方向延伸约2km。

（3）石墨晶形较差，大部分呈土状，6件拣块样固定碳平均品位4.80%，最高可达9.3%，品位较高，达到并超出工业品位。

根据该区地质特征、矿体及矿石特征、矿化带宽度及延伸规模等，初步推断新发现的口口尔图西石墨矿床规模为中型。

2. 靶区11：柴南缘白日其利靶区——新发现晶质石墨矿体（B级）

靶区位置：位于青海省格尔木市南东方向约80km处，具体位于白日其利金矿区及白日其利沟一带。

圈定依据：该石墨矿床总体产于古元古界金水口岩群白沙河岩组变质岩系的大理岩段，矿体产于含金构造蚀变破碎带中，产状不清。野外路线地质调查发现1条与含金构造蚀变破碎带伴生的石墨矿化带，石墨矿体均产于金矿区构造破碎带中，矿区内构造蚀变破碎带（石墨矿化体）延伸约2km，矿化带追索调查发现其北西西向延伸至白日其利沟再现（估计矿带延长约6km),石墨晶形较好,有1件样品固定碳品位2.98%。

根据该区地质特征、矿体及矿石特征、矿化带宽度及延伸规模等,初步推断新发现的白日其利一带石墨矿床规模达中型。

3. 靶区12:柴南缘香日德—沟里乡一带晶质石墨矿床(B级)

靶区位置:位于青海省都兰县香日德镇南东方向约60km处,具体位于香日德至沟里乡高速公路旁。

圈定依据:野外地质路线调查在香日德至沟里乡高速公路旁发现一石墨矿化带,大大小小的石墨矿体4条,厚度2~10m不等,石墨矿体均产于金矿区构造破碎带中,元古宇变质岩地层中的含透辉石大理岩中也存在石墨矿化,5件拣块样固定碳平均品位3.19%,最高3.39%,矿化带延伸方向在地表出露较为局限。

4. 靶区13:柴南缘沟里乡以东一带晶质石墨矿点(B级)

靶区位置:位于青海省都兰县香日德镇南东方向约80km处,具体位于沟里乡以东一带。

圈定依据:野外路线地质调查在香日德-沟里乡高速公路以东20km处发现1处石墨矿点,该区地表出露石墨矿(化)体2条,各条矿体厚度不大,平均2~10m,矿化带追索调查东西向延伸局限,大部分为石墨矿化,产于斜长角闪片岩中,4件样品固定碳平均品位4.45%,最高达7.37%。

根据该区地质特征、矿体及矿石特征、矿化带宽度及延伸规模等,初步推断新发现的口口尔图西石墨矿床规模为小型。

第三节 地勘项目优选

综合控矿因素分析、找矿标志总结、成矿规律认识,以及地质、矿产、遥感、物探综合信息总结和典型矿床(点)调研等,本次工作共圈出晶质石墨找矿靶区13处。通过对各个靶区进行对比分析,结合以往勘查程度,综合考虑矿床规模、石墨品质、可利用性以及进一步工作难度等因素,在上述靶区中优选出6处靶区,建议开展后续晶质石墨矿的预查和综合研究工作。

各找矿靶区圈定位置、具体圈定依据在前文已展开讨论。本次工作对重点找矿区内靶区进行了评价和优选,筛选出6处具有较大找矿潜力的靶区,建议重点对这些勘查区进行后续工作的投入。分别介绍如下。

一、柴北缘阿尔金地区

1. 大通沟南山北靶区(靶区5)

大通沟南山北石墨矿床成矿地质条件优越,广泛发育达肯大坂岩群大理岩和片岩、片麻岩以及后期中酸性岩体。周围石墨矿床较多,东部有黄矿山石墨矿床、南部有大通沟南山石墨矿床。西段有金鸿山石墨矿床。

大通沟南山北石墨矿化体近东西向(或北东东向)延伸,已追索石墨矿露头长达1km,赋矿大理岩地层稳定延伸约4km。矿带两端未实现控制。

石墨矿石为块状构造、鳞片变晶结构,与大通沟南山石墨矿区矿石特征类似。风化露头为灰黑色土状石墨。拣块样固定碳品位3.04%~7.02%。

遥感影像上为浅灰色、灰色、灰黑色,呈条带状,其所在的地层(主要是大理岩)颜色与周围地层(为中酸性岩浆岩)颜色差异较大。且延伸极其稳定。

石墨矿带赋存于古元古代大理岩/片岩和中酸性岩浆岩接触界面附近,表现出明显的区域变质+构造-岩浆叠加改造的特点。固定碳品位和品质在后期改造过程中可能有所提高。

青海省核工业地质局在该区外围黄矿山、大通沟南山等石墨矿床开展过找矿勘探工作及青新界山1:5万地质填图工作,但对本次发现的大通沟南山北石墨矿带的地质特征、矿石可利用性等缺乏合理评价。

建议新立勘查项目,开展下一步预查工作,查明石墨成矿地质条件,对已有的石墨矿化带及新发现的矿化线索开展追索、控制,并圈定石墨矿体。

2. 斑红山靶区(靶区6)

斑红山地区共发现石墨矿(化)体7条,走向北北东,延长约5km,宽度约600m。矿体总体位于古元古界达肯大坂岩群变质岩系的大理岩段内。矿石主要为大理岩型晶质石墨,块状构造,鳞片变晶结构。

该区石墨矿石品质与大通沟南山主矿区石墨品质类似,可利用性较好。14件拣块样固定碳品位分析结果最低1.30%,最高6.78%,平均2.64%。

通过实测剖面发现,斑红山地区石墨矿体表现为明显的受后期岩浆-构造叠加改造特征,矿体在构造破碎带内、片理化变质岩裂隙表面以及古元古界变质岩地层与中酸性岩浆岩接触面均有富集。

斑红山地区在遥感目视解译法、比值法和光谱角法成果图上均有异常显示,其中光谱角法尤为明显,异常较突出。

自然电场剖面负异常与石墨矿带对应较好,而且位移不大。

根据该区地质特征、矿体及矿石特征、矿化带宽度及延伸规模等,初步推断该新发现的斑红山石墨矿床规模可达大型。

近年来,青海省核工业地质局在斑红山地区外围大通沟南山地区开展过石墨矿找矿勘探工作,近期在大通沟地区开展了1:5万石墨矿专项地质填图工作,但斑红山地区石墨矿的规模、产状、赋存状态、石墨品质以及可利用性等都还有待于进一步深入地研究。

建议新立勘查项目,开展下一步预查工作,查明石墨成矿地质条件,对已有的石墨矿化带及新发现的矿化线索开展追索、控制,并圈定石墨矿体。

3. 金鸿山靶区(靶区7)

金鸿山石墨矿床南侧为侏罗系大煤沟组浅变质砂岩/含砾砂岩,该层位中发现东、西两处民采坑,东、西民采坑处矿体出露厚度约30m,长度约200m,两采坑间矿带延伸长达15km。

北侧为元古宇变质岩地层,透辉石大理岩和片岩及褐红色/灰白色结晶大理岩中普遍发育石墨矿化,其中1条路线剖面穿过该区变质岩系地层,发现大大小小的石墨矿化体达10余条,宽度2～20m不等,矿化带整体宽度达1km。

南侧矿带中晶质石墨矿石为块状构造,石墨呈粗大鳞片粒状结构,矿石成分可能含煤。固定碳品位最高10.46%。北侧石墨矿主要赋存于条带状大理岩中或片理化大理岩裂隙面上。矿化体受后期构造影响多弯曲变形。局部地区风化明显,呈石墨矿石碎块和粉末散落。

建议新立勘查项目,开展下一步预查工作,查明石墨成矿地质条件,对已有的石墨矿化带及新发现的矿化线索开展追索、控制,并圈定石墨矿体;对矿化开展专项研究,查明其成因类型及可利用性。

二、柴北缘乌兰地区

乌兰果特山靶区(靶区9)

乌兰果特山地区成矿地质条件优越。大面积发育古元古界达肯大坂岩群和蓟县系万洞沟群老变质岩地层,且北西向断裂构造及后期岩浆活动发育。

矿区有东乌兰县果可山石墨矿化点4处,构成2条沿断裂构造带展布的石墨矿化带,长20～30km。矿石呈鳞片粒状结构,块状构造,11件拣块样固定碳品位分析结果最低1.66%,最高2.46%。

果特山地区石墨矿体呈多条石墨矿带状产出,延伸较远,产状稳定,规模较大。石墨矿带整体位于片岩和大理岩(尤其是大理岩)构造裂隙中,呈块状构造、鳞片粒状结构,污手明显。果特山地区在石墨矿规模、品质、开采难易程度等方面都明显优于东侧果可山地区。

矿体表现出明显的区域变质成矿+后期构造-岩浆叠加改造迹象,在构造发育的西侧地区,矿体产于挠曲中,与石英脉伴生,而且品质较好。在东侧有大量与矿化关系密切的闪长岩脉出露。

矿带沿断裂带展布,延伸稳定,在遥感影像上表现为明显的近北西西向延伸的石墨矿化带。

中国建筑材料工业地质勘查中心青海总队、青海省有色地质矿产勘查局等相关单位在乌兰果可山地区开展过与石墨矿有关的地质工作,但是对新发现的、潜力更大的果特山地区基本没有开展工作,建议开展下一步工作。

建议新立重点勘查项目,开展下一步预查工作,查明石墨成矿地质条件,对已有的石墨矿化带及新发现的矿化线索开展追索、控制,并圈定石墨矿体。对片岩型和大理岩型晶质石墨矿开展可利用性评价。

三、柴南缘地区

1. 口口尔图矿区以西靶区(靶区10)

该选区石墨矿体总体产于古元古界金水口岩群白沙河岩组变质岩系大理岩段,矿体产于褐红色大理岩或含透辉石大理岩中,严格受大理岩地层控制。

野外地质路线调查发现3条石墨矿(化)体大多产于含透辉石大理岩中,其中1条矿体宽约30m,产于褐红色大理岩中,矿化带追索调查发现其北西-南东方向延伸约2km。

石墨晶形较差,大部分呈土状,6件拣块样平均品位4.80%,最高可达9.3%,品位较高,达到并超出工业品位。

区内已发现的矿化点比较单一,主要为区域变质型石墨矿点。已发现红水河东晶质石墨矿、口口尔图晶质石墨矿、细细特郭勒晶质石墨矿,从成矿地质背景、矿体产状、矿石质量、矿床成因等方面初步判断,应为同一条石墨矿成矿带,选区正好位于该石墨成矿带中部,地质背景相似,找矿前景良好。

综合分析认为,选区成矿地质条件较好,区域变质作用强烈,具较好的成矿事实,石墨矿体主要分布于大理岩之中,少量产于片岩之中,与金水口岩群关系密切,成因类型区域变质型晶质石墨矿,找矿前景较好。

根据该区地质特征、矿体及矿石特征、矿化带宽度及延伸规模等,初步推断该新发现的口口尔图西石墨矿床规模为中型。

青海省核工业地质局已经在口口尔图石墨矿区开展大量找矿勘探工作,该区为矿区已知矿带西延,建议开展进一步工作。

建议新立重点勘查项目,开展下一步预查工作,查明石墨成矿地质条件,对已有的石墨矿化带及新发现的矿化线索开展追索、控制,并圈定石墨矿体。对片岩型和大理岩型晶质石墨矿开展可利用性评价。

2. 白日其利靶区(靶区11)

该选区石墨矿(化)体总体产于古元古界金水口岩群白沙河岩组变质岩系的大理岩段,矿体主要产于含金构造蚀变破碎带中,产状受构造改造明显。本次工作发现1条与含金构造蚀变破碎带伴生的石墨矿化带,白日其利金矿区内构造蚀变破碎带(石墨矿化体)延伸约2km,矿区外沿北西西向延伸至白日其利沟再现,估计矿带延长约6km,石墨晶形较好,固定碳品位2.98%。

青海省核工业地质局在白日其利地区开展过长期的金矿找矿勘探工作,而对与含金构造破碎带有关的石墨矿床研究不够,建议开展白日其利及其外围石墨矿专题研究工作。建议新立重点勘查项目,开展下一步预查工作。

第四节 小 结

经过对柴周缘地区晶质石墨矿的调查研究,运用综合编图、遥感信息解译、综合路线调查、实测剖面测量、自然电场剖面测量等方法手段,系统总结了柴周缘地区晶质石墨矿床的成矿地质条件、成矿模式、控矿因素、综合找矿信息和标志、成矿规律等,构建了地质-遥感-地球物理综合找矿模型。以此为依据,并在矿床成因类型和综合找矿模型指导下,结合编图和地质路线调查成果,遵循遥感物探找矿信息与地质信息相结合、矿床类型分布与关键控矿因素相结合、级别序次与找矿意义相结合等原则,依据相似-类比理论,成矿系列理论、地质异常致矿理论，采用经验预测法、综合方法预测法，开展成矿预测，圈定了找矿靶区。

根据柴周缘已有矿床（点）分布情况及控矿因素分析，柴周缘晶质石墨矿床（点）成群成带集中分布，形成三大晶质石墨成矿带和 6 个晶质石墨成矿有利区段，即柴南缘成矿带洪水河东-口口尔图重点成矿区（祁漫塔格成矿区段）、白日其利-金水口重点成矿区（东昆仑中段成矿区段）和巴勒木特尔重点成矿区（雪山峰-布尔汉布达成矿区段）；阿尔金成矿带黄矿山北-大通沟南山重点成矿区（阿尔金成矿区段），以及柴北缘成矿带滩间山-锡铁山重点成矿区（滩间山-锡铁山成矿区段）和德令哈-乌兰重点成矿区（德令哈-乌兰成矿区段）。在此基础上，综合找矿标志总结及成矿规律认识，以及成矿预测要素和靶区评级依据，依据前述找矿预测原理和方法，本次科研在柴周缘地区圈定已知矿区外围靶区 4 个、重点成矿区内靶区 9 个。

依据控矿因素分析、找矿标志总结、成矿规律认识，以及地质、矿产、遥感、物探综合信息总结和典型矿床（点）调研等，通过对各个靶区进行对比分析，结合以往勘查程度，综合考虑矿床规模、石墨品质、可利用性以及进一步工作难度等因素。本次工作对重点找矿区内靶区进行了评价和优选，筛选出 6 处具有较大找矿潜力的靶区，建议开展后续晶质石墨矿的预查和综合研究工作。建议新立地勘项目 6 处，最终实际开展实施 2 处，分别为青海省基金立项"努可图郭勒东晶质石墨矿预查项目"和"海西州基金斑红山晶质石墨矿预查项目"。

第八章 结 论

前文以柴周缘区内大通沟南山、黄矿山北、口口尔图、巴勒木特尔等典型晶质石墨矿床重点工作区为研究对象,对典型晶质石墨矿床的成矿地质背景、成矿地质条件、成矿地质特征、矿床成因等进行了剖析,构建了典型晶质石墨矿床的成矿模式;对阿尔金大通沟南山和黄矿山北晶质石墨矿床进行了选矿实验研究,确定了有效的石墨固定碳品位测试方法及合理的石墨选矿工艺流程,并对典型晶质石墨矿床的可利用性进行了评价;对柴周缘晶质石墨矿床的关键控矿因素、找矿有利信息及成矿规律等进行了分析和归纳总结,并建立了地质-遥感-地球物理综合找矿模型;以建立的找矿模型为依据,综合成矿规律与成矿地质条件研究,圈定了石墨找矿靶区,优选了地勘项目。本次研究工作整体提升了青海省晶质石墨矿床的理论研究认识与找矿实践水平,基本实现了柴周缘地区晶质石墨矿床(点)成矿地质条件、成矿理论、可利用性评价研究和找矿靶区优选的总体目标任务。

(1)阐述并总结了柴周缘典型晶质石墨矿床的成矿地质条件、地质特征、控矿因素、矿床成因类型及找矿标志。

(2)通过柴周缘典型石墨矿床地质特征研究及地球化学同位素测试,确定了其成矿构造背景、成矿时代、成矿物化条件、碳质来源等,并建立了典型矿床成矿模式。柴周缘晶质矿床的形成可能经历了沉积成岩阶段、区域变质作用阶段、构造-岩浆叠加改造作用 3 个阶段,具有区域变质+构造-岩浆改造的特征,总体属区域变质型石墨矿床。

(3)大通沟南山石墨矿床选矿实验最终闭路试验结果显示:最终精矿产率 11.38%,精矿固定碳品位 83.34%,回收率 78.90%,所选出的精矿达到鳞片石墨产品分类中的中碳石墨的质量要求。黄矿山石墨矿床选矿实验最终闭路试验结果显示:最终精矿产率 21.33%,精矿固定碳品位 83.27%,回收率 95.81%,所选出的精矿达到鳞片石墨产品分类中的中碳石墨的质量要求。

(4)通过元素分析仪、碳硫分析仪、非水滴定 3 种方法的对比,可以看出:红外碳硫分析仪灵敏度高,检出范围宽,结果稳定性好,适用范围宽,重现性好,对标准样品的检测结果与标准值一致,是一种可信的石墨固定碳品位测试方法。

(5)柴周缘石墨矿床形成受地层、构造、岩浆岩、变质作用等因素的影响,充分利用编图、路线调研、典型矿床研究及综合研究成果,结合地质矿产勘查成果资料分析,对地层岩性、构造、岩浆岩、变质作用等因素对矿床的控制作用进行了总结,提炼了一些关键性的找矿信息和标志,初步总结了柴周缘晶质石墨矿床(点)的空间分布规律、矿(化)体的赋存规律及矿(化)体的富集(改造)规律等成矿规律。综合分析柴周缘晶质石墨成矿地质条件、控矿因素、找矿信息及成矿规律,构建了地质-遥感-地球物理综合找矿模型,并以此为依据指导找矿预测工作。

(6)在柴周缘地区圈定已知矿区外围靶区4个、重点成矿区内靶区9个,对重点找矿区内靶区进行了评价和优选,筛选出6处具有较大找矿潜力的靶区,建议开展后续晶质石墨矿的预查和综合研究工作。最终实际开展实施2处,分别为青海省基金立项"努可图郭勒东晶质石墨矿预查项目"和"海西州基金斑红山晶质石墨矿预查项目"。

主要参考文献

白丽丽,张凌燕,彭伟军,等,2014.某难选石墨矿选矿试验研究[J].非金属矿,37(3):54-56.

曹玉亭,2013.南阿尔金和柴北缘胜利口地区高压—超高压变质作用演化及其熔流体活动[D].西安:西北大学.

陈国超,2014.东昆仑造山带(东坡)晚古生代—早中生代花岗质岩石特征、成因及地质意义[D].西安:长安大学.

陈能松,王新宇,张宏飞,等,2007.柴-欧微地块花岗岩地球化学和 Nd-Sr-Pb 同位素组成:基底性质和构造属性启示[J].地球科学——中国地质大学学报,32(1):7-21.

陈宣华,尹安,GEHRELS GEORGE,等,2011.柴达木盆地东部基底花岗岩类岩浆活动的化学地球动力学[J].地质学报,85(2):157-171.

陈衍景,刘丛强,陈华勇,等,2000.中国北方石墨矿床及赋矿孔达岩系碳同位素特征及有关问题讨论[J].岩石学报,16(2):233-244.

崔美慧,孟繁聪,吴祥珂,2011.东昆仑祁漫塔格早奥陶世岛弧:中基性火成岩地球化学、Sm-Nd 同位素及年代学证据[J].岩石学报,27(11):3365-3379.

高永宝,李文渊,2011.东昆仑造山带祁漫塔格地区白干湖含钨锡矿花岗岩:岩石学、年代学、地球化学及岩石成因[J].地球化学,40(4):324-336.

郝杰,刘小汉,桑海清,2003.新疆东昆仑阿牙克岩体地球化学与 $^{40}Ar/^{39}Ar$ 年代学研究及其大地构造意义[J].岩石学报,19(3):517-522.

黄婉,张璐,巴金,等,2011.柴达木地块北缘全吉地块钾长石浅粒岩碎屑锆石 LA-ICP-MSU-Pb 定年——对达肯大坂岩群时代的约束[J].地质通报,30(9):1353-1359.

姜春发,等,1992.昆仑开合构造[M].北京:地质出版社.

姜春发,王宗起,李锦轶,2000.中央造山带开合构造[M].北京:地质出版社.

姜高珍,李以科,杨轩,等,2014.内蒙古浩尧尔忽洞勘查区热接触变质型石墨矿成矿地质特征[J].矿床地质,33(增刊):891-892.

劳德平,申士富,李崇德,等,2014.鳞片石墨矿阶段磨浮—预先分目工艺流程研究[J].中国非金属矿工业导刊(6):32-35.

李超,王登红,赵鸿,等,2015.中国石墨矿床成矿规律概要[J].矿床地质,34(6):1223-1236.

李怀坤,陆松年,相振群,等,2006.东昆仑中部缝合带清水泉麻粒岩锆石 SHRIMP U-Pb 年代学研究[J].地学前缘,13(6):311-321.

李瑞保,裴先治,李佐臣,等,2012.东昆仑东段晚古生代—中生代若干不整合面特征及其对重大构造事件的响应[J].地学前缘,19(5):244-254.

刘成东,张文秦,莫宣学,等,2002.东昆仑约格鲁岩体暗色微粒包裹体特征及成因[J].地质通报,21(11):739-744.

刘良,张安达,陈丹玲,等,2007.阿尔金江尕勒萨依榴辉岩和围岩锆石 LA-ICP-MS 微区原位定年及其地质意义[J].地学前缘,14(1):98-107.

刘平华,刘福来,王舫,等,2011.山东半岛荆山群富铝片麻岩锆石 U-Pb 定年及其地质意义[J].岩石矿物学杂志,30(5):829-843.

刘新,张凌燕,李向益,2014.黑龙江萝北某石墨矿石选矿试验[J].金属矿山,455(5):105-109.

龙渊,张国旺,肖骁,等,2014.立式搅拌磨机对鳞片石墨的磨矿研究[J].矿冶工程,34(6):41-44.

莫宣学,罗照华,邓晋福,等,2007.东昆仑造山带花岗岩及地壳生长[J].高校地质学报,49(3):403-414.

潘世显,1984.山东石墨矿选矿若干问题的探讨[J].非金属矿,7(2):22-27.

彭伟军,张凌燕,李向益,2014.石墨浮选提纯中矿处理方式研究[J].中国非金属矿工业导刊(2):28-30.

青海省地质矿产局,1991.青海省区域地质志[M].北京:地质出版社.

孙雨,裴先治,丁仨平,等,2009.东昆仑哈拉尕吐岩浆混合花岗岩:来自锆石 U-Pb 年代学的证据[J].地质学报,83(7):1000-1010.

王金玲,方明山,劳德平,等,2015.黑龙江某石墨矿工艺矿物学研究[J].中国矿业,24(增刊2):186-188.

王启宝,郭梦熊,张晨光,1995.平度难选石墨矿石浮选药剂的研究[J].非金属矿(2):30-32.

王晓霞,胡能高,王涛,等,2012.柴达木盆地南缘晚奥陶世万宝沟花岗岩:锆石 SHRIMP U-Pb 年龄、Hf 同位素和元素地球化学[J].岩石学报,28(9):2950-2962.

王学良,2012.东昆仑东段香加南山花岗岩体地质特征及其形成年代研究[D].西安:长安大学.

王云山,陈基娘,1987.青海省及毗邻地区变质地带与变质作用[M].北京:地质出版社.

吴才来,郜源红,吴锁平,等,2008.柴北缘西段花岗岩锆石 SHRIMP U-Pb 定年及其岩石地球化学特征[J].中国科学,8(8):946-947.

谢朝学,袁慧珍,2010.用充填式浮选机选别大鳞片石墨的研究[J].金属矿山(7):57-60.

熊富浩,2014.东昆仑造山带东段古特提斯域花岗岩类时空分布、岩石成因及其地质意义[D].武汉:中国地质大学(武汉).

熊富浩,马昌前,张金阳,等,2011.东昆仑造山带早中生代镁铁质岩墙群LA-ICP-MS锆石U-Pb定年、元素和Sr-Nd-Hf同位素地球化学[J].岩石学报,27(11):3350-3364.

杨杰东,2007.东天山晚石炭世大石头群流纹岩Sr-Nd-Pb同位素地球化学研究[J].岩石学报,23(7):1749-1755.

杨经绥,许志琴,李海兵,等,2005.东昆仑阿尼玛卿地区古特提斯火山作用和板块构造体系[J].岩石矿物学杂志,24(5):369-380.

于胜尧,张建新,宫江华,等,2013.高压麻粒岩相变质作用及深熔作用:以柴北缘都兰地区为例[J].岩石学报,29(6):2061-2072.

于学政,邓普福,罗照华,1999.青藏高原隆升与东昆仑地区金矿遥感地质研究[M].北京:地质出版社.

余能,2005.东昆仑金水口变质岩系及其流体包裹体特征[D].长春:吉林大学.

岳成林,2001.鳞片石墨再磨工艺改进研究[J].化工矿物与加工,30(8):8-10.

张安达,刘良,孙勇,等,2004.阿尔金超高压花岗质片麻岩中锆石SHRIMP U-Pb定年及其地质意义[J].科学通报,49(22):2335-2341.

张建新,孟繁聪,万渝生,等,2003.柴达木盆地南缘金水口岩群的早古生代构造热事件:锆石U-Pb SHRIMP年龄证据[J].地质通报,22(6):397-404.

张建新,张泽明,许志琴,等,1999.阿尔金西段孔兹岩系的发现及岩石学、同位素代学初步研究[J].中国科学(D辑),29(4):298-305.

张洁,2010.青海省都兰县巴勒木特尔石墨矿详查报告[R].西宁:中国建筑材料工业地质勘查中心青海总队.

张洁,蒋耀祯,孔祥福,2011.青海巴勒木特尔石墨矿地质特征及其开发利用[J].中国非金属矿工业导刊(增刊1):14-15+37.

张凌燕,黄雯,邱杨率,等,2011a.细鳞片低碳石墨浮选工艺研究[J].武汉理工大学学报,33(11):107-111.

张凌燕,李向益,邱杨率,等,2012.四川某难选石墨矿选矿试验研究[J].金属矿山,433:95-98.

张凌燕,邱杨率,黄雯,等,2011b.鞍山地区某石墨矿选矿试验研究[J].非金属矿,34(5):21-23.

张亚峰,裴先治,丁仁平,等,2010.东昆仑都兰县可可沙地区加里东期石英闪长岩锆石LA-ICP-MS U-Pb年龄及其意义[J].地质通报,29(1):79-85.

赵青,2016.内蒙古兴和黄土窑石墨矿矿床地球化学及年代学研究[D].北京:中国地质大学(北京).

郑军,2013.柴北缘古元古界变质岩系地质特征及其构造属性研究[D].西安:长安大学.

郑仁基,高惠民,冯晓菲,等,2016.甘肃某细鳞片石墨矿选矿试验研究[J].中国矿业,25(1):125-130.

朱炳泉,1998.地球科学中同位素体系理论与应用——兼论中国大陆壳幔演化[M].北京:科学出版社.